高等职业教育“互联网＋”创新型系列教材

工业组态控制技术项目化教程

主　编　江珊珊　老盛林

副主编　隆丹宁　丁　丁

参　编　陆　茵　吴学强　周　靖　康天博

机 械 工 业 出 版 社

本书以北京昆仑通态自动化软件科技有限公司的 MCGS 嵌入版组态软件为例，结合同立方科技有限公司的虚拟仿真平台，介绍了 MCGS 嵌入版组态软件在工业监控系统中的具体应用。

本书可作为中高职院校以及应用型本科院校机电一体化技术、电气自动化技术、工业网络技术、智能控制技术、计算机控制技术等专业相关课程的教材和“1+X”证书参考教材，也可作为从事自动化技术的工控人员的参考资料和实训教材。

本书遵循立体化教材的建设思路，配置了丰富的教学资源，包括 MCGS 嵌入版组态软件安装包、工程案例、项目教学 PPT 及 PLC 源程序、虚拟仿真软件安装包等，以方便教师教学和学生学习。另外，本书还配有微课视频，扫描书中的二维码可观看项目仿真或制作过程。凡选用本书作为授课教材的学校，均可登录机械工业出版社教育服务网（www.cmpedu.com）领取。如有疑问，请咨询 010-88379375。

图书在版编目（CIP）数据

工业组态控制技术项目化教程 / 江珊珊，老盛林主编. —北京：机械工业出版社，2022.8（2025.1 重印）

高等职业教育“互联网 +”创新型系列教材

ISBN 978-7-111-71104-9

Ⅰ. ①工… Ⅱ. ①江… ②老… Ⅲ. ①工业控制系统 – 应用软件 – 高等职业教育 – 教材 Ⅳ. ① TP273

中国版本图书馆 CIP 数据核字（2022）第 114719 号

机械工业出版社（北京市百万庄大街 22 号 邮政编码 100037）

策划编辑：王宗锋 责任编辑：王宗锋 杨晓花

责任校对：樊钟英 张 薇 封面设计：马精明

责任印制：单爱军

北京虎彩文化传播有限公司印刷

2025 年 1 月第 1 版第 5 次印刷

184mm × 260mm • 14 印张 • 345 千字

标准书号：ISBN 978-7-111-71104-9

定价：49.80 元

电话服务 网络服务

客服电话：010-88361066 机 工 官 网：www.cmpbook.com

010-88379833 机 工 官 博：weibo.com/cmp1952

010-68326294 金 书 网：www.golden-book.com

 机工教育服务网：www.cmpedu.com

前　言

随着生产过程自动化技术的发展，触摸屏技术的应用越来越广泛，特别是在工业控制领域。本书以北京昆仑通态自动化软件科技有限公司的 MCGS 嵌入版组态软件为例，结合同立方科技有限公司的虚拟仿真平台，介绍了 MCGS 嵌入版组态软件的理论知识及其在工业监控系统中的具体应用，通过多个实际工程案例，以实训的方式从工程人员的角度出发，在解决实际项目的同时理解与掌握 MCGS 嵌入版组态软件的运用，使理论内容更贴近实际项目，以帮助初学者快速掌握 MCGS 触摸屏组态控制技术的各个环节，解决中等难度的工程项目并具备一定的实际操作能力。

本书在各项目的内容编排上采用理论—操作—项目实训—虚拟仿真的方式，以理论知识为基础，以实际操作为重点，以项目实训为核心，以配套的虚拟仿真为辅助，使读者在实际操作中学会 MCGS 嵌入版组态软件的相关知识。本书共 7 个项目，主要讲述 MCGS 嵌入版组态软件的各种功能，并结合实例，配合虚拟仿真介绍了触摸屏的相关知识、触摸屏与西门子 S7-1200 PLC 的连接、触摸屏与西门子 S7-1200 PLC 和虚拟仿真软件的连接等，通过 7 个不同的项目使读者更好地从不同的开发角度掌握组态技术、不同的控制方法与脚本程序编写，提高读者的综合组态能力和独立解决实际问题的能力。

本书采取立体化教材的建设思路，配置了丰富的教学资源，包括 MCGS 嵌入版组态软件安装包、工程案例、项目教学 PPT 及西门子 S7-1200 PLC 源程序、虚拟仿真软件安装包等，为读者学习本书提供了方便。另外，本书还配有微课视频，扫描书中的二维码可观看项目仿真或者制作过程。

本书由江珊珊和老盛林主编，江珊珊负责全书内容规划、结构安排、工作协调及审核、统稿工作，老盛林负责全书思政内容的审核。项目一、项目二由丁丁、康天博编写，项目三～项目七由江珊珊、老盛林、隆丹宁、陆茵、吴学强、周靖编写。感谢北京昆仑通态自动化软件科技有限公司技术人员的技术支持，特别感谢深圳同立方科技有限公司研发部门徐子瑞、王乐豪等在实验虚拟仿真等方面给予的大力支持与协助。

由于编者水平有限，虽多次修改，但书中难免有错误和不足之处，敬请读者批评指正。

编者

二维码清单

序号	名称	图形	页码	序号	名称	图形	页码
1	1-1　MCGS 组态软件安装		7	10	3-2　设置安全机制——定义用户名和用户组		62
2	1-2　MCGS 嵌入版组态软件与 PLC 通信连接组态		12	11	3-3　设置安全机制——管理操作权限		64
3	2-1　新建电动机正反转文件		35	12	3-4　建立交通信号灯监控工程文件		71
4	2-2　收集所有 IO 点数，建立实时数据库		36	13	3-5　交通信号灯制作组态画面		71
5	2-3　制作工程画面		38	14	3-6　交通信号灯建立实时数据库		72
6	2-4　动画设计连接		38	15	3-7　交通信号灯动画连接		73
7	2-5　编写脚本程序控制流程		45	16	3-8　交通信号灯编写脚本控制流程		79
8	2-6　设备窗口组态设置		49	17	3-9　交通信号灯仿真方法介绍		84
9	3-1　设置安全机制——管理运行时的权限		61	18	4-1　水箱水位控制建立工程文件		90

（续）

序号	名称	图形	页码	序号	名称	图形	页码
19	4-2　水箱水位控制设备窗口组态		90	30	5-6　反应釜数据显示组态 .mp4		145
20	4-3　水箱水位控制制作工程画面		91	31	5-7　反应釜定时器组态		147
21	4-4　水箱水位控制建立实时数据库		98	32	5-8　反应釜脚本编写控制 .mp4		149
22	4-5　水箱水位控制设计动画连接		100	33	6-1　MCGS 面包自动配料编辑画面		158
23	4-6　水箱水位报警设置		102	34	6-2　MCGS 面包自动配料调试窗口		160
24	4-7　水箱水位控制编写脚本控制流程		104	35	6-3　MCGS 面包自动配料画面组态		162
25	5-1　反应釜建立实时数据库及组对象存盘		125	36	6-4　MCGS 面包自动配料系统时间详细讲解及模拟演示		162
26	5-2　反应釜系统报警设置		127	37	6-5　MCGS 面包自动配料组合框数据及脚本应用		163
27	5-3　反应釜系统设置组态画面		128	38	6-6　MCGS 面包自动配料建立实时数据库		163
28	5-4　反应釜系统按钮组态设计		138	39	6-7　MCGS 面包自动配料动画数据关联		166
29	5-5　反应釜温度显示控制组态		139	40	6-8　MCGS 面包自动配料动画脚本控制		166

（续）

序号	名称	图形	页码	序号	名称	图形	页码
41	6-9　面包自动配料配方组态设计		174	49	7-6　仓储监控系统按钮机状态指示设计 .mp4		192
42	6-10　MCGS 面包自动配料配方操作讲解		176	50	7-7　仓储监控系统编写脚本程序 .mp4		194
43	6-11　MCGS 自动配料配方数据选择编辑及运行		178	51	7-8　仓储监控系统设备窗口组态 .mp4		196
44	7-1　仓储监控系统组态实时数据库 .mp4		186	52	7-9　仓储监控系统电脑仿真及设备通讯 .mp4		198
45	7-2　仓储系统建立工程组态画面 .mp4		187	53	7-10　仓储监控系统设备驱动通道数据类型对应 .mp4		206
46	7-3　仓储监控系统堆垛机图形绘制 .mp4		187	54	7-11　仓储监控系统多语言翻译配置 .mp4		209
47	7-4　仓储监控系统动画按钮组态方法 .mp4		188	55	7-12　仓储监控系统多语言脚本编写及仿真模拟运行 .mp4		213
48	7-5　仓储监控系统动画设计 .mp4		190				

目　录

前言
二维码清单

绪论 …… 1

项目 1　MCGS 嵌入版组态软件的安装与基本功能认知 …… 4
　任务 1.1　MCGS 嵌入版组态软件的安装 …… 5
　任务 1.2　MCGS 嵌入版组态软件与 PLC 通信连接组态 …… 10

项目 2　电动机正反转监控系统设计 …… 30
　任务 2.1　电动机正反转监控系统的建立 …… 31
　任务 2.2　电动机正反转监控系统的仿真调试 …… 50

项目 3　交通信号灯监控系统设计 …… 59
　任务 3.1　窗口跳转与权限控制组态 …… 60
　任务 3.2　交通信号灯监控系统建立 …… 69

项目 4　水箱水位控制系统设计 …… 87
　任务 4.1　水箱水位控制系统模块组态设计 …… 88
　任务 4.2　水箱水位数据显示制作 …… 107

项目 5　反应釜监控系统设计 …… 120

项目 6　基于 MCGS 的面包自动配料系统设计 …… 154
　任务 6.1　基于 MCGS 的面包自动配料系统组态设计 …… 155
　任务 6.2　配方组态及权限控制 …… 173

项目 7　基于位置控制的仓储监控系统设计 …… 182
　任务 7.1　设计位置控制监控界面组态 …… 183
　任务 7.2　多语言设置组态 …… 207

参考文献 …… 216

绪论

工业组态软件介绍

在进行正式的学习之前，首先需要了解一下什么是工业组态。

组态的概念最早来自英文 configuration，原始含义是使用数字化工具对计算机的软硬件资源进行配置组合，使计算机或软件能按照预先设置自动完成特定任务，达成使用者的要求。目前市面上的组态软件是面向监控与数据采集（supervisory control and data acquisition，SCADA）系统的软件平台工具，具有丰富的设置项目，使用方便灵活，功能强大。

实际生产中，工程技术人员对自动化控制设备很熟悉，但往往缺乏专业的计算机知识，很难独立进行完整的工业监控系统设计；而专业的计算机技术人员又往往缺乏工业控制方面的相关知识。组态软件的存在正是为了填补这种缺失。组态软件相当于一个易于上手的定制化工具，工程人员不需要高深的计算机编程技术便可以根据具体的工程场景制作出贴近实际生产的工业监控系统。

组态软件最早出现时，人机交互界面（HMI 或 MMI）是其核心内涵。组态的主要作用是解决人机图形界面问题。通过设计直观高效的图形化界面，工程人员可以快速了解工业系统的运行状态，获悉报警信息，下达操作指令，提升生产效率。运行数据与图形化后的效果如图 0–1 所示。

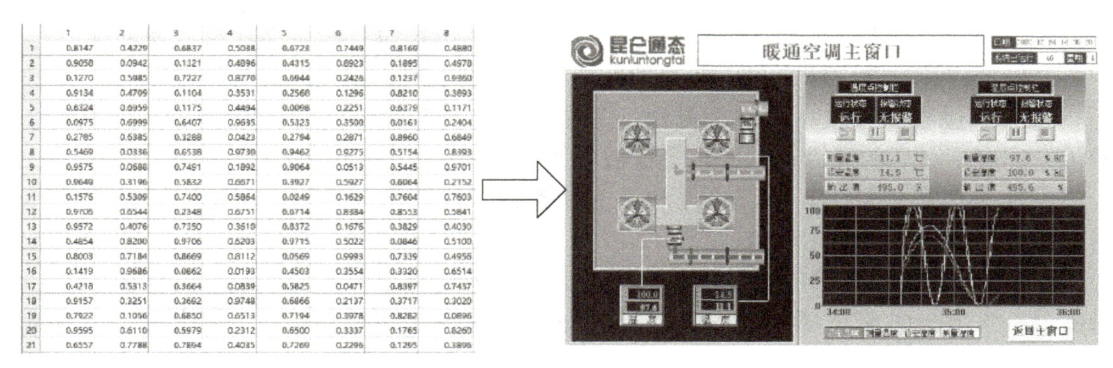

	1	2	3	4	5	6	7	8
1	0.8147	0.4229	0.6837	0.5088	0.6723	0.7449	0.8160	0.4880
2	0.9058	0.0942	0.1321	0.4096	0.4315	0.8923	0.1895	0.4970
3	0.1270	0.5985	0.7227	0.8770	0.6944	0.2426	0.1237	0.9360
4	0.9134	0.4709	0.1104	0.3531	0.2568	0.1296	0.8210	0.3893
5	0.6324	0.6959	0.1175	0.4494	0.0098	0.2251	0.6379	0.1171
6	0.0975	0.6999	0.6407	0.9635	0.5323	0.3500	0.0161	0.2404
7	0.2785	0.6385	0.3288	0.0423	0.2794	0.2871	0.8960	0.6849
8	0.5469	0.0336	0.6538	0.9730	0.9462	0.9275	0.5154	0.8393
9	0.9575	0.0688	0.7491	0.1892	0.9064	0.0513	0.5445	0.9701
10	0.9649	0.3196	0.5832	0.6671	0.3927	0.5927	0.6064	0.2152
11	0.1576	0.5309	0.7400	0.5864	0.0249	0.1629	0.7604	0.7603
12	0.9706	0.6544	0.2348	0.6751	0.6714	0.8884	0.8553	0.5841
13	0.9572	0.4076	0.7350	0.3610	0.8372	0.1676	0.3829	0.4030
14	0.4854	0.8200	0.9706	0.6203	0.9715	0.5022	0.0846	0.5100
15	0.8003	0.7184	0.8669	0.8112	0.0569	0.9993	0.7339	0.4956
16	0.1419	0.9686	0.0862	0.0193	0.4503	0.3554	0.3320	0.6514
17	0.4218	0.5313	0.3664	0.0839	0.5825	0.0471	0.8397	0.7437
18	0.9157	0.3251	0.3692	0.9748	0.6866	0.2137	0.3717	0.3020
19	0.7922	0.1056	0.6850	0.6513	0.7194	0.3978	0.8282	0.0896
20	0.9595	0.6110	0.5979	0.2312	0.6500	0.3337	0.1765	0.8260
21	0.6557	0.7788	0.7894	0.4035	0.7269	0.2296	0.1295	0.3896

图 0-1 运行数据与图形化后的效果

随着数字信息技术的高速发展，实时数据库、实时控制、SCADA、通信及联网、开放数据接口、对 I/O 设备的支持等需求的增加使得组态软件的功能越发丰富。现今的组态软件已经普遍具备了实时多任务、接口开放、使用灵活、功能多样、运行可靠等诸多新生优势。

我国工业组态软件发展现状

一段时期以来，我国的工业组态软件市场都是由国外品牌主导。经过长期的发展演化，一些国外品牌的组态软件产品已经具备了相当的技术积累和品牌优势。我国本土组态软件则起步较晚，要进入国际市场还有很长的路要走。但令人欣喜的是，近年来国内自主研发的组态软件在实用性、稳定性、先进性等方面都获得了长足进步。除专业技术日趋接近国际一线水平之外，国产组态软件在界面语言、操作逻辑等方面展现出了本土化优势，更适合国内工程人员上手使用。此外，软件价格方面的优势同样不可忽略。易于国人上手的特性以及亲民的价格使得国产工业组态软件在国内中小型自动控制项目中应用广泛。理解组态思想、熟练应用一款工业组态软件也逐渐成为工控从业人员的必备技能之一。

目前主流的组态软件有以下几款：

1）inTouch：美国 Wonderware 公司产品，世界第一款工控软件。

2）IFIX：美国通用电气公司（GE）产品。

3）WinCC：德国西门子公司产品。

4）MCGS：北京昆仑通态自动化软件科技有限公司产品。

5）组态王：北京亚控科技发展有限公司产品。

6）力控：北京三维力控科技有限公司产品。

教材结构

根据工业组态软件本身的知识特点，本书采用了项目化教学模式。秉承“用到一项学习一项，学完一项马上应用”的原则，最大化地将知识点揉碎分布到每个实操项目中，努力避免传统先理论后操作教学模式中知识点记忆困难、理论联系实际困难等问题。

本书中的每个项目由以下几部分组成：

1）项目背景：介绍了理解该项目主题必备的相关知识，建议读者优先阅读。

2）学习目标：介绍了通过该项目学习读者应获得的目标能力，读者在学习完成后可回顾该部分内容以量化学习质量。

3）知识点：以条目式分列了该项目中涉及的理论知识，读者在项目实操前可以先行了解这部分内容，建议读者可以在帮助文档或互联网上对知识点内容进行预习。

在实操过程中，教材在首次提到相关内容时将会对知识点进行详细讲解，并为每段知识点配置了对应的微课视频，由资深教师进行讲授，加深理解。

在实操完毕的复习环节，可以利用上述条目进行知识点回忆，回忆该知识点的具体内容以及在实操中的应用环节。

4）项目实操：本书倡导以项目实操为导向，因此每个项目的篇幅重点都在于项目实操部分。该部分内容采用了流程细化、图文配合的风格，以确保读者按图索骥，顺利完成整个工业组态项目实操。

实操部分用加深字体区分了操作步骤与操作讲解，形成清晰明确的操作指引，更有利于读者实际演练。

同时，在每步操作后教材将以平实的语言解释当前操作的意义以加深读者理解，避免实操流程变为盲目模仿、机械操作。此外，根据项目规模的不同，本书将项目分解为数

个实操任务，任务长度适配学习时长，张弛结合避免读者产生连篇累牍之感。

本书并不致力于成为字典式工具书，读者在由浅入深、由难而易依次完成项目实操的同时，可以了解 MCGS 嵌入版组态软件的大部分知识，并具备较强的工程应用能力。对于部分细枝末节或过于高深的知识内容，读者可根据自身兴趣在后续工作学习中自行探索，相信读者在打下良好的知识基础后，对于剩余内容的学习、理解也将事半功倍。

虚拟仿真

本书的另一个特点是采用了虚拟仿真辅助实训练习的创新型模式。为了保证所有读者都可以利用本书进行实操训练而不受硬件储备、场地条件的限制，本书与同立方科技有限公司进行合作，利用公司自主研发的工业组态虚拟仿真实训软件，读者只需一台计算机即可进行工业组态知识的学习，流程全面、临场感强。

知识背景

由于组态软件本身的特性，在教学中必然涉及 HMI 与 PLC 之间的联合调试。本书主要选用西门子 S7-1200 系列 PLC 作为下位机进行组态监控练习。教材假设读者已经具备了一定的西门子 S7-1200 系列 PLC 编程知识，同时了解西门子博途全自动集成化软件的基本操作。因此对于该部分内容描述相对简略。对于部分控制逻辑复杂的实训项目，从突出教学重点、把控授课节奏的角度考虑，教材提供了 PLC 控制程序供读者调试使用。

项目 1
MCGS 嵌入版组态软件的安装与基本功能认知

项目背景

MCGS 嵌入版组态软件是北京昆仑通态自动化软件科技有限公司专门为 MCGSTPC 系列触摸屏开发的组态软件，主要完成现场数据的采集与监测、前端数据的处理与控制。

MCGS 嵌入版组态软件与相关的硬件设备结合，可以快速、方便地开发各种用于现场采集、数据处理和控制的设备。如可以灵活监控各种智能仪表、数据采集模块、无纸记录仪、无人值守的现场采集站、人机界面等专用设备。

经过多年的研发，MCGS 嵌入版组态软件已具备了以下优势：

1）简单灵活的可视化操作界面：采用全中文、可视化的开发界面，符合国人的使用习惯和要求。

2）实时性强、有良好的并行处理性能：是真正的 32 位系统，以线程为单位对任务进行分时并行处理。

3）丰富、生动的多媒体画面：以图像、图符、报表、曲线等多种形式，为用户及时提供相关信息。

4）完善的安全机制：提供了良好的安全机制，可以为多个不同级别用户设定不同的操作权限。

5）强大的网络功能：具有强大的网络通信功能。

6）多样化的报警功能：提供多种不同的报警方式，具有丰富的报警类型，方便用户进行报警设置。

学习目标

（1）知识目标

1）了解 MCGS 嵌入版组态软件的功能特点。

2）了解各版本 MCGS 组态软件之间的联系与区别。

3）了解 MCGS 组态系统用户窗口的构成。

4）了解 MCGS 与外部设备通信的实现原理以及通道的作用。

5）了解组态环境与模拟运行环境的含义。

6）掌握 MCGS 组态环境中创建、保存、加载项目的操作方法。

7）掌握用户串口中图形构件的新增、调整、删除与属性设置的方法。

（2）技能目标

1）学会 MCGS 嵌入版组态软件的安装方法。

2）学会工程在模拟环境中运行以及工程下载到 MCGSTPC 系列触摸屏的方法。

3）能在设备窗口中进行设备组态。

4）能实现 MCGSTPC 与西门子 S7-1200 系列 PLC 之间的通信。

（3）素质目标

1）了解国产化软件的发展历程。

2）通过检索资料，了解目前我国在计算机软件方面取得的国际领先的成就，以及需要奋起追赶的领域。

知识点

1）MCGS 嵌入版组态软件的用途。

2）嵌入版、通用版、网络版 MCGS 组态软件的区别。

3）MCGS 嵌入版组态软件驱动程序的作用。

4）组态环境、运行环境、模拟环境的含义。

5）用户窗口的作用。

6）设备窗口的作用。

7）父设备与子设备的概念。

8）通道。

9）构件属性设置。

10）帮助菜单。

项目实操

任务 1.1　MCGS 嵌入版组态软件的安装

任务目标

完成 MCGS 嵌入版组态软件 V7.7 的下载与安装，以便开展后续学习。

任务分析

目前，登录北京昆仑通态自动化软件科技有限公司的官方网站 http://www.mcgs.com.cn/ 即可免费下载 MCGS 嵌入版组态软件。本书内容主要基于 MCGS 嵌入版组态软件 V7.7(01.0007)。

只需下载该版本的软件包，并按照流程指引进行安装即可完成当前任务。

任务设备

MCGS 嵌入版组态软件安装任务设备清单见表 1-1。

表 1-1　MCGS 嵌入版组态软件安装任务设备清单

序号	设备	数量
1	装有 Windows 95 以上操作系统并可访问互联网的计算机一台	1

任务实操

（1）安装包下载

打开浏览器，登录北京昆仑通态自动化软件科技有限公司官方网站 http://www.mcgs.com.cn/。在菜单栏单击“下载中心”，打开“下载中心”窗口，单击“组态软件”，选择“MCGS_ 嵌入版 7.7（01.0007）完整安装包”进行下载，如图 1-1 所示。

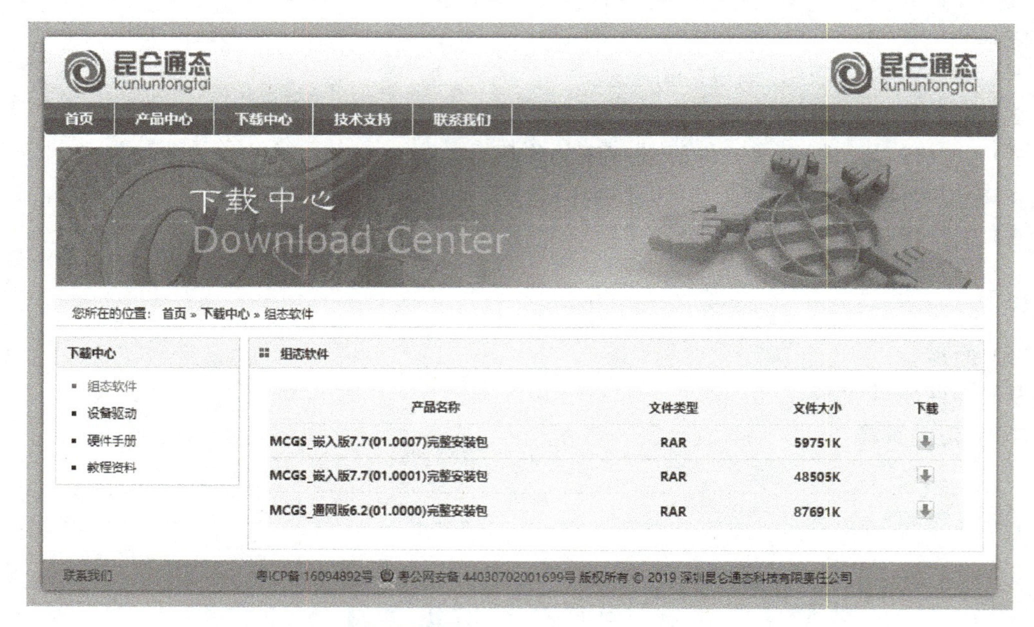

图 1-1　组态软件下载界面

MCGS 嵌入版、通用版、网络版

在组态软件下载界面中，除嵌入版以外，还有“MCGS_ 通网版 6.2（01.0000）完整安装包”的下载选项，下面简单介绍二者的区别。

昆仑通态品牌的 MCGS 组态软件目前主要分为三大系列，即 MCGS 嵌入版、MCGS 通用版和 MCGS 网络版。三者风格统一而功能互补，协同作用组成完整的企业生产组态控制体系。三种版本的组态环境都可以运行在 Windows XP、Windows 7、Windows 10 等操作系统中，但设计生成的组态工程运行环境有所不同。

按照自下而上的顺序来看，MCGS嵌入版应用最为贴近控制现场。组态编制完成的监控系统工程运行于Windows CE操作系统之上，直接与现场的控制器、执行器、数字化仪表等设备进行数据交互，完成前端数据处理和控制任务。Windows CE是微软公司面向便携嵌入式设备开发的操作系统，与日常计算机使用的Windows 7、Windows10有所区别。由于Windows CE具有系统小巧、硬件要求低、可靠性高等优点，因此常用于工业控制领域。前面介绍的昆仑通态TPC系列人机界面安装的就是Windows CE操作系统。因此，MCGS嵌入版在组态编制完成后产出的监控系统大多运行在TPC系列人机界面之中。以嵌入式操作系统为运行环境的设计也是“嵌入版”这一名称的由来。嵌入的英文为embed，因此MCGS嵌入版组态软件有时也写作MCGSE。

MCGS通网版则是通用版和网络版的合称。通用版与嵌入版最主要的区别在于组态编制完成的通用版监控系统运行于平时常见的Windows 7、Windows 10等计算机操作系统。用户可以通过个人计算机或工业计算机完成实时与历史数据采集加工、流程控制、报警监控等任务。由于PC的运算性能明显高于嵌入式计算机，因此通用版往往可以处理更大的数据体量和表现更复杂的视觉效果。

MCGS网络版生成的组态工程同样运行于Windows 7、Windows 10等操作系统中。与通用版相比，网络版主要增强了对Web浏览等网络功能的支持，实现了对生产数据的远程访问。利用MCGS网络版软件可以方便地实现企业现场管控到远程网络管控的转化。

实际应用中，数据往往由MCGS嵌入版进行分站采集，向MCGS通用版进行汇总，再由MCGS网络版将数据集中在网络服务器中。三种版本虽然功能有所差异，但整体操作模式统一，具备其中一款软件经验的用户可以快速上手其余版本。目前，嵌入版采用了免费的使用模式，而网络版与通用版都需要付费使用，因此嵌入版更适合广大读者上手学习。本书将以嵌入版为主进行讲解，对其他版本功能感兴趣的读者可自行下载通网版进行了解试用。

（2）软件安装

1）下载完成后，对压缩文件进行解压，找到其中的Setup.exe文件，双击“Setup.exe”开始安装。解压后的安装文件夹内容如图1-2所示。

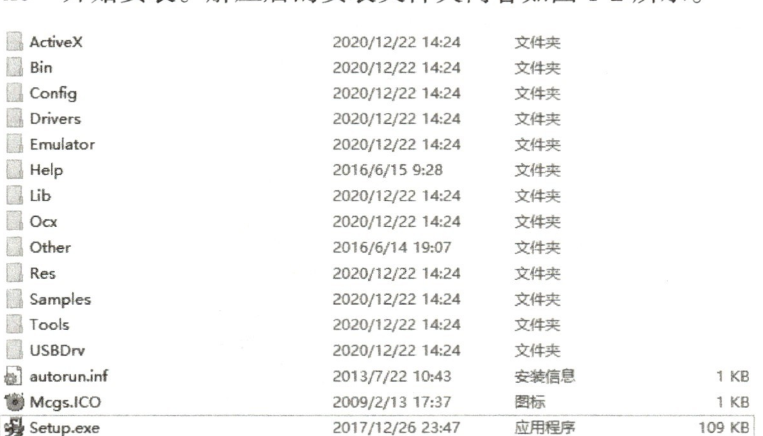

ActiveX	2020/12/22 14:24	文件夹	
Bin	2020/12/22 14:24	文件夹	
Config	2020/12/22 14:24	文件夹	
Drivers	2020/12/22 14:24	文件夹	
Emulator	2020/12/22 14:24	文件夹	
Help	2016/6/15 9:28	文件夹	
Lib	2020/12/22 14:24	文件夹	
Ocx	2020/12/22 14:24	文件夹	
Other	2016/6/14 19:07	文件夹	
Res	2020/12/22 14:24	文件夹	
Samples	2020/12/22 14:24	文件夹	
Tools	2020/12/22 14:24	文件夹	
USBDrv	2020/12/22 14:24	文件夹	
autorun.inf	2013/7/22 10:43	安装信息	1 KB
Mcgs.ICO	2009/2/13 17:37	图标	1 KB
Setup.exe	2017/12/26 23:47	应用程序	109 KB

图1-2 解压后安装文件夹内容

2）开始安装后弹出欢迎界面，如图 1-3 所示，单击“下一步”。

3）弹出软件自述界面，如图 1-4 所示，主要介绍了该版本软件的功能及更新。单击“下一步”。

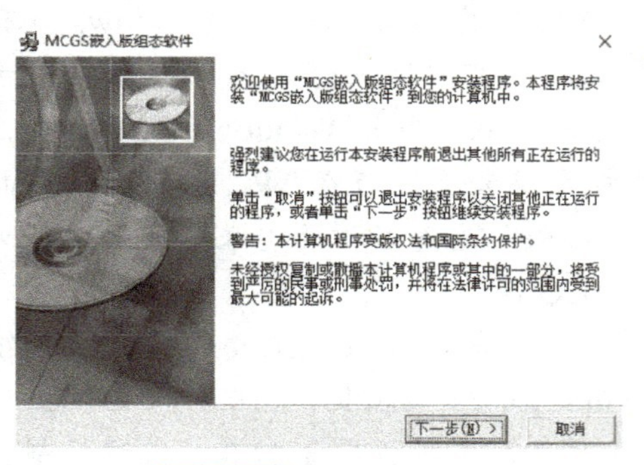

图 1-3　软件欢迎界面

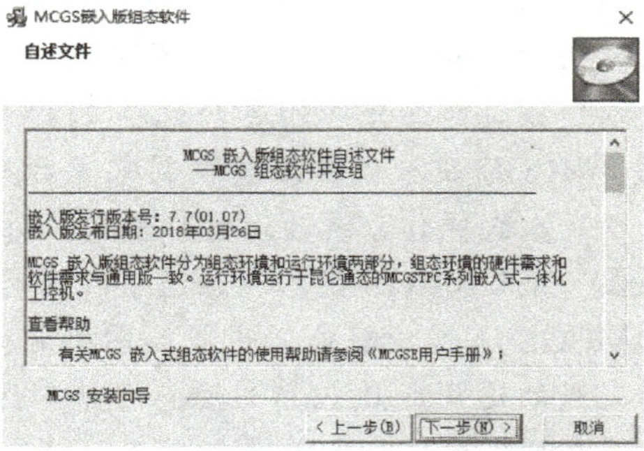

图 1-4　软件自述界面

4）弹出安装位置选择界面，如图 1-5 所示，选择好希望安装的位置后单击“下一步”。

5）弹出安装确认界面，如图 1-6 所示，单击“下一步”确认，正式开始安装。

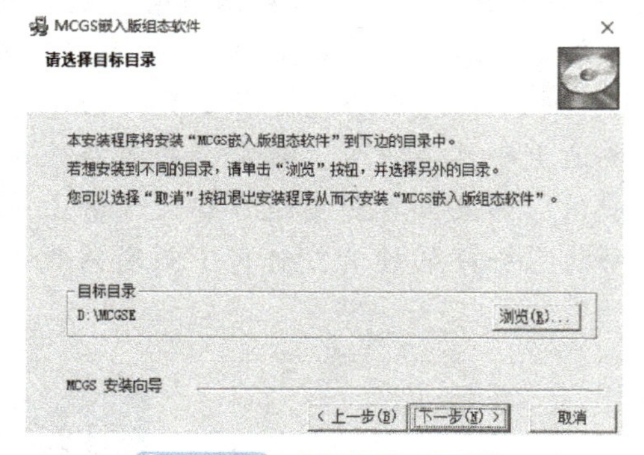

图 1-5　安装位置选择界面

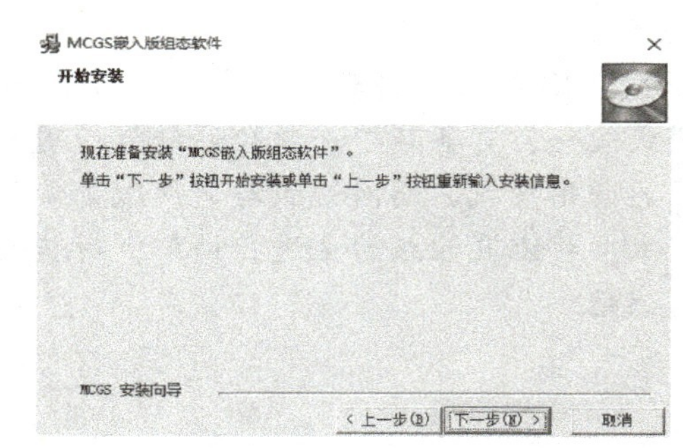

图 1-6　安装确认界面

6）等待软件安装完成，该过程大约持续 1min。安装进度如图 1-7 所示。

7）嵌入版软件安装完成后，将自动开始驱动程序的安装，如图 1-8 所示，单击“下一步”。

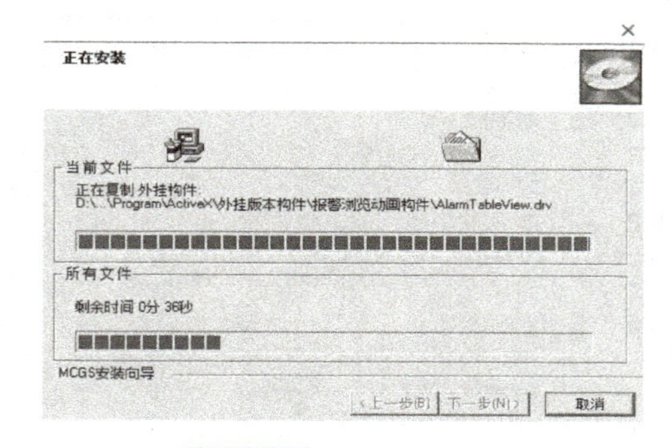

图 1-7　安装进度界面

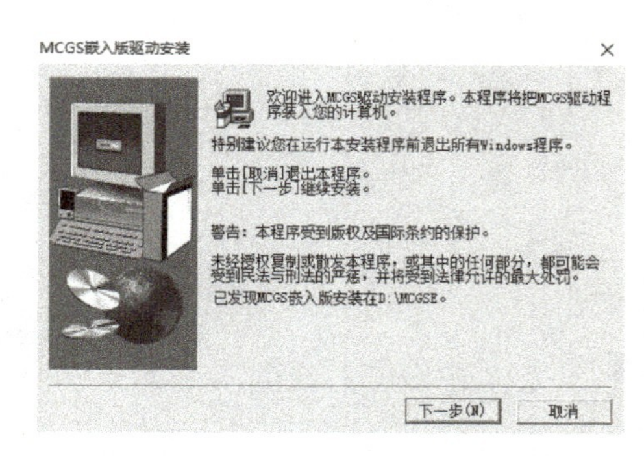

图 1-8　驱动程序安装欢迎界面

驱动程序

前面介绍过，MCGS 组态软件需要与各类控制器、执行器、仪表等设备进行数据通信，以实现数据监视和控制功能。而与目标的通信必须依托与之匹配的通信协议，即该设备能够听懂的语言。通过为 MCGS 组态软件安装不同目标设备的驱动程序，可以使其学会各种语言，实现与更多设备的通信。

在软件安装完成后，将自动进行驱动程序库的安装，其中包含了 800 多种常用设备的驱动程序，在组态编辑时可以直接调用。当发现某些待通信的设备的驱动程序并不在组态软件驱动程序库中时，往往需要在网络上搜索该驱动程序，然后添加到组态软件的驱动程序库中。而对于一些更小众的非标设备，甚至需要工程人员自行开发驱动程序以实现设备与组态软件之间的通信。

8）驱动程序安装完成，单击“完成”按钮，整个嵌入版软件的安装流程结束，如图 1-9 所示。MCGS 嵌入版软件图标如图 1-10 所示。

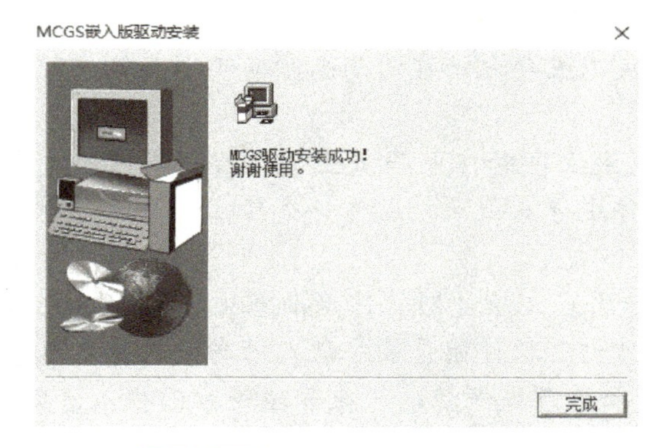

图 1-9 驱动程序安装完成界面

图 1-10 MCGS 嵌入版软件图标

组态环境、运行环境、模拟运行环境

MCGS 嵌入式体系结构分为组态环境、模拟运行环境和运行环境三部分。所谓组态环境就是安装 MCGS 组态软件的主体，运行于个人计算机操作系统上。利用组态环境中的各种工具与功能，可以制作出适配各种工控任务需求的组态工程。无论是前面介绍的 MCGS 嵌入版、MCGS 通用版还是 MCGS 网络版，其组态环境都是运行在日常使用的 PC 之中。

运行环境是指组态工程实际工作的操作系统。在组态环境中顺利完成组态编制后生成的组态工程即可以脱离组态环境，在运行环境中独立运行。前面介绍过，MCGS 嵌入版组态软件生成的组态工程运行于 Windows CE 中。大家会发现，嵌入版软件的组态环境与运行环境有差异。因此，从理论上讲，在完成组态工程制作后必须将工程下载到运行 Windows CE 操作系统的设备中（大多数是 TPC 系列人机界面），才能进行运行验证。这个过程将极大降低工程调试效率。

为了解决这一问题，MCGS嵌入版软件中附带了模拟运行环境软件。该软件近似于一个TPC系列人机界面模拟器，可以将组态环境中生成的组态工程下载到模拟运行环境中，在计算机上直接进行运行测试和调整。对工程完全满意后再下载到TPC系列人机界面中实际运行，可以大大提升组态系统的测试效率。

扩展知识

筚路蓝缕，坚定不移——国产软件的发展历程

20世纪50年代后期，我国开始了软件的研究与开发，但仅限于小范围的探索和尝试。

直到1978年，十一届三中全会召开，改革开放的春风温暖了神州大地。放眼全球，信息时代使各国在科技、人才领域内的竞争风起云涌，我国也拉开了信息技术蓬勃发展的大幕。

1983年，严援朝开发了CCDOS软件，其突出贡献便是解决了汉字在计算机内存储和显示的问题，具有划时代意义。同年，王永民以五年之功在河南南阳发明了五笔字型输入法，也为后来中文输入奠定了基础。

1984年9月6日，中国软件行业协会正式成立，时任电子工业部部长江泽民同志出任名誉会长。该协会的成立，标志着软件从硬件中分离出来，成为一个独立的产业，有了自己的一块“地盘”。

1996年，原国家科学技术委员会开始组建国家火炬计划软件产业基地，沈阳东大软件园、济南齐鲁软件园、成都西部软件园和长沙创智软件园是最早认定的四大软件基地。

此后，国家在投融资、税收、人才培养、知识产权保护、行业管理等方面投入资源，并取得了显著成就，软件产业规模迅速扩大。

到今天，基础软件、企业应用、工具软件、数字娱乐、信息安全、工业互联网应用等都取得了重大突破。

回首往昔，从一穷二白的奋起直追到蓬勃发展后来居上，不禁令人感叹。除了感谢初代信息化技术人艰苦卓绝的拼搏奋斗精神外，更要感谢我们的党和国家，给予了软件行业有力支持，使我国在成为软件强国的道路上不断奋进。

任务1.2 MCGS嵌入版组态软件与PLC通信连接组态

任务目标

创建第一个MCGS工程，该工程应具备以下监控功能：

1）包含一个用户窗口，将该界面命名为“PLC通信控制实验”。

2）在该窗口设置三个按钮，并分别标注按钮1、按钮2和按钮3。依次控制西门子S7-1200系列PLC内M0.0、M0.1、M0.2三个点位。按下对应按钮时，将该点位值置为1；

按钮弹起时，对应点位值恢复为 0。

3）在该窗口设置三个指示灯单元，并分别对应 PLC 中 Q0.0、Q0.1、Q0.2 三个输出值。输出值为 1 时，对应指示灯亮起；输出值为 0 时，对应指示灯熄灭。

在组态工程编制保存完成后，将项目下载到 TPC 系列人机界面中，并与装载有调试程序的西门子 S7-1200 系列 PLC 通过网线连接，最后进行调试，验证工程的正确性。

通信正常、编辑正确的组态工程应具有以下控制逻辑：

1）初始状态下，指示灯 1、2、3 应处于红色状态。

2）分别按下按钮 1、2、3，对应的指示灯变为绿色。

3）松开按钮，对应指示灯恢复为红色。

任务分析

分析任务目标中的要求可知，需要创建一个新的组态工程，其中只包含一个用户窗口。该窗口内要有数个按钮和指示灯。按钮的动作可以修改 PLC 中的点位值，而指示灯通过读取 PLC 点位值来改变自身显示状态。为了实现界面中的按钮和指示灯与 PLC 中的数据进行联动，必然需要实现工程与 PLC 之间的通信，并将按钮和指示灯与 PLC 中的点位进行对应。可以把项目流程划分为以下几步：

1）新建项目：创建第一个组态工程项目。

2）用户窗口创建与器件摆放：新建用户窗口并摆放按钮和指示灯。

3）设备组态：建立组态工程与 PLC 设备之间的通信联系。

4）构件组态：建立按钮、指示灯与 PLC 中点位值之间的对应，并设定操作逻辑。

5）工程保存与模拟运行：保存工程并将工程导入模拟运行环境进行仿真测试。

6）物理连接与测试：实现人机界面与 PLC 的物理连接，并实测进行项目验证。

任务设备

（1）任务设备清单

PLC 通信连接任务设备清单见表 1-2。

表 1-2　PLC 通信连接任务设备清单

序号	设备	数量
1	装有 MCGS 嵌入版组态软件的计算机	1
2	安装有调试程序的西门子 S7-1200 系列 PLC CPU	1
3	MCGS TPC 系列触摸屏	1

（2）PLC 程序与设置

该实训任务的 PLC 控制程序比较简单，只需将 M 点位值与对应 Q 点位值直接连接即可，确保当触点闭合时对应的线圈被使能即可。用户可以自行编写或在本书的配套资源中下载例程。

PLC 通信控制实验程序示例如图 1-11 所示。

程序段 1：

M点与Q点值保持一致

%M0.0 "Tag_1" —— %Q0.0 "Tag_4"

%M0.1 "Tag_2" —— %Q0.1 "Tag_5"

%M0.2 "Tag_3" —— %Q0.2 "Tag_6"

图 1-11 PLC 通信控制实验程序示例

为了实现正常通信，还需要对 PLC 的 IP 地址与连接机制进行设置。IP 地址的设置保证了 MCGS 人机界面可以准确地找到 PLC，本任务中将 PLC 的 IP 地址设置为“192.168.1.150”，如图 1-12 所示。

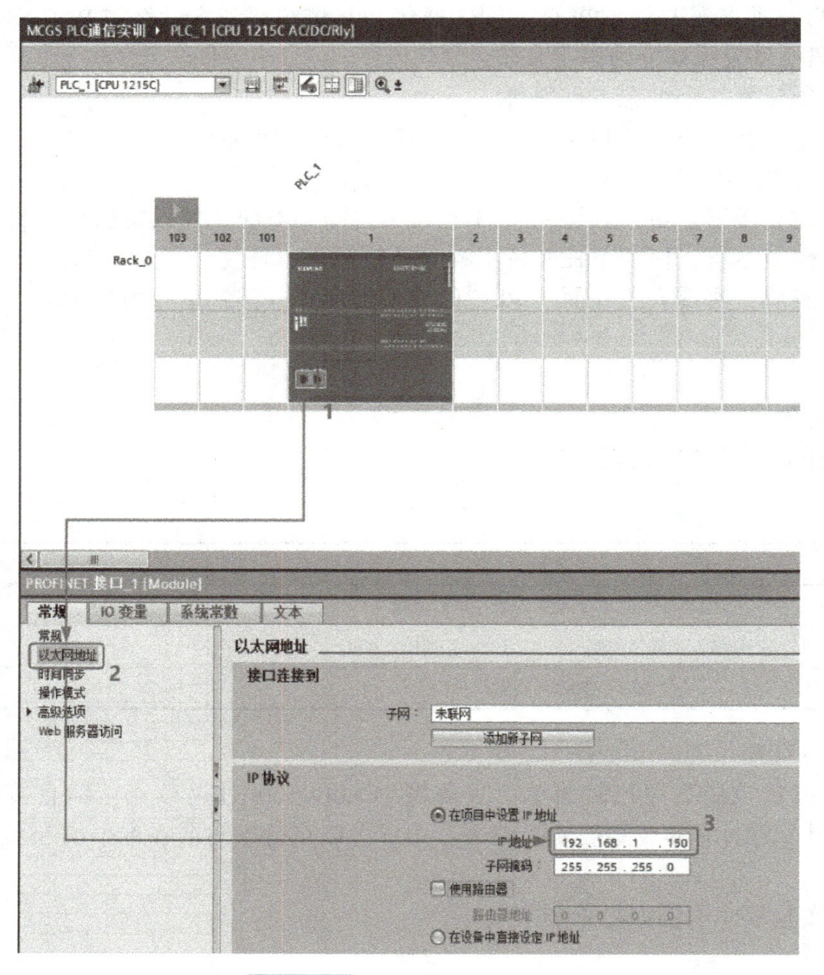

图 1-12 PLC 的 IP 地址设置

设置连接机制保证了 MCGS 人机界面有权对 PLC 中的变量进行读取与修改，设置方法如图 1-13 所示。

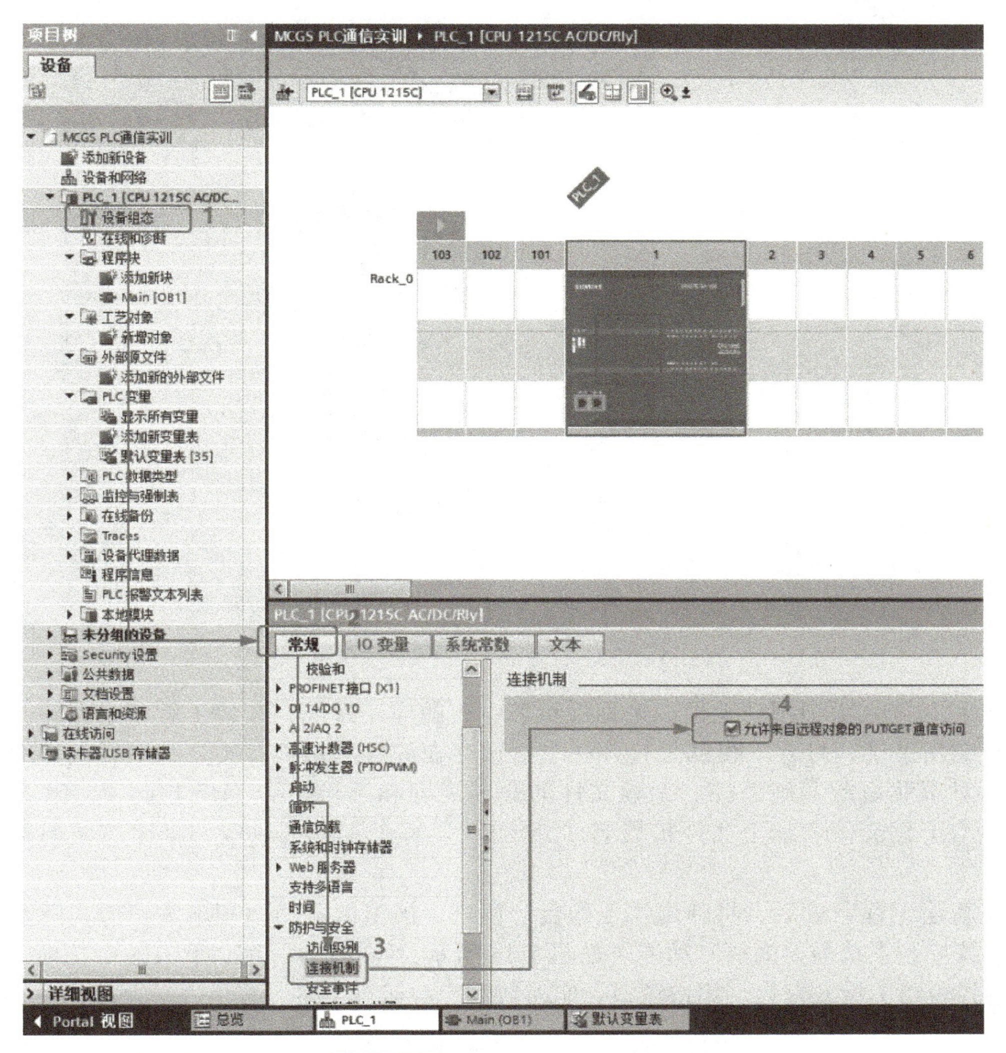

图 1-13　PLC 的连接机制设置

在完成了 PLC 的硬件组态设置及梯形图编程后即可将程序下载到 PLC 中待用。

任务实操

（1）新建工程

首先建立组态工程。

双击“MCGSE 组态软件”图标，启动安装好的 MCGSE 组态环境软件。单击菜单栏左上角“文件”，选择“新建工程”后会弹出“新建工程设置”对话框。其中要求选择一种 TPC 型号，这里选择“TPC7062Ti”作为演示。新建工程操作步骤如图 1-14 所示。

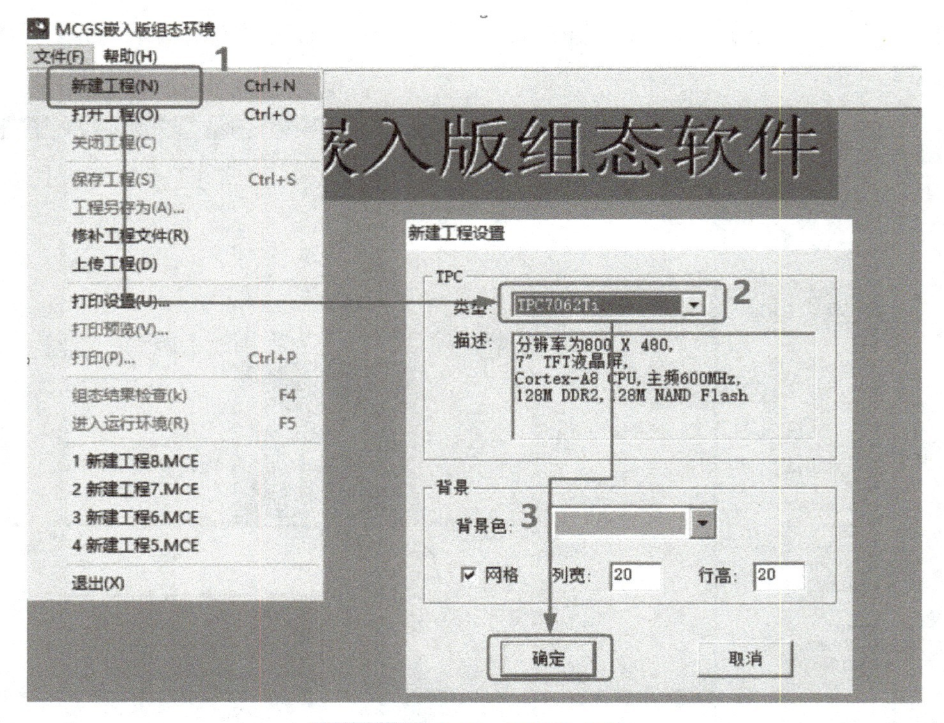

图 1-14 新建工程操作步骤

MCGS 嵌入版中用“工程”来称呼组态生成的应用系统，创建工程就是创建一个新的用户应用系统，打开工程就是打开一个已经存在的应用系统。用户利用编制好的应用系统来对工业系统实施监控。工程文件的命名规则和 Windows 系统相同，MCGS 嵌入版自动给工程文件名加上文件扩展名“.MCE”。每个工程都对应一个组态结果数据库文件。

在新建工程完成后，将弹出“工作台”窗口，该窗口虽然面积不大，但实际承载了编制一款控制系统需要的所有功能。如图 1-15 所示，“工作台”窗口共有 5 个选项卡，依次为主控窗口、设备窗口、用户窗口、实时数据库和运行策略。

图 1-15 “工作台”窗口

每个选项卡都有相应的下属选项，结构如图 1-16 所示。在后续的实操项目中将逐步学习各个选项卡的作用。这里只需使用“用户窗口”和“设备窗口”选项卡。

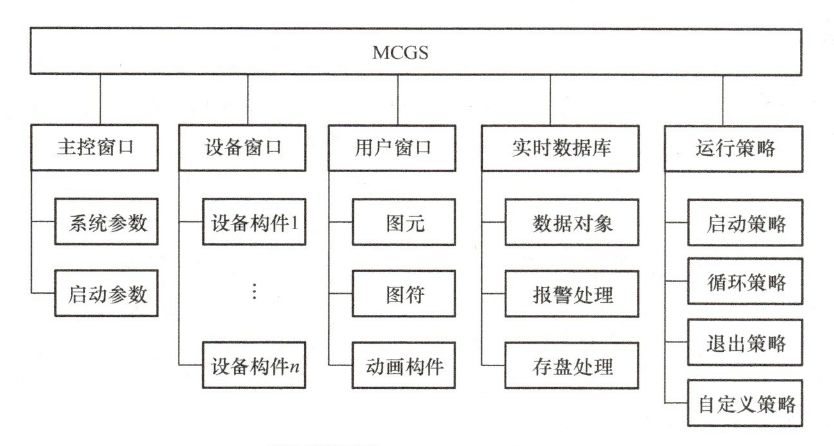

图 1-16　5 个选项卡结构

（2）用户窗口创建

单击“用户窗口”选项卡，在该选项卡内单击“新建窗口”按钮后出现“窗口 0”图标，如图 1-17 所示。

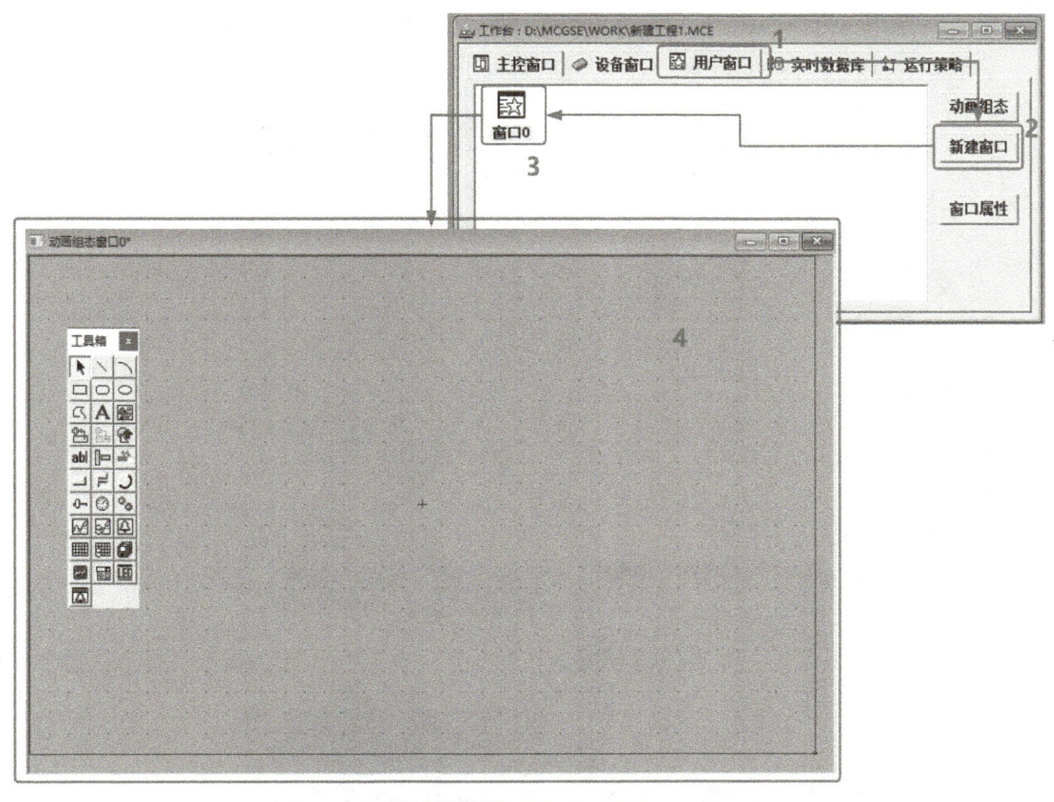

图 1-17　用户窗口创建

双击“窗口 0”图标或单击选中“窗口 0”图标后再单击“动画组态”按钮，打开该窗口的动画组态窗口，此时已完成用户窗口创建，但里面还没有任何内容。

用户窗口

用户窗口是由用户定义的、用来构成MCGS图形界面的窗口。用户窗口是组成MCGS图形界面的基本单位，所有的图形界面都是由一个或多个用户窗口组合而成的，它的显示和关闭由各种策略构件和菜单命令来控制。

用户窗口相当于一个“容器”，用来放置图元、图符和动画构件等各种图形对象，通过对图形对象的组态设置，建立与实时数据库的连接，完成图形界面的设计工作。

单个应用工程中可以有多个窗口，通过手动逻辑或人员操作实现窗口键的切换。各种复杂的图形界面都可以由用户窗口来搭建。例如：把一个用户窗口指定为工具条，运行时，该用户窗口就以工具条的形式出现；把一个用户窗口指定为状态条，运行时，该用户窗口就以状态条的形式出现；把一个用户窗口指定为有边界、有标题栏并且带控制框的标准Windows风格的窗口，运行时，该窗口就以标准的Windows窗口出现。

用户窗口内的图形对象是以“所见即所得”的方式来构造的，也就是说，组态时用户窗口内的图形对象是什么样，运行时就是什么样，同时打印出来的结果也不变。因此，用户窗口除了构成图形界面以外，还可以作为报表中的一页来打印。把用户窗口视区的大小设置成对应纸张的大小，就可以打印出由各种复杂图形组成的报表。

一个完整的用户窗口从初始状态到组态完成的效果如图1-18所示。

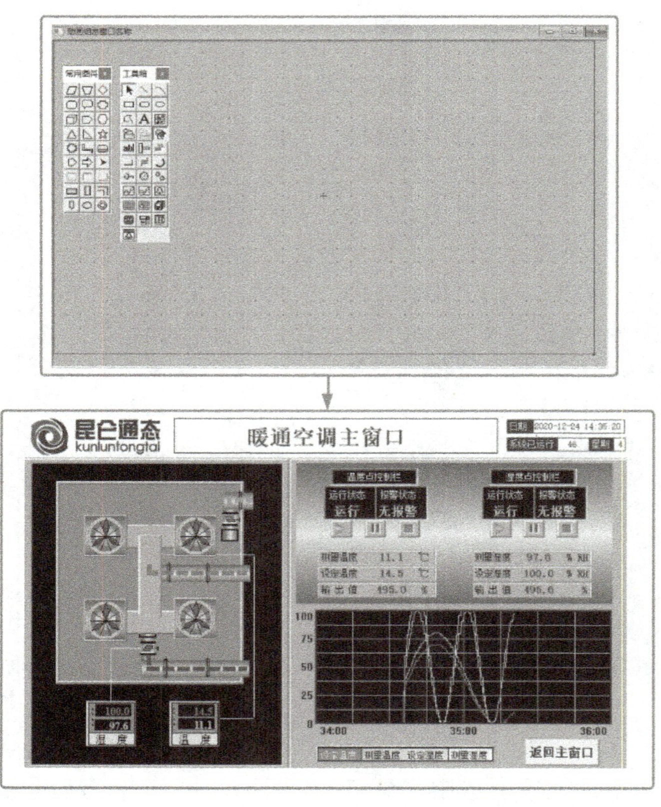

图 1-18 一个完整的用户窗口从初始状态到组态完成的效果

（3）用户窗口绘制

在新建用户窗口中，可以看用户界面组态工具箱，其中包括在组态窗口界面使用的所有工具。单击工具栏左上角的图标，可以打开或关闭工具箱，如图 1-19 所示。

本任务中需要用到“标准按钮”、“标签”和“插入元件”三种工具。其他工具的功能与用法将在后续项目中介绍。工具箱中的部分工具名称如图 1-20 所示。

图 1-19　调出工具箱

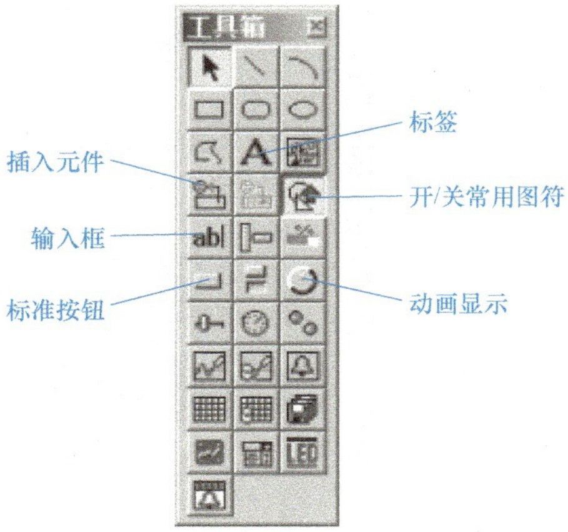

图 1-20　工具箱中的部分工具名称

首先，根据任务要求，在用户窗口上增加三个按钮。

1）单击工具箱中的“标准按钮”图标，然后以左键按住拖动的方式在窗口上绘制出所需大小的按钮，如图 1-21 所示。在完成按钮的绘制后，鼠标左键单击选中后通过拖动中心或边角可以进行位置和大小调整。布局调整按钮如图 1-22 所示。

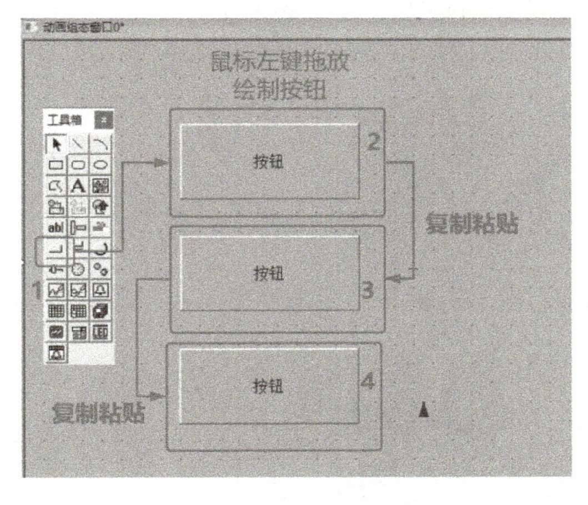

图 1-21　绘制三个按钮

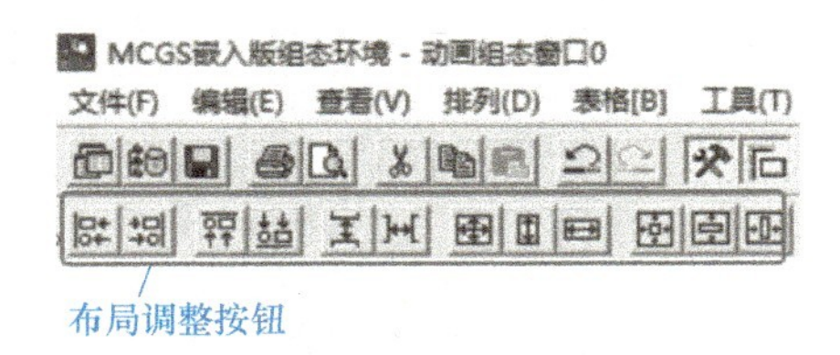

图 1-22　布局调整按钮

2）按钮绘制完毕后，可以利用鼠标框选同时选中三个按钮，随后单击界面左上角工具栏中的横、纵对齐和间距调整按钮（如图 1-22 所示）进行调整，使界面更整齐美观。

3）双击第一个按钮，将弹出“标准按钮构件属性设置”对话框，在该对话框中，可以进行构件的外观和动作逻辑设置。单击“文本”文本框可以对按钮上显示的文本进行修改。利用这个方法将三个按钮的标识文本修改为“按钮 1”“按钮 2”和“按钮 3”。修改按钮文本的方法如图 1-23 所示。

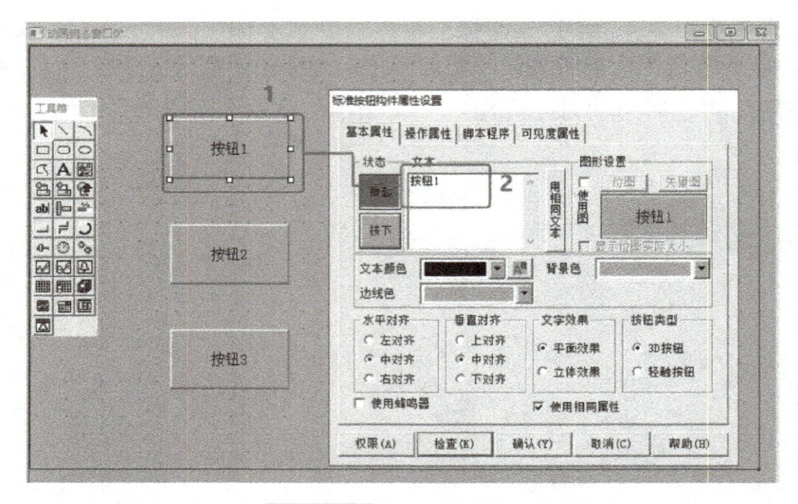

图 1-23 修改按钮文本

标准按钮是一个功能丰富的图形构件，在实际工程组态项目中相当常用。通过属性设置可以对外观、动画效果、操作功能进行设置。

接下来为界面添加指示灯元件。

4）单击工具箱中的“插入元件”图标，在弹出的“对象元件库管理”对话框中找到“指示灯”文件夹，单击该文件夹可以看到各种样式的指示灯元件。单击选择“指示灯 3”，将该样式指示灯元件加入到界面中。同样，通过选中后拖动中心或边角可以调整构件的位置和大小。与按钮相同，将指示灯元件复制粘贴为三个并进行布局调整。操作步骤如图 1-24 所示。

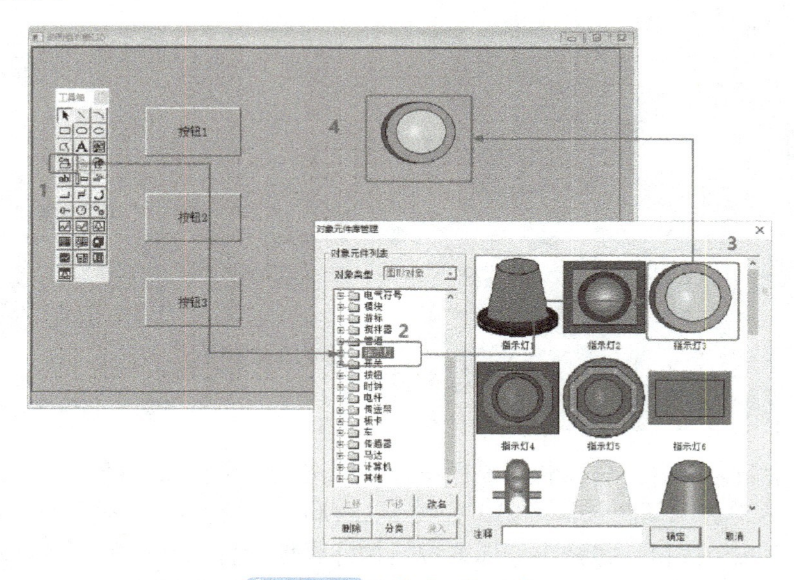

图 1-24 添加指示灯元件

下面为界面增加一个标签，以便监控系统的使用者可以第一时间了解当前界面的用途。

5）单击工具箱中的“标签”图标A，通过按住鼠标左键拖动的方式绘制所需大小的标签框，绘制完毕后默认将进行文字输入。单击选中标签后单击工具栏中的“字符字体”图标，在弹出的对话框中可以调整标签中的字体及颜色。这里将文字放大一些，选择文字大小为“小三”，单击“确定”按钮。操作步骤如图 1-25 所示。

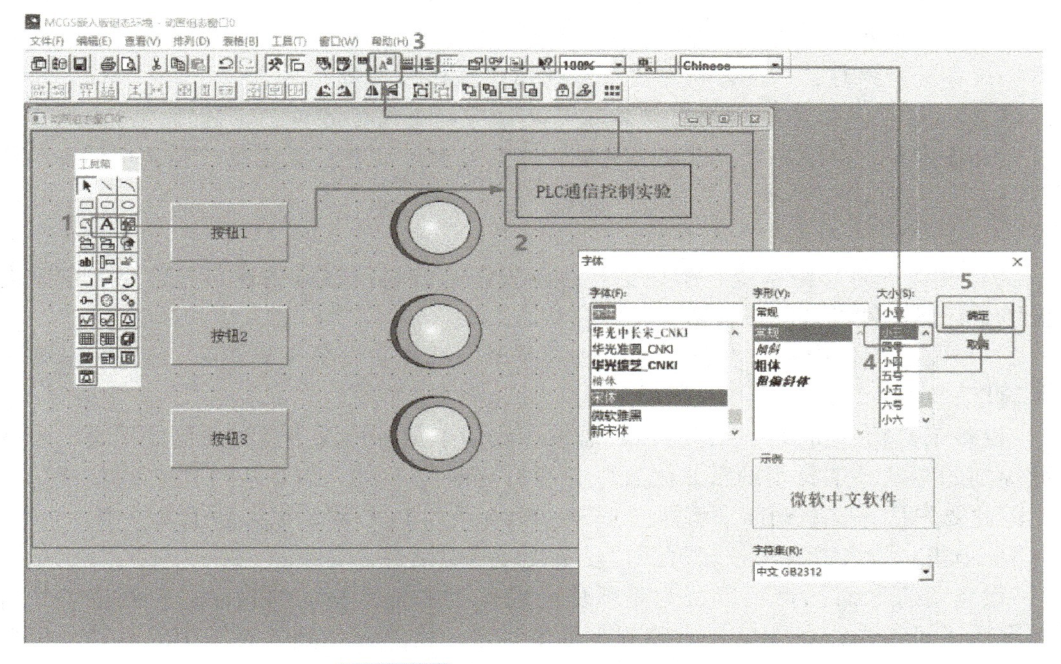

图 1-25　增加标签及调整文字大小

标签放置完成后，界面编制便暂告一段落。关闭用户窗口，选择存盘。虽然整个界面的绘制已经完成，但这些构件还只具备外观样式而缺少具体的功能与控制逻辑。要实现监控功能，还要建立构件与 PLC 内点位值之间的关联。在此之前，先要建立 HMI 与 PLC 之间的联系。

（4）设备组态

1）在工作台界面选择“设备窗口”选项卡。双击“设备窗口”图标或者单击“设备组态”按钮，都可以打开设备窗口。

设备窗口

设备窗口是 MCGS 嵌入版系统的重要组成部分，在设备窗口中建立系统与外部硬件设备的连接关系，使系统能够从外部设备读取数据并控制外部设备的工作状态，实现对工业过程的实时监控。

在 MCGS 嵌入版中，实现设备驱动的基本方法是：在设备窗口内配置不同类型的设备组件，并根据外部设备的类型和特征，设置相关的属性，将设备的操作方法，如硬件参数配置、数据转换、设备调试等都封装在组件之中，以对象的形式与外部设备建立数据的传输通道连接。系统运行过程中，设备组件由设备窗口统一调度管理。通过通道连接，设备组件既可以向实时数据库提供从外部设备采集到的数据，供系统其他部分进行控制运算和流程调度，又能从实时数据库查询控制参数，实现对设备工作状态的实时检测和过程的自动控制。

MCGS 嵌入版的这种结构形式使其成为一个“与设备无关”的系统，对于不同的硬件设备，只需定制相应的设备组件，放置到设备窗口中，并设置相关的属性，系统就可以对这一设备进行操作，而不需要对整个系统结构做任何改动。

在 MCGS 嵌入版中，一个用户工程只允许有一个设备窗口。运行时，由主控窗口负责打开设备窗口，而设备窗口是不可见的，在后台独立运行，负责管理和调度设备构件的运行。

所有设置了与监控系统之间通信连接的设备都将显示在设备窗口界面中。这里由于还没组态任何硬件设备，设备窗口是空白状态。

2）在空白窗口中单击右键，在弹出的菜单中选择“设备工具箱”，弹出“设备工具箱”窗口。

“设备工具箱”窗口可以根据项目需求存放用于与各种设备进行通信的工具，也就是前面提到的驱动。工具箱的默认配置中并没有与西门子 S7-1200 系列 PLC 通信使用的工具，因此要先从完整驱动库中将西门子 S7-1200 系列 PLC 驱动加入到工具箱中。

3）单击“设备管理”按钮打开“设备管理”对话框。

“设备管理”对话框可以认为是软件内已安装的全部驱动的仓库，左侧栏中分门别类地展示了可选的设备驱动，右侧列表框中显示了已经添加到工具箱中的驱动。根据具体的项目需求调整工具箱配置，可以避免每次从完整驱动库中选取驱动，以提升组态效率。

上述操作过程如图 1-26 所示。

4）如图 1-27 所示，在“可选设备”栏中依次单击“PLC”→“西门子”→“Siemens_1200 以太网”，双击“Siemens_1200”驱动，可以将该驱动增加到工具箱中。单击“确认”按钮，关闭“设备管理”对话框。

回到“设备工具箱”窗口，此时可以看到其中已经添加了 Siemens_1200 驱动。

5）双击该驱动，“设备工具箱”窗口中增加了“设备 0-[Siemens_1200]”硬件。

整个添加硬件的操作过程可以理解为让生成的系统具备与西门子 S7-1200 系列 PLC 进行硬件通信的功能。

可以尝试双击“设备工具箱”窗口中的“西门子_S7200PPI”进行硬件组态，结果发现软件提示“子设备和父设备不是同一类型”，并不能成功添加。要理解这种现象，需要简单介绍一下 MCGS 嵌入版组态软件中父设备和子设备的概念。

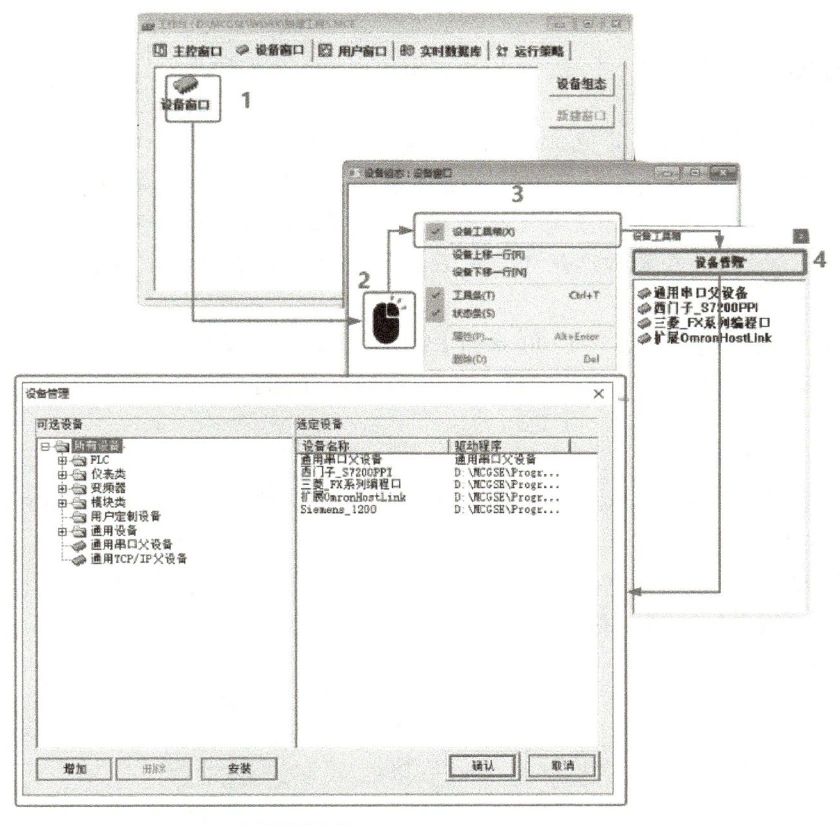

图 1-26　打开“设备管理”窗口

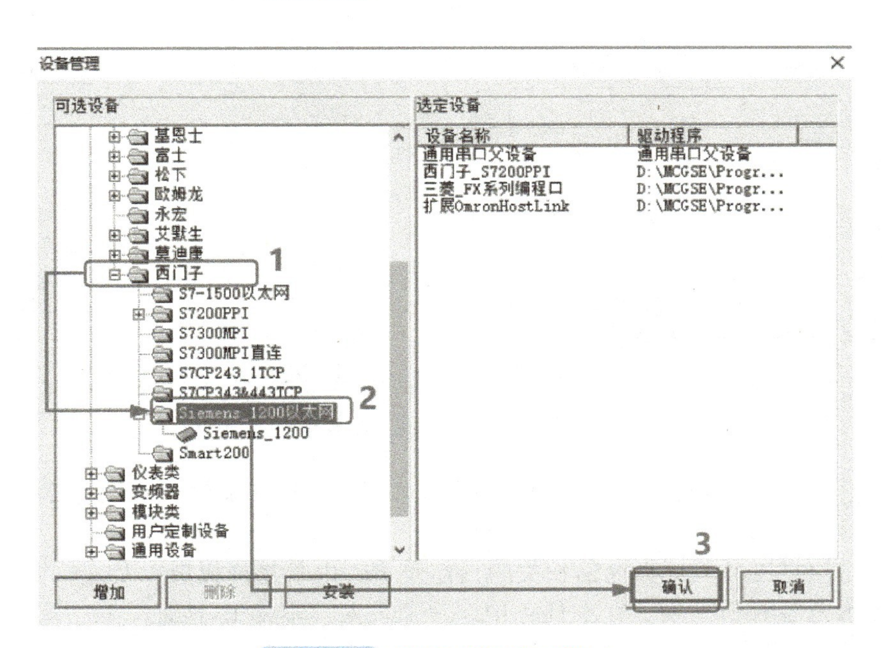

图 1-27　将驱动增添到工具箱中

父设备与子设备

MCGS人机交互界面与其他工业设备之间主要通过网口和串口两种物理接口进行连接。父设备对应各物理接口，子设备对应连接在该接口下的具体设备。因此在组态具体设备之前，应先选定与该设备进行通信的物理接口，根据需要选择通用串口父设备和通用TCP/IP父设备。因此，在添加通用串口父设备之前试图对西门子S7-1200系列PLC进行组态是无法成功的。

而为什么在进行西门子S7-1200系列PLC组态时不需要挂载在父设备下呢？原因是为了方便使用，软件进行了独立驱动设置，该驱动本身就相当于一个父设备，因此可以直接进行组态。

6）接下来要对通信组态进行具体设置，双击“设备0–[Siemens_1200]”图标打开“设备编辑窗口”对话框。

“设备编辑窗口”对话框分区与IP地址设置如图1-28所示。该对话框主要由驱动信息区、通信基本信息区、通道信息区三部分组成。

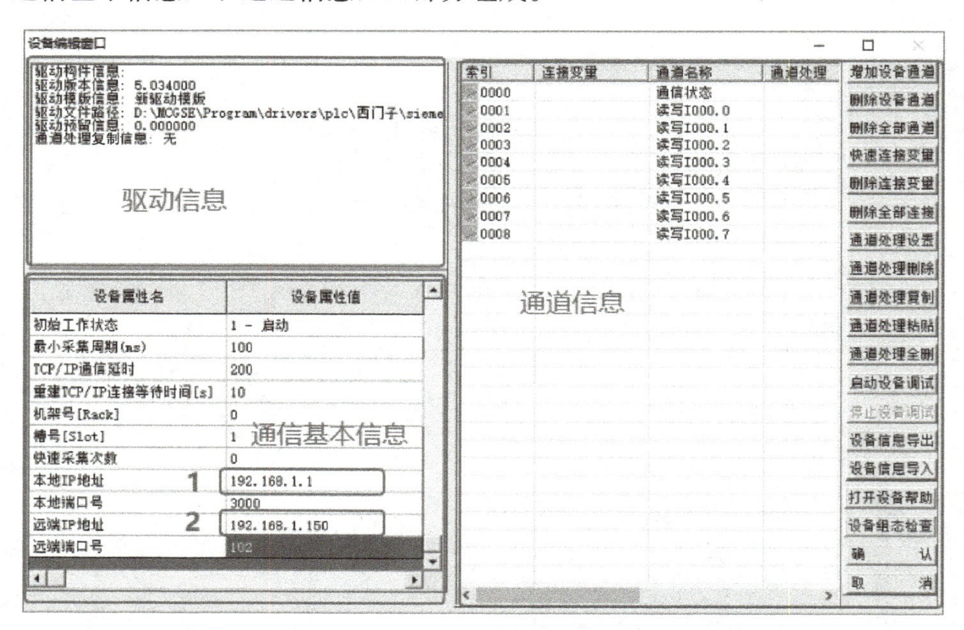

图1-28 “设备编辑窗口”对话框分区与IP地址设置

驱动信息区展示了当前使用驱动的相关信息，主要用于驱动程序的版本管理，与工程组态关系不大。

通信基本信息区可以进行通信相关的具体设置。由于物理接口以及通信协议的不同，该区域的显示内容有所区别。在本任务中，只需要对“本地IP地址”和“远端IP地址”两项进行设置，其他沿用默认设置即可。

本地IP地址是MCGS人机界面的网口的IP地址，只要与所在子网无冲突即可，这

里设置为 192.168.1.1。远端 IP 地址是希望进行通信的 PLC 网口的 IP 地址，该值必须与目标通信 PLC 的 IP 设置一致，这里使用 192.168.1.150。

IP 地址修改完成后，与监控系统通信的设备类型（西门子 S7-1200 系列 PLC）及具体设备（IP 地址为 192.168.1.150 的 PLC）已经设置好了，但具体读取和修改该设备中的哪些变量则需要利用通道进一步设置。

通道

MCGS 组态软件中把从其他设备中读取或向其他设备输出数据的路径称为设备通道。通道是一个抽象概念，以西门子 S7-1200 系列 PLC 为例，每条通道可将 PLC 中的一个变量值（如 Q0.2、Q1.0、MB4 等）与实时数据库中的一个变量值建立对应关系。根据 PLC 中变量值类型的不同，通道的类型也是不同的，如 I 输入继电器型通道、M 内部继电器型通道等。选择通道不同的读写方式，可以调整 PLC 中变量与实时数据库之间是单向映射还是相互映射关系。监控系统在实际运行时，首先对实时数据库中的变量值进行读取和修改，实时数据库再利用通道对 PLC 中的变量值进行读取与修改。在后续项目中学习实时数据库的相关知识后，读者将对通道的概念有更好的了解。

在“设备编辑窗口”对话框右侧的通道信息区中，可以看到已经预置了多个通道。但遗憾的是，其中并没有本任务要用到的 M 点和 Q 点。因此，需要新增通道。

7）单击“增加设备通道”按钮，在弹出的“添加设备通道”对话框中，“通道类型”下拉列表框中选择“M 内部继电器”；“通道地址”文本框中填写“0”，这里通道地址对应的是 PLC 中的字节号，即 M 0；“数据类型”选择“通道的第 00 位”，这里 00 位表示 PLC 中的位号，与通道地址组合起来就是 M 0.0；为保证数据同步，“读写方式”选择默认的“读写”选项。

8）如果当前单击“确认”按钮，那么从 PLC 的 M 0.0 点读写数据的一条通道将会添加到通道信息区中。可以尝试在“通道个数”中填入 3（没错，正是本任务中用到的 M 点的总数），再单击“确认”按钮。操作步骤如图 1-29 所示。

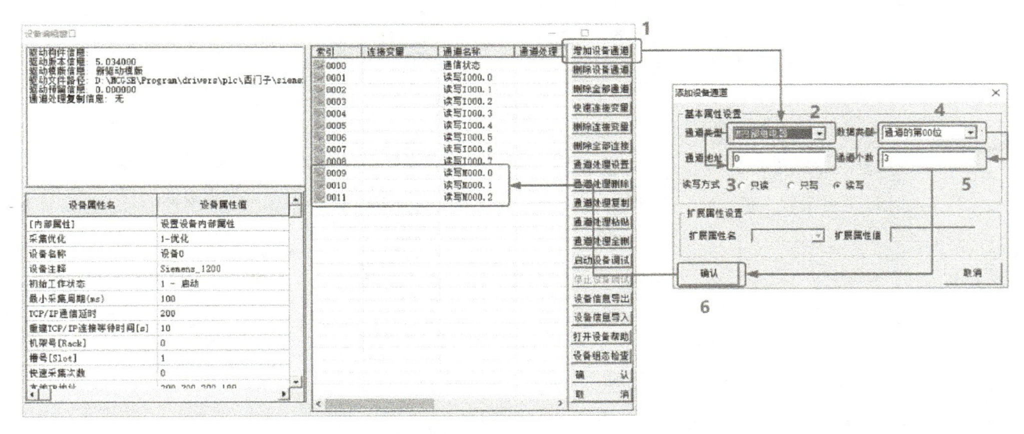

图 1-29　添加 M 点通道

可以发现，在通道信息区中已经自动增加了 M 00.0、M 00.1、M 00.2 三个通道。所以当通道类型相同且为连续地址时，可以通过填入“通道个数”的方式快速顺序生成多个通道。

9）需要删除设备通道时，按住 Shift 键，依次单击“读写 I 000.0”和“读写 I 000.7”两个通道，即可多选选中本任务用不到的读写 I 点通道，单击“删除设备通道”按钮即可删除选中的通道。

10）使用批量增加通道的方法，增加“读写 Q 000.0”“读写 Q 000.1”“读写 Q 000.2”三个输出继电器读写通道。

前面说过，通道是连接 PLC 中变量与实时数据库中变量的路径。现在有了起点（PLC 中的数据点），有了路径（通道），还没有设置路径的终点（MCGS 实时数据库中的变量）。要使通道生效，必须对通道对应的实时数据库变量进行设置，这个过程称为连接变量。

连接变量有两种方法：第一种可以通过双击要连接变量的通道，在弹出的变量选择窗口中选择变量，比较适合在实时数据库中已经建立好变量、只进行对应选择的情况，优点是可以根据需要为每个新增数据库变量设置专有名称；第二种比较方便，根据采集信息快速生成，即软件根据通道的“起点”和“路径”特征自动生成“终点”的名称。本任务采用第二种方法。

11）单击“快速连接变量”按钮，在弹出的“快速连接”对话框中选择“默认设备变量连接”选项，单击“确认”按钮。

可以看到，在通道信息区的“连接变量”一列，出现了根据设备和通道名称自动生成的连接变量名。

事实上，目前只是实现了对“终点”变量的命名，实时数据库中并不存在这些变量。

12）单击“设备编辑窗口”对话框的“确认”按钮，弹出“添加数据对象”对话框，选择“全部添加”。快速连接变量及数据对象添加的操作过程如图 1-30 所示。

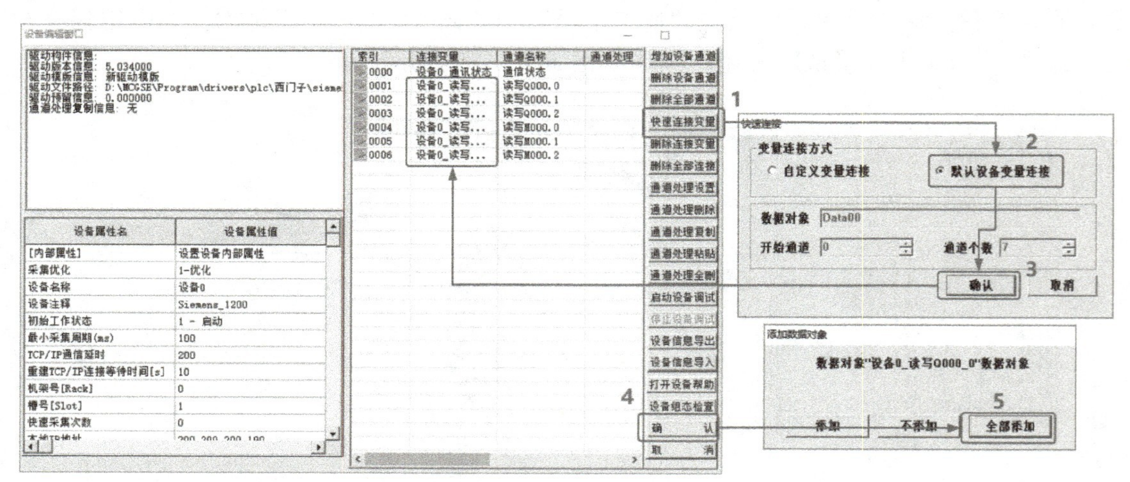

图 1-30 快速连接变量及数据对象添加

这一步的意义是根据连接变量的名称在实时数据库中创建“终点”变量，完成这一步后，通道才真正完整。关闭“设备组态：设备窗口”，弹出对话框询问是否存盘，选择“是”，硬件组态完成。下面要将实时数据库与用户窗口里设置好的构件关联起来。

（5）构件组态

构件组态是将已经放置好的各个图形构件与上一步建立的实时数据库变量对应起来。

首先进行按钮的数据对象连接。打开“用户窗口”→“窗口 0”。双击按钮 1 打开“标准按钮构件属性设置”对话框，之前在这个对话框中修改了按钮上显示的文本，而构件与变量之间的控制关系同样在该对话框中修改。

构件属性设置

通过双击构件可以打开相应的构件属性设置对话框。该对话框可以对构件的外观表现、操作功能、操作权限等特性进行设置。由于各类构件的功能和用途有着明显区别，因此，不同构件的属性设置对话框间也存在着明显差异，但操作逻辑一致。以“标准按钮构件属性设置”对话框为例，该对话框主要有“基本属性”“操作属性”“脚本程序”“可见度属性”四个选项卡。

基本属性：主要对按钮的外观进行设置，如按钮的颜色、显示文字效果等。根据需要，可以将按钮设置为按下与抬起表现不同的显示效果。

操作属性：设置按钮的操作功能，可以快速设置按钮在按下和抬起时系统要进行的操作，包括打开某个窗口、关闭某个窗口、对实时数据库中的对象进行操作等。

脚本程序：如果“操作属性”选项卡提供的功能不能满足控制需求时，可以在“脚本程序”选项卡中利用编写脚本的方式实现更灵活的控制功能。

可见度属性：可以设置构件根据变量值情况改变可见性，常常用于实现动画效果。

对于其他构件的属性设置，将在后续项目中逐步接触。

1）单击“操作属性”选项卡，选择“按下功能”，设置按钮按下时系统要进行的操作。勾选“数据对象值操作”→“置 1”选项，单击图标 ? 进行变量选择。在弹出的对话框中选择“设备 0_ 读写 M 000_0”。如图 1-31 所示。

这样当按钮 1 按下时，实时数据库中的变量“设备 0_ 读写 M 000_0”将被修改为 1。而由于读写通道的存在，PLC 中 M 0.0 的值也将被同步修改为 1。

2）用类似的方法，将按钮 1 的抬起功能设置为对“设备 0_ 读写 M 000_0”进行清 0 操作。按钮 1 形成完整的自复位按钮逻辑。

标准构件功能丰富，十分常用。这里只用到了基础的数据对象操作功能，如果想了解更多应用方式，可以单击“操作属性”选项卡右下角的“帮助（H）”按钮，查看描述。

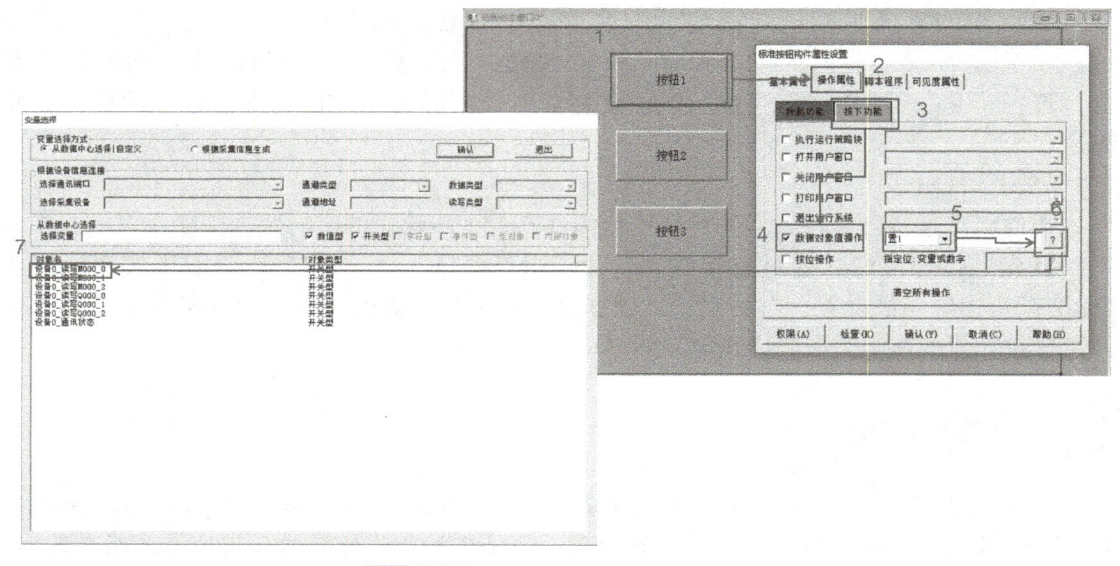

图 1-31　按钮 1 按下时对 M0.0 置 1

帮助系统

MCGS 组态软件配有便捷易用、内容详实的帮助系统。阅读帮助文档可以快速加深对于组态系统的理解、提升操作技巧。

在很多窗口界面中都设置有“帮助（H）”按钮，单击该按钮可以打开帮助系统，同时将文档快速定位到当前窗口界面的相关章节。此外，也可以通过单击键盘 F10 键呼出帮助系统，并通过左侧导航栏中的目录选取相关条目。帮助系统还提供了索引搜索功能，可以以关键词的方式搜索求助内容。

由于帮助文档本身是由软件开发人员编写的，因此，相比其他文献资料明显更具权威性。本书将帮助系统的使用方法列为单独的知识点，希望可以引起各位读者对帮助文档的重视。利用产品说明与帮助文档解决工程实践中遇到的问题是每位电气工程师的必备技能。熟练运用帮助文档不但对于掌握 MCGS 组态软件大有帮助，在日后接触其他组态软件甚至工控软件时都将受益。

3）重复操作，将按钮 2、按钮 3 的置 1 与清 0 操作分别与“设备 0_ 读写 M 000_1”“设备 0_ 读写 M 000_2”关联起来。三个按钮的构件组态就完成了。

指示灯与变量的关联也与按钮类似。

4）双击第一个指示灯，在“单元属性设置”对话框的“数据对象”选项卡中，单击“可见度”旁的变量选择按钮，选择“设备 0_ 读写 Q000_0”，单击“确认”完成指示灯 1 与 Q0.0 之间的关联，如图 1-32 所示。利用同样方法完成剩余两个指示灯的属性设置。

（6）工程保存与模拟运行

组态完成后，首先要对工程进行保存。

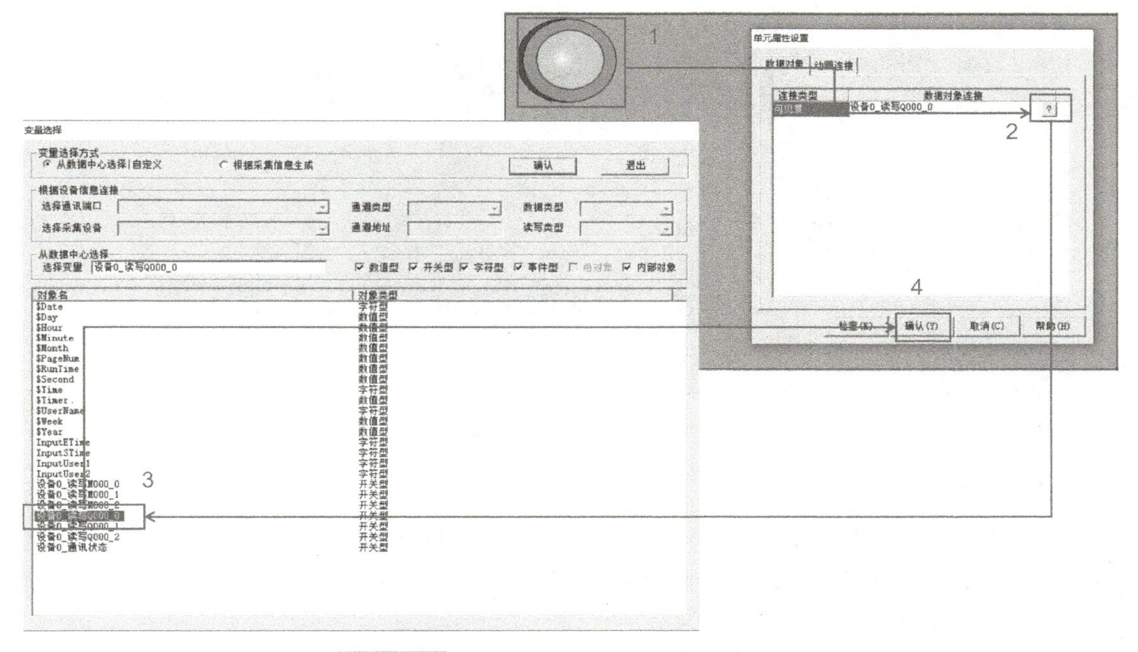

图 1-32　将指示灯 1 显示状态与 Q0.0 关联

1）保存的方法是选择组态环境菜单栏的“文件”→“保存”菜单命令。

MCGS 组态环境在每次打开时会自动加载上一次关闭时的工程。也可以通过选择“文件”→“打开工程”菜单命令来加载保存的其他工程文件。

在实际工程应用中，监控系统组态完成后通常要先在模拟运行环境中运行验证，在确认各项功能无误后才下载到实体设备中进行实测，这样可以提升调试效率。下面通过实操来了解模拟运行环境的功能和使用方法。

模拟运行环境同样与 PLC 进行数据交互，因此，首先要将下载好测试程序的西门子 S7-1200 系列 PLC 用网线与计算机连接。

2）单击工具栏中的“下载工程并进入运行环境”图标，在弹出窗口中依次单击“模拟运行”→“工程下载”，即可将工程下载到模拟运行环境中。

此时可以发现“模拟运行环境”窗口已自动打开。

单击“下载配置”对话框中的“启动运行”按钮或“模拟运行环境”窗口中的“播放键”按钮，都可以将模拟 TPC 开机。工程下载过程如图 1-33 所示。

开机后界面中显示的是组态完成的用户窗口界面。此时三个指示灯都为红色。单击窗口中的按钮，对应指示灯变为绿色，松开后恢复为红色。与任务目标中的控制逻辑一致。

（7）工程下载与实测

通过模拟运行验证了监控系统的组态的正确性，便可以下载到硬件中进行实测。

MCGS 人机交互界面有多种工程下载方式，其中利用制作 U 盘综合功能包的方法比较简单方便，下面基于该方法介绍工程下载流程。

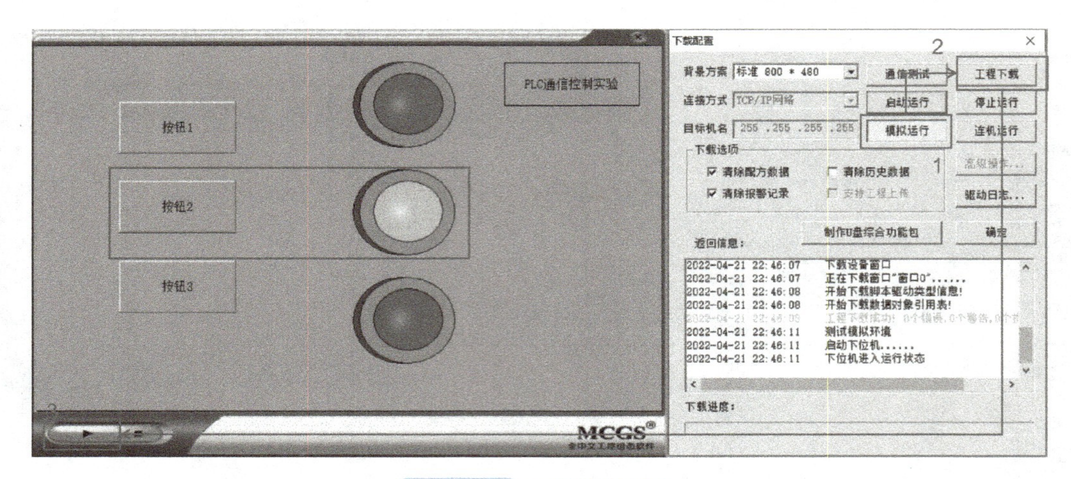

图 1-33 工程下载过程

1）首先将 U 盘插入计算机。打开“下载配置”对话框，单击“制作 U 盘综合功能包”按钮，在弹出的对话框中选择“功能包路径”→“新插入 U 盘盘符”，单击“确定”按钮，工程便下载到了 U 盘中。

2）将该 U 盘插入触摸屏中，触摸屏开机后将自动提示安装，选择“确认”自动进行安装。工程安装完毕后触摸屏将自动重启，随后将显示组态的串口界面。

3）将触摸屏与 PLC 利用网线直接连接后，按下各按钮，对应指示灯将变为绿色，同时 PLC 上的输出信号灯也将同时亮起，按钮松开后对应指示灯恢复为红色。工程运行与任务目标一致，任务完成。

实训总结

（1）历程回顾

通过本项目，成功安装了 MCGS 嵌入版组态软件，并实现了触摸屏与西门子 S7-1200 系列 PLC 之间的通信。请读者结合图 1-34 理解通信架构并回忆各部分是在实训中哪个步骤通过哪些操作实现的。

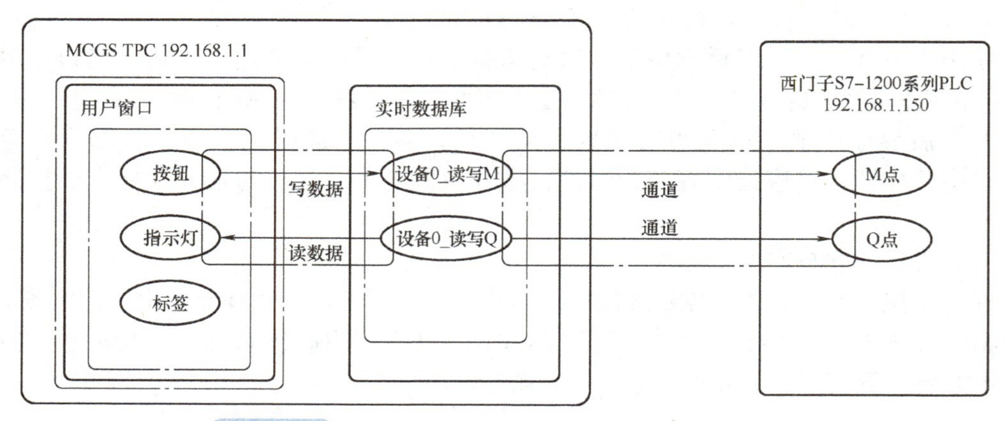

图 1-34 触摸屏与 PLC 通信结构以及各部分实现步骤

（2）实践评价

项目 1 评价表

姓名		班级			
评分内容	项目	评分标准	自评	同学评分	教师评分
软件下载与安装	1）下载正确版本的 MCGS 嵌入版组态软件	5 分			
	2）顺利完成软件与组态系统的安装、搭建	5 分			
用户窗口组态	1）完成用户窗口中构件摆放，设计美观大方	5 分			
	2）正确设置构件属性	10 分			
	3）完成图形构件与数据对象的连接	10 分			
设备窗口组态	1）正确完成通信驱动选择及 IP 地址设置	5 分			
	2）正确建立通道	10 分			
下载与实测	1）顺利下载应用系统	15 分			
	2）操作验证系统完成既定功能	10 分			
职业素养与安全意识	工具器材使用符合职业标准，保持工位整洁	5 分			
拓展与提升	本项目中我通过帮助文件了解到：	20 分			
学生签名			总分		
教师签名					

项目 2
电动机正反转监控系统设计

经过项目 1 的学习，对 MCGS 嵌入版组态软件已经有了一个基本的了解。接下来，将通过一个模拟实际工程的项目来了解工业组态系统组建的一般流程，并在此实操过程中进一步熟悉 MCGS 组态软件的功能与相关操作。

在任务 2.1 中，将正式学习数据对象与实时数据库的概念，练习数据对象的组态方法。随后将了解 MCGS 中动画的实现原理，并着手实现一些简单的动画效果。在进行用户窗口动画效果组态的过程中，尝试运用工具栏中的各个功能按钮。

为了实现正确的动画效果，还将学习表达式与脚本程序这两个非常重要的概念并尝试编写一些简单的程序语句。在任务的最后，通过对设备窗口的组态操作复习项目 1 中有关通信组态以及驱动选择的相关知识。

任务 2.2 要对组态完成的工程项目进行测试和调整。在任务 2.2 中，将学习如何完成 MCGS 模拟运行环境与虚拟工程场景之间的通信连接，以实现组态系统对虚拟场景的控制，提供虚拟仿真联调环境。最后对应用系统的功能性进行验证。

项目背景

PLC 控制三相异步电动机正反转是进行 PLC 入门时的典型场景，该控制系统利用 PLC 的输出点控制交流接触器的通断状态，进而实现对电动机的起停控制以及正反转控制。可以构建一个简单组态界面实现对该场景的监控。

学习目标

（1）知识目标

1）了解构建 MCGS 组态应用系统的一般流程。

2）掌握实时数据库、数据对象、数据对象类型的概念。

3）了解 MCGS 中动画效果的实现原理。

4）了解表达式与脚本程序的概念。

（2）技能目标

1）学会图元颜色填充与可见度控制。

2）学会随时检查的操作。

3）能进行 MCGS 模拟运行环境与虚拟工程场景之间的通信连接。

（3）素质目标

了解我国电动机生产设计的发展历史，培养攻坚克难的开拓精神。

知识点

1）构建组态系统的一般流程。

2）数据对象与实时数据库。

3）数据对象的类型。

4）MCGS 中的动画效果原理。

5）表达式。

6）脚本程序、启动脚本、循环脚本、退出脚本。

7）组态检查。

项目实操

任务 2.1　电动机正反转监控系统的建立

任务目标

某生产现场安装了一套电动机控制系统，通过 PLC 控制三相异步电动机的正反转。目前电气系统已经装配调试完毕，PLC 程序也已编写调试完成。现需要工程技术人员利用 MCGS 嵌入版组态软件制作一套电动机正反转监控系统，以便直观地显示电动机当前的运行状态并进行控制。电动机正反转监控系统样式如图 2-1 所示。

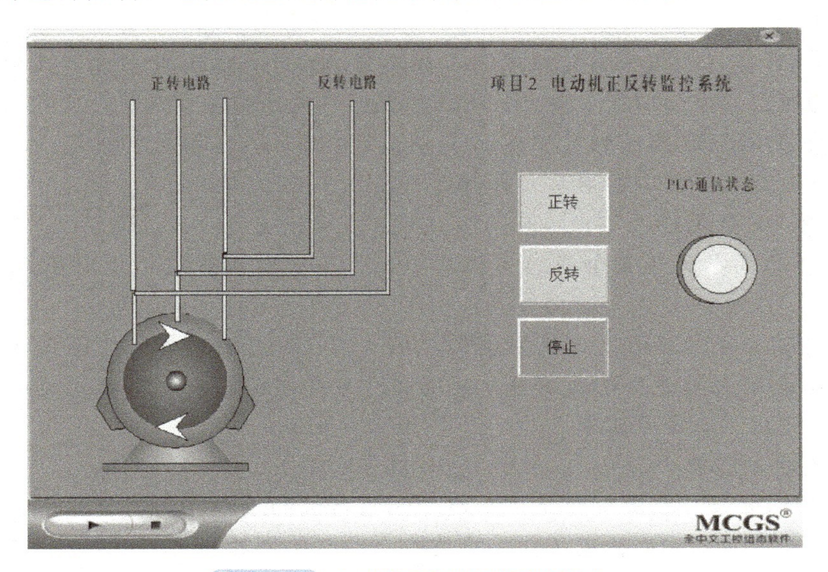

图 2-1　电动机正反转监控系统样式

根据用户的要求，该系统应实现以下效果：

1）用户窗口背景为蓝色，中部有三个按钮，通过修改 PLC 中 M0.0、M0.1、M0.2 三个点位值，代替实物按钮为 PLC 提供指令输入，实现电动机正反转和停止控制功能。

2）窗口左侧有正反转电路和电动机的示意图形。当电动机处于正、反转状态时，电路由灰色转变为绿色，用于表征该段电路为通电状态。

3）当电动机运转时，电动机示意图形上出现黄色的转向箭头。箭头有纵向显示与横向显示之间切换的动画效果，以模拟转动。同时，箭头指向应根据电动机转向发生变化。面对电动机输出轴时，输出轴顺时针旋转称为正转，逆时针旋转称为反转。

4）屏幕右侧设置一个信号灯，反映触摸屏与 PLC 之间的通信情况。

任务分析

这是本书中实施的首个模拟实际工程需求的任务，借此机会可以了解实际工作中 MCGS 组态工程的常见工作流程。按照工作流程可以实现对任务的细化分解，以便按部就班展开工作。

构建应用系统的一般流程

在进行工业组态应用系统设计时可以参考以下流程：

（1）工程项目系统分析

首先对工程项目的系统构成、技术要求进行分析，明确监控要求和动画显示方式，分析工程中的设备采集及输出通道与软件中实时数据库变量的对应关系，分清哪些变量是要求与设备连接的，哪些变量是软件内部用来传递数据、实现控制逻辑或动画显示的。

好的开头是成功的一半！完善、周全的系统分析将会为任务实施带来极大裨益。细化分析工作是避免返工提升效率的最佳手段。

（2）工程建立

建立 MCGS 建立新工程需完成定义工程名称、设计封面窗口名称和启动窗口（封面窗口退出后接着显示的窗口）名称、指定存盘数据库文件的名称以及存盘数据库，经过这一步操作，即在 MCGS 组态环境中建立了由五部分组成的工程结构框架。封面窗口和启动窗口也可等到建立了用户窗口后，再行建立。

（3）构造实时数据库

实时数据库可以说是整个组态系统的核心，系统各部分均以实时数据库为数据公有区。

所谓构造实时数据库就是定义数据对象的过程。组态系统制作中很重要的一步就是根据系统分析的结果构造实时数据库。实际工作中一般无法一次全部定义所需的数据对象，根据情况逐次添加十分正常。

（4）组态用户窗口

MCGS 嵌入版组态以窗口为单位来组建应用系统的图形界面，创建用户窗口后，通过放置各种类型的图形对象，定义相应的属性，为用户提供美观、生动、具有多种风格和类型的动态画面。

用户窗口可以理解为一张画布，而在其上放置各种图元的过程就像在画布上作画，而且不仅是静态画面，还有生动的动态效果。这个创建画布以及作画的过程就被称为组态用户窗口。

用户窗口往往是组态系统最终用户最常接触的界面，该界面美观与否、操作设计是否合理、信息呈现是否直观都影响了用户的最终体验。在进行用户窗口设计时应反复斟酌、不断优化。

（5）组态主控窗口

主控窗口是用户应用系统的主窗口，也是应用系统的主框架，展现工程的总体外观。在该步骤中可以对软件封面、启动窗口、内存装载画面、系统参数、存盘参数等内容进行设置。相比用户窗口，主控窗口中很多设置是用户不能直接观察到的，但是却会对体验产生影响（如内存装载画面，将一些频繁切换的画面提前加载在内存中可以明显提升画面切换时的反应速度）。

（6）组态运行策略

运行策略是指对监控系统运行流程进行控制的方法和条件，它能够对系统执行某项操作和实现某种功能进行有条件的约束。运行策略功能强大而复杂，这里只要了解在这一步骤中可对组态系统如何运行进行控制即可（如当某个变量触发限值报警时自动弹出对应操作界面，这就属于一种系统控制），在后续项目将有很大的篇幅专门介绍这个重要功能。

（7）组态设备窗口

前面已经介绍过，设备窗口是 MCGS 嵌入版组态应用系统与作为测控对象的外部设备建立联系的后台作业环境，负责驱动外部设备，控制外部设备的工作状态。进入设备窗口，从设备构件工具箱里选择相应的构件，配置到窗口内，建立接口与通道的连接关系，设置相关的属性，即完成了设备窗口的组态工作（正如在项目一中所做的）。基本上在所有实际组态工程项目中，对设备窗口的组态都是不可或缺的一步。

（8）工程测试

工程测试环节包括对外部设备、动画动作、用户窗口、图形界面、运行策略等各个部分的测试。简而言之，工程测试是确保整个系统能按设计正常运行、实现既定功能的最终环节。

工程测试环节虽然写在步骤介绍的末尾，但并不是指要将该流程放在最后统一进行。正确的做法是在每完成一个部分的组态工作后当即进行检查测试，养成及时发现问题和解决问题的习惯，避免错误累积、相互耦合。

需要注意的是，知识点中介绍的工作流程只是一般步骤的总结，其先后次序并非一成不变的（有些环节甚至可能被跳过）。实际工作中，常常需要调整工作顺序或者在各步骤之间反复交叉进行（如工程测试环节，实践证明，随着系统搭建当即进行功能测试永远好于堆积在最后测试整个组态系统）。

下面通过具体项目，从第一项工程项目系统分析环节着手实施。

阅读任务需求后可以发现，按钮的控制功能实现方法在项目一中已经比较熟悉，可以顺利实现；通电线路的变色和电动机上箭头的旋转动画还没有接触过，此类简单动画效果的实现是本任务学习的重点。

在系统中进行数据对象分配，电动机正反转数据对象表见表 2-1。

表 2-1 电动机正反转数据对象表

序号	名称	变量类型	备注
1	正转指令	开关型	读写 PLC M0.0
2	反转指令	开关型	读写 PLC M0.1
3	停止指令	开关型	读写 PLC M0.2
4	电动机正转中	开关型	读取 PLC Q0.0
5	电动机反转中	开关型	读取 PLC Q0.1
6	电动机运转中	开关型	内部变量，当 Q0.0 或 Q0.1 为 1 时，该变量为 1
7	显示纵向箭头	开关型	内部变量，用于控制纵向箭头的显示
8	显示横向箭头	开关型	内部变量，用于控制横向箭头的显示

任务设备

（1）任务设备清单

电动机正反转监控系统建立任务设备清单见表 2-2。

表 2-2 电动机正反转监控系统建立任务设备清单

序号	设备	数量
1	装有 MCGS 嵌入版组态软件的计算机	1

（2）PLC 程序

本任务使用的 PLC 程序如图 2-2 所示。该段程序原理比较简单，读者可以自行编写或在本书提供的资料网站中进行下载。

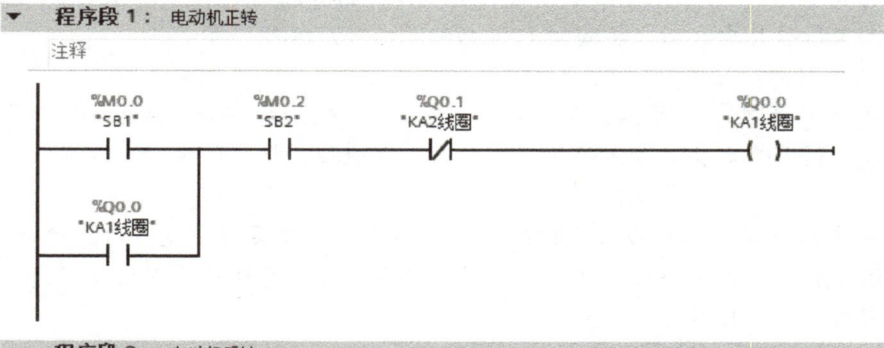

图 2-2 电动机正反转控制 PLC 程序

任务实操

（1）项目工程建立

在完成对任务的基本分析后，便可以进入项目工程建立环节。

在 MCGS 组态环境中新建基于 TPC7062Ti 型触摸屏的工程项目。单击背景色下拉菜单，将项目背景色设置为蓝色。

任务目标中要求用户窗口为蓝色背景，既可以通过上述方式实现，也可以在“新建工程设置”对话框中完成背景色选择，将所有新增的用户窗口初始状态都设置为该背景色，如图 2-3 所示，但仍可在各个用户窗口属性设置中分别修改为其他颜色，并不冲突。

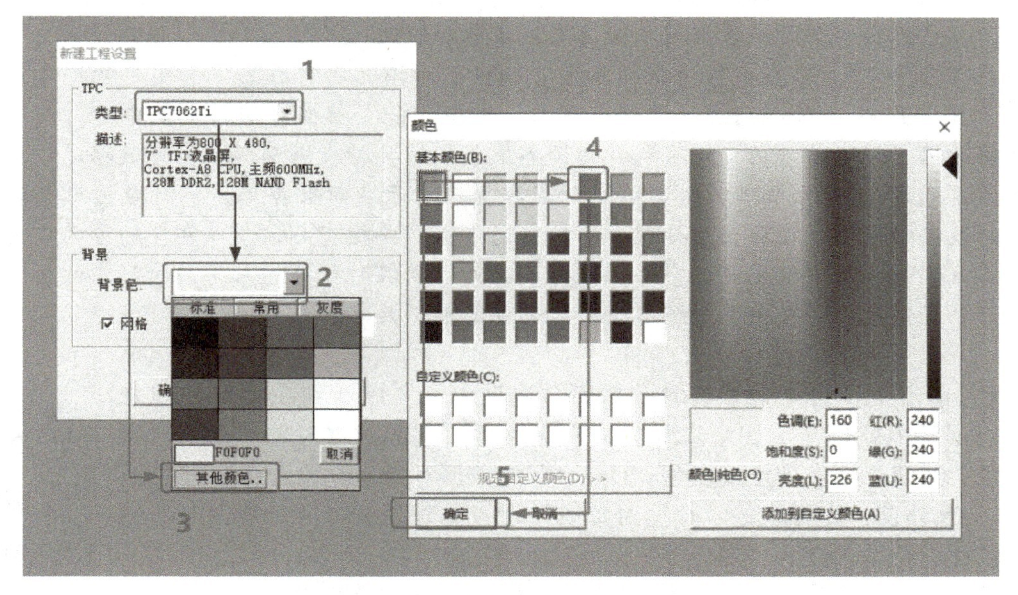

图 2-3　新建项目工程并设置背景色

在 MCGS 嵌入版组态软件的项目工程建立环节，能做的调整并不多（甚至不能设置工程的文件名称），该阶段最主要的工作就是正确选取触摸屏的设备型号。

（2）构建实时数据库

在项目一中，为了流程便于理解、不引入过多概念，从 PLC 通信的角度出发，采用了先建立通道再根据通道信息来自动生成变量对象的方式构造实时数据库，对变量对象的概念也未做过多描述。在本项目中，遵照更具普适性的流程，即先在实时数据库中组态变量对象，再创建通道并将通道连接到创立好的变量上。

在具体操作之前，先要简单了解一下数据对象与实时数据库的基本概念。

数据对象与实时数据库

在 MCGS 嵌入版组态软件中，数据不同于传统意义的数据或变量，而以数据对象的形式进行操作与处理。数据对象不仅包含了数据变量的数值特征，还将与数据相关的其他属性（如数据的状态、报警限值等）以及对数据的操作方法（如存盘处理、报警处理等）封装在一起，作为一个整体，以对象的形式提供服务，这种把数值、属性和方法定义成一体的数据称为数据对象。

数据对象的设计是为了使系统更加简单易用，可以把数据对象认为是比传统数据变量具有更多参数的变量。变量当前值只是数据对象诸多参数中的一个，此外还包括报警限值等其他可设置参数。而对象的操作方法可以理解为系统可以对该数据对象执行的操作。如设置好发动机温度这个数据对象的报警参数以及报警方法后，当发动机温度值超过限值，系统将自动触发报警时间。

可以像使用数据变量一样来使用数据对象，大多数情况下只需使用数据对象的名称来直接操作数据对象。需要注意的是，MCGS 中所有变量的作用域都是相对于全局的，因此，在系统内的任意位置都可以对其实现读取和修改。

在 MCGS 中，所有数据对象的集合就构成了所谓的实时数据库。实时数据库可以说是整个 MCGS 嵌入版组态应用系统的核心，相当于一个数据存储与处理中心，同时也起到公用数据交换区的作用。所有从外部设备采集来的实时数据都送入实时数据库（通过前面介绍过的通道），系统其他部分操作的数据也来自于实时数据库。实时数据库自动完成对实时数据的报警处理和存盘处理，同时它还根据需要把有关信息以事件的方式发送给系统的其他部分，以便触发相关事件，进行实时处理。实时数据库采用面向对象的技术，为其他部分提供服务，提供了系统各个功能部件的数据共享。

1）单击工作台中的“实时数据库”选项卡，可以看到在项目创建之初，数据库内就包括了四个注释为“系统内建 ...”的数据对象。单击“新增对象”按钮，列表中增加名为“DaTa1”的数据对象，类型为“数值型”。双击“ DaTa1”，在弹出的“数据对象属性设置”对话框中，对数据对象的基本属性进行设置。

任何数据对象的“数据对象属性设置”对话框布局都相同，包括“基本属性”“存盘属性”“报警属性”三个选项卡。在该对话框中将完成数据的基本属性设置以及系统自动操作设置。

2）按照任务分析阶段表 2-1 中规划的内容，对新增数据对象属性进行设置。对象名称设置为“正转指令”，对象类型选择“开关型”，单击“确认”按钮即完成了对第一个数据对象的属性编辑。

数据对象的类型

对象类型是数据对象的基本属性之一，MCGS 组态软件将所有数据对象分为以下五种类型。

（1）开关型

记录开关信号（0 或非 0）的数据对象称为开关型数据对象，通常与外部设备的数字量输入 / 输出通道连接，用来表示某一设备当前所处的状态。开关型数据对象也用于表示 MCGS 嵌入版组态软件中某一对象的状态，如对应于一个图形对象的可见度状态。开关

型数据对象没有工程单位和最大、最小值属性，没有限值报警属性，只有状态报警属性。

（2）数值型

在 MCGS 嵌入版组态软件中，数值型数据对象的数值范围是：负数 -3.402823E38 ～ -1.401298E-45；正数 1.401298E-45 ～ 3.402823E38。数值型数据对象除了存放数值及参与数值运算外，还提供报警信息，并能够与外部设备的模拟量输入 / 输出通道相连接。数值型数据对象有最大和最小值属性，其值不会超过设定的数值范围。当数据对象的值小于最小值或大于最大值时，对象的值分别取为最小值或最大值。数值型数据对象有限值报警属性，可同时设置下下限、下限、上限、上上限、上偏差、下偏差等六种报警限值，当对象的值超过设定的限值时，产生报警；当对象的值回到所有的限值之内时，报警结束。

（3）字符型

字符型数据对象是存放文字信息的单元，用于描述外部对象的状态特征，其值为多个字符组成的字符串，字符串长度最长可达 64KB。字符型数据对象没有工程单位和最大、最小值属性，也没有报警属性。

（4）事件型

事件型数据对象用来表示某种特定事件的产生及相应的时刻，如报警事件、开关量状态跳变事件。

（5）组对象

数据组对象是 MCGS 引入的一种特殊类型的数据对象，类似于一般编程语言中的数组和结构体，用于把相关的多个数据对象集合在一起，作为一个整体来定义和处理。如在实际工程中，描述一个锅炉的工作状态有温度、压力、流量、液面高度等多个物理量，为便于处理，定义“锅炉”为一个组对象，用来表示“锅炉”这个实际的物理对象，其内部成员则由上述物理量对应的数据对象组成，这样，在对“锅炉”对象进行处理（如进行组态存盘、曲线显示、报警显示）时，只需指定组对象的名称“锅炉”，就包括了对其所有成员的处理。组对象只是在组态时对某一类对象的整体表示方法，实际的操作则是针对每一个成员进行的。需要注意的是，数据组应包含两个以上的数据对象。数据组对象的成员不能是其他数据组。同一个数据对象可以被包含在多个数据组中。

在实际的工业组态项目中存在大量的数据对象，为了便于进行数据对象管理，MCGS 组态软件中提供了一些便捷操作。如在实时数据库中，可以先单击选中一个已有对象，此时再单击“新增对象”按钮将会在列表最下方新增一个与选中变量具有相近名称（MCGS 不允许存在两个名称相同的变量，因此会在其名称后添加数字 1）、相同属性值的变量。利用这种方法可以快速创建多个近似变量。同样，单击“成组增加”按钮也可以实现类似的功能。

此外，数据对象还支持多选、删除、复制、粘贴等基本操作，读者可以自行测试。

3）按照创建首个变量的方法，完成表 2-1 中全部变量的创建，如图 2-4 所示。

表 2-1 中的变量被分为内部变量与外部变量两类。外部变量是指与外部设备有数据交互的变量，如从 PLC 中读取或向其中写入的变量；而所谓内部变量是指只在组态系统内部使用的变量，内部变量往往是为了实现脚本控制、事件触发、动画显示等功能而设置的功能性变量。

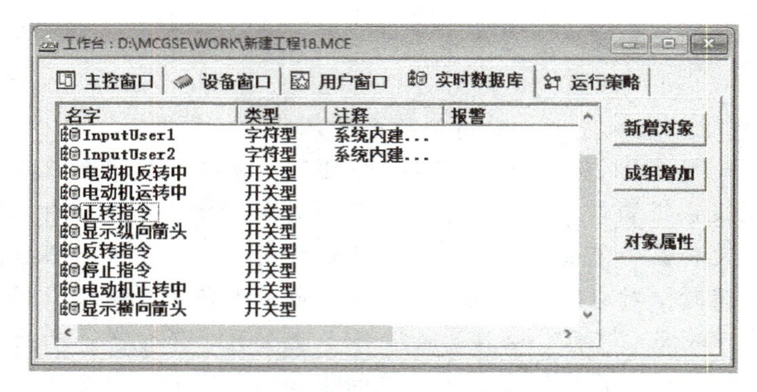

图 2-4　新增数据对象

至此便完成了对实时数据库的构建，本任务中用到的数据对象全部为开关型，只有 0 和 1 两种状态。

（3）组态用户窗口

1）在“用户窗口”选项卡中新建窗口并命名为“电动机正反转监控”，打开动画组态界面。在窗口中添加三个标准按钮组件。在“标准按钮构件属性设置”对话框中单击“基本属性”选项卡，修改文本与最终效果图中一致。在“背景色”下拉列表框中将停止按钮颜色改为“红色”，操作方法如图 2-5 所示。随后利用“左侧对齐”图标以及“等间距”图标将三者排布整齐。

制作工程画面

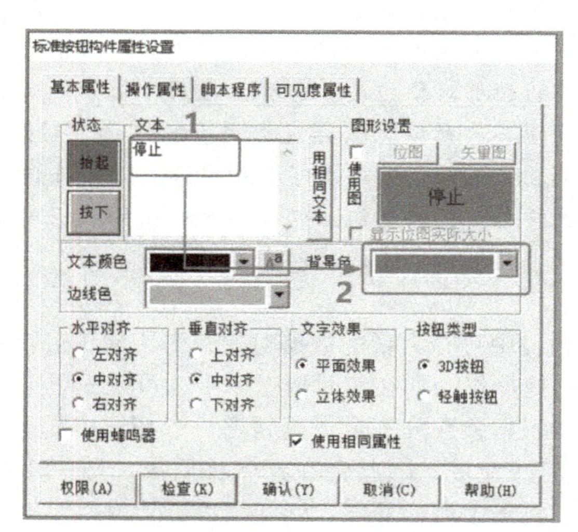

图 2-5　修改停止按钮文本及背景色

2）将三个按钮分别与“正转指令”“反转指令”“停止指令”三个变量连接，在按下按钮时将对应变量置 1，按钮抬起时清 0。操作方式与项目 1 中一致，这里不再赘述，读者若有疑问可以回顾前面的学习。

3）利用标签组件为界面添加备注。双击该标签，在“标签动画组态属性设置”对话框中将“填充颜色”改为“没有填充”，将“边线颜色”改为

动画设计连接

“没有边线”。在该界面中单击“字体”图标，将字体修改为“楷体”，将文字大小改为“四号”。标签样式设置如图 2-6 所示。

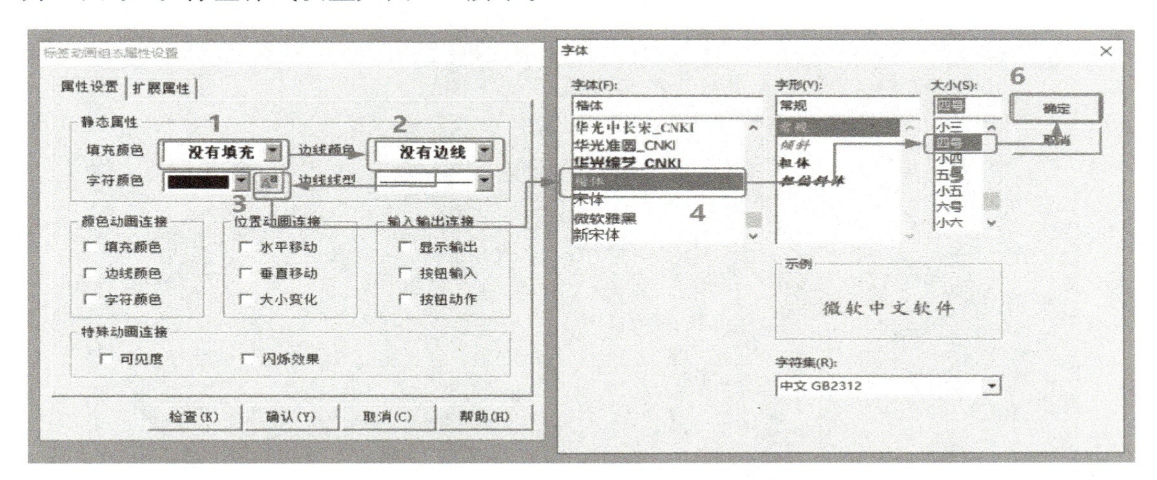

图 2-6 标签样式设置

这样就得到了与任务目标中一致的效果，这也是 MCGS 中调整文字样式的通用方法。

4）单击工具箱中“插入元件”图标，增加指示灯图形对象，并调整其大小。摆放完成后双击该指示灯，在弹出的“单元属性设置”对话框中将其与数据对象“PLC 通信状态”进行连接。这样指示灯就会根据触摸屏与 PLC 之间的通信状态显示不同颜色。操作方法如图 2-7 所示。

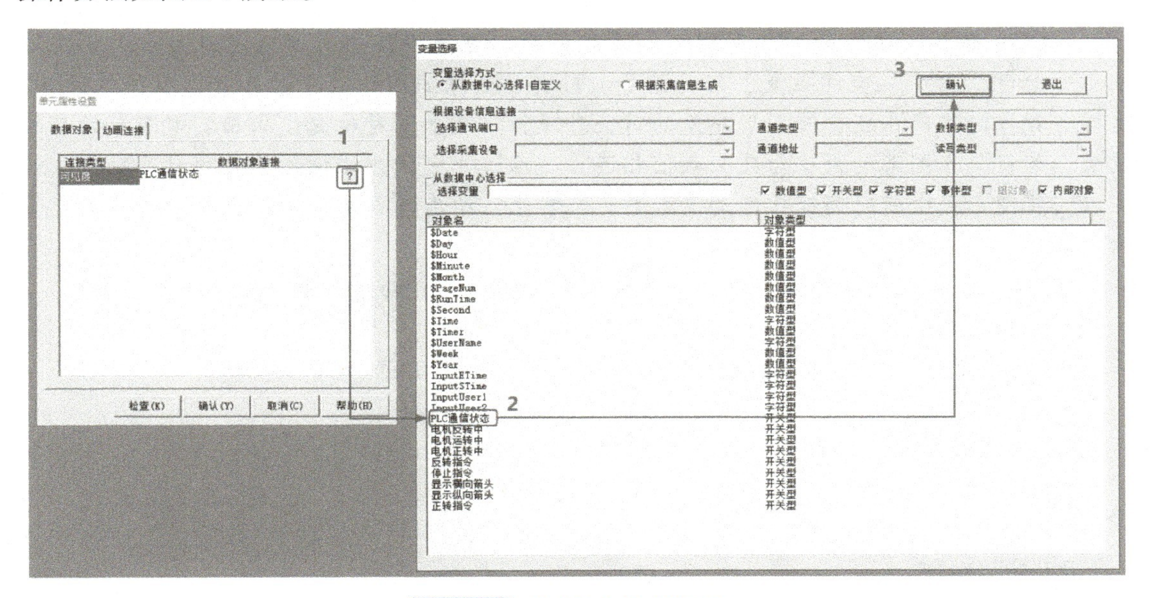

图 2-7 将变量连接到指示灯

5）同样，利用标签组件，可为指示灯增加文字标识。

至此，用户窗口的右半区监控组件制作完成，用户窗口的效果如图 2-8 所示。

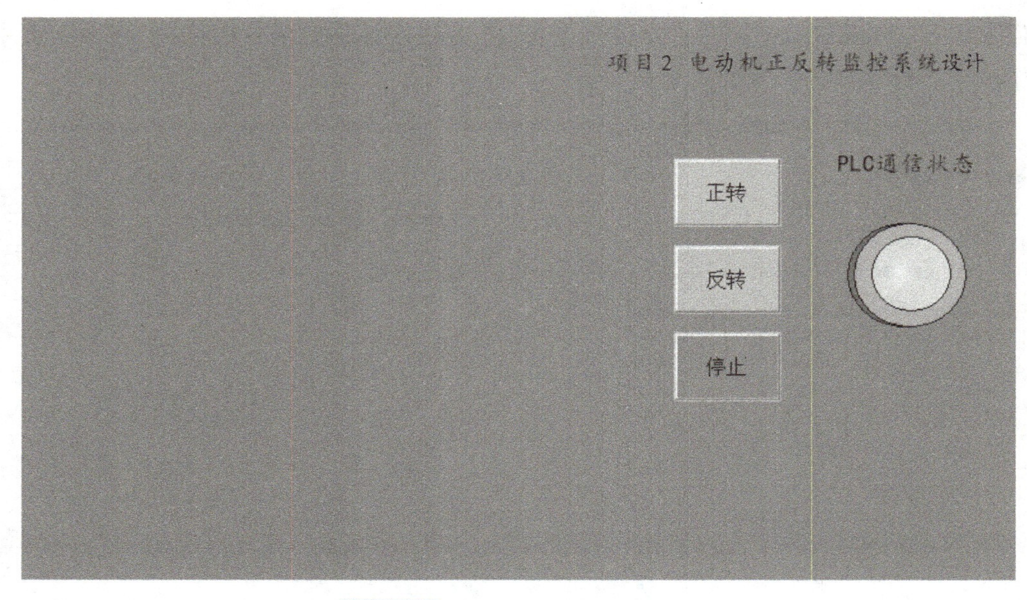

图 2-8 完成窗口右半区的组态

接下来着手进行左侧电动机的动画制作。首先了解一下 MCGS 软件中动画效果的实现方式。

MCGS 嵌入版组态软件中的动画效果原理

MCGS 嵌入版组态软件实现图形动画效果的原理是将用户窗口中图形对象的某些属性（如颜色、大小、空间位置、可见度等）与实时数据库中的数据对象建立相关性连接，这样当数据对象产生变化时图形对象的对应外观特征就会同时改变，从而实现图形的动画效果。如将某个图形的大小与某一数值相连接，通过一定的方法操作数值随时间变化，就可以实现图形大小随时间变化的动态效果。事实上，所有动画效果本质上都离不开对变量的控制。

在 MCGS 嵌入版组态软件中，一共可以实现以下九种动画效果的连接：

1）填充颜色。

2）边线颜色。

3）水平移动。

4）垂直移动。

5）大小变化。

6）按钮输入。

7）按钮动作。

8）可见度变化。

9）闪烁效果。

所有繁复的动画效果，实质上都是通过以上几种属性的动态效果的叠加产生的。

用户窗口中的图形界面是由系统提供的图元、图符及动画构件等图形对象搭建而成

的，动画构件作为一个独立的整体供选用，每个动画构件都具有特定的动画功能，一般来说，动画构件用来完成图元和图符对象所不能完成或难以完成的、比较复杂的动画功能，而图元和图符对象可以作为基本图形元素，便于用户自由组态配置，以完成动画构件中所没有的动画功能。

了解了动画的实现原理后，任务目标中的动态效果就不再“神秘”了。电路的变色效果实际上是通过填充颜色的动画效果实现的，而箭头的旋转效果其实是控制上下和左右两对箭头的可见度使横纵箭头交替出现，来模拟旋转的效果。下面通过实操加深对动画效果制作的理解。各部分图元的动画效果实现原理如图 2-9 所示。

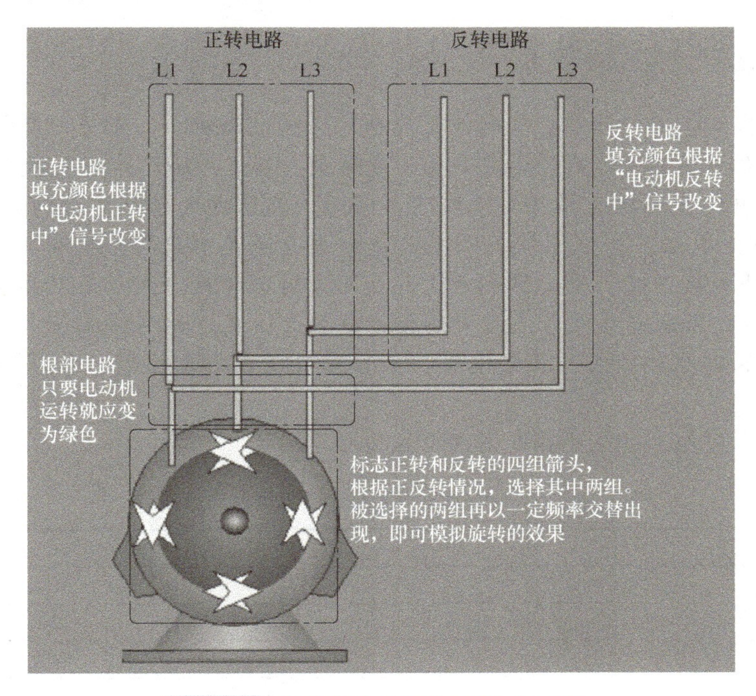

图 2-9　任务要求中的动画效果“揭秘”

6）单击工具箱中的“插入元件”图标，在元件库的“电动机”文件夹中选择“电动机 56”图元。

即便不能确定这是一个电动机的图案，但在进行界面组态时只要看起来合适即可以加以利用，再通过富有创意的相互组合，就可以形成生动、美观的组态监控画面。

7）单击工具箱中的“常用图符”图标，选择其中的“弯曲管道”图标进行绘制。首先绘制三条平行竖管道来表示正转电路。

注意观察任务目标中的最终效果，由于根部电路的存在，三条管道不是等长的，底部应呈现阶梯形。

弯曲管道绘制过程中，利用鼠标单击生成弯折，单击 ESC 键可以结束绘制。同样，在绘制完成后可以利用对齐和等间距等编辑功能对管道进行排布。

8）全选已有的三条管道，单击工具栏中的“构成图符”图标，将三者组成一个整体。

构成图符功能类似于设计软件中常用的打组功能，构成图符后的各个图形变为一个整体，可以进行整体移动以及整体属性设置。在构成图符后，可以单击图标进行解组，将图符重新拆分为各个图形。

9）双击打组后的三条管道，在弹出的“动画组态属性设置”对话框中，勾选“填充颜色”选项，此时串口中会增加“填充颜色”选项卡。进入该选项卡后，单击表达式输入框旁边的“变量选择”按钮，选择已经建立好的“电动机正转中”变量。

表达式

由数据对象（包括设计者在实时数据库中定义的数据对象、系统内部数据对象和系统函数）、括号和各种运算符组成的运算式称为表达式，表达式的计算结果称为表达式的值。

当表达式中包含逻辑运算符或比较运算符时，表达式的值只可能为 0（条件不成立，假）或非 0（条件成立，真），称为逻辑表达式；当表达式中只包含算术运算符，表达式的运算结果为具体的数值时，称为算术表达式。而最简单的表达式就是直接填写一个变量或常量，表达式的结果就是该变量或常量的值，这种表达式也称为狭义表达式。

表达式值的类型即为表达式的类型，必须是开关型、数值型、字符型三种类型中的一种。

MCGS 嵌入版组态软件中的运算符见表 2-3。

表 2-3 MCGS 嵌入版组态软件中的运算符

类型	符号	含义
算术运算符号	+	加法
	-	减法
	*	乘法
	/	除法
	\	整除
	^	乘方
	Mod	取模
逻辑运算符	AND	逻辑与
	NOT	逻辑非
	OR	逻辑或
	XOR	逻辑异或
比较运算符	>	大于
	>=	大于等于
	=	等于
	<=	小于等于
	<	小于
	<>	不等于

利用表达式进行连接控制可以使组态过程更加灵活，不必为每个效果属性建立一个专门的变量。熟练运用表达式将为系统搭建提供极大便利。

例如，在表达式中填入“电动机正转中”，这就是一个狭义表达式。表达式的结果就等于“电动机正转中”本身，即 0 或者 1。而如果填入“电动机正转中 -1”，这就是一个算术表达式，则表达式的结果就是 -1 或者 0。

10）在“填充颜色连接”文本框中，将分段点值 0 和 1 的对应颜色改为灰色和绿色，最后单击“确认”按钮保存设置。操作方法如图 2-10 所示。

这样就完成了变量值与动画效果之间的对应。当“电动机正转中”的值为 0 时，电路为灰色，当该值为 1 时，电路变为绿色。

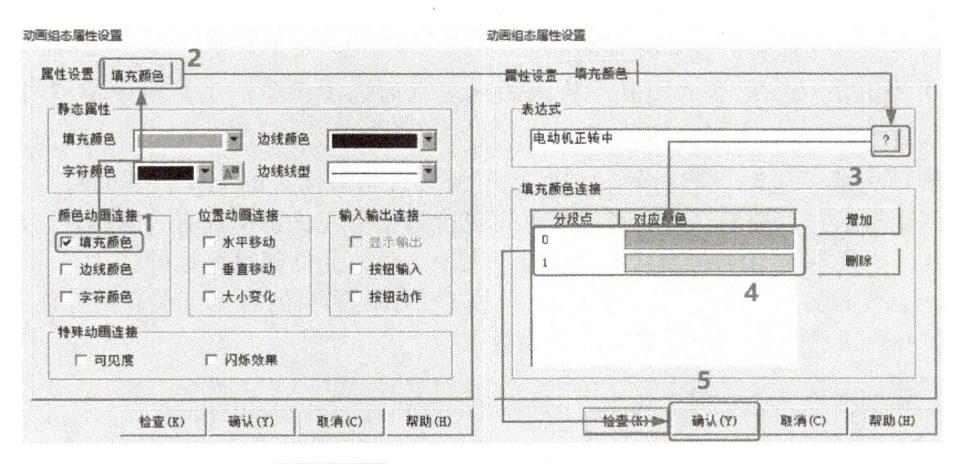

图 2-10　设置管道填充颜色的表达式

11）重复以上方法，绘制出图 2-9 中反转电路和根部电路部分。绘制完成后，组成两个图符。将反转电路部分的填充颜色状态连接到变量“电动机反转中”，将根部电路填充颜色状态连接到“电动机运转中”。

12）利用“标签”图标 A 为两组电路添加标签，并调整字体样式和大小。

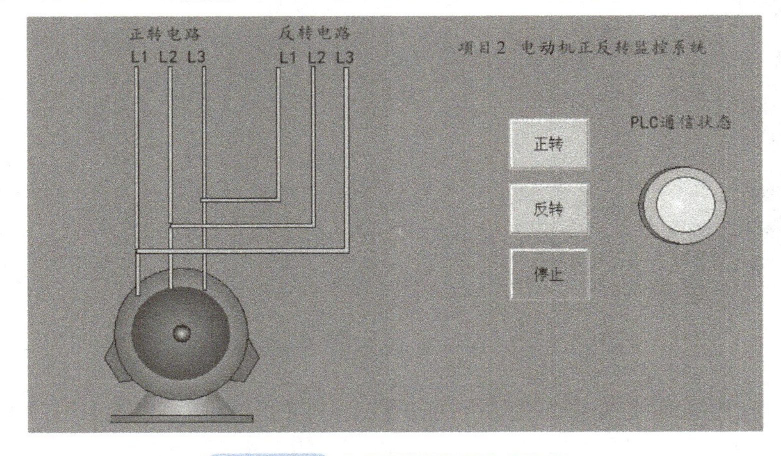

图 2-11　电路部分组态完成效果

至此便完成了电路变色功能的制作，当前阶段用户窗口效果如图 2-11 所示。接下来实现箭头的模拟旋转效果。但在此之前，为了方便操作，需要对已经完成的部分进行一定的遮蔽与保护。

13）选中已经完成的部分图元，单击工具栏中的“固化”图标，进行固化。

固化后的图元无法通过单击选中，可以避免在进行图形堆叠时相互影响。可以通过双击的方式选中一个固化的图元，而选中的同时也将取消该图元的固化状态。固化是非常实用的图形绘制辅助功能，建议多加使用。

14）从常用图符中选择“三角箭头”图标，绘制第一个箭头，放置在电动机图案的外圆顶部，象征一个顺时针正转的指示。根据最终效果，还要在其底部绘制一个相反指向的箭头。此时可以通过复制然后单击工具栏中的“左右镜像”图标，生成一个相反方向的箭头，将该箭头放置在外圆底部。

15）将上下箭头组合为图元，将该图元复制后选中，单击工具栏中的“向左旋转”图标，便有了一对水平排布的箭头。

这样就完成了电动机顺时针旋转时水平与竖直两对箭头的制作，下面将二者的可见度关联到变量上，以控制二者交替出现。可见度是图形元件普遍具有的属性，该属性表达式值为 0 时，元件不可见；为其他数值时，无论正负，元件都是可见的。

16）首先设置横向箭头，如图 2-12 所示。将横向箭头的可见度关联到控制其显隐的变量上，在可见度表达式位置输入以下内容：

```
显示横向箭头 * 电动机正转中
```

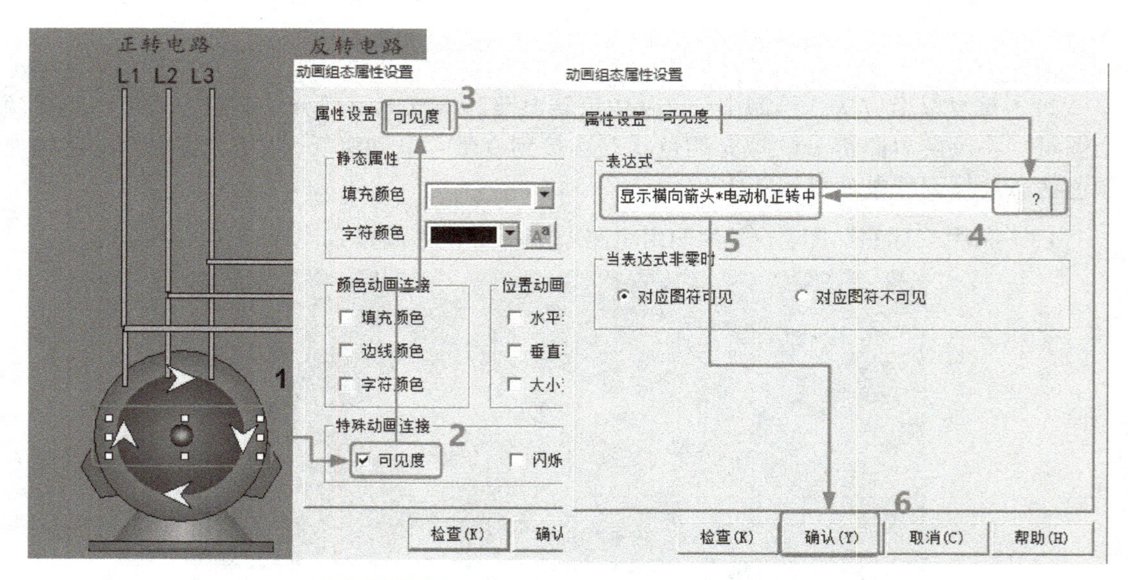

图 2-12 以横向箭头为例填写可见度表达式

表达式中包含了两个变量，“显示横向箭头”与“电动机正转中”，中间使用了一个乘号“ * ”进行连接。对于开关量来说，这里乘号的含义是逻辑与，即只有乘号前后值都

为 1 时，最终的结果才为 1；翻译为自然语言，这个乘号表示“而且”。

至此已知当“显示横向箭头”的值为 1 而且电动机处于正转时，横向箭头是可见的。任意一个值为 0，横向箭头都不可见。

17）利用相同的方法，将纵向箭头的可见度关联到以下表达式：

```
显示纵向箭头 * 电动机正转中
```

这样就完成了横纵箭头与可见度控制变量的连接。接下来要实现对变量值的控制，以形成正转时横纵箭头交替出现的效果。

可以让“显示横向箭头”在 0 与 1 之间有规律的切换，而“显示纵向箭头”的变量值与“显示横向箭头”互斥（可以用 1-“显示横向箭头”来表示），这样当“电动机正转中”为 1 时，两组箭头就会交替出现。

需要实现以下逻辑：

① 显示横向箭头在 0 与 1 之间反复切换。

② 显示纵向箭头与显示横向箭头互斥，即二者不应同时为 1。

下面利用用户窗口的循环脚本来实现以上逻辑。

18）双击用户窗口中的空白部分，弹出“用户窗口属性设置”对话框，选择“循环脚本”选项卡。

编写脚本程序控制流程

用户窗口属性设置

在 MCGS 嵌入版组态软件中，用户窗口也被视为一个对象，与图元对象、数据对象类似，同样具备自身特有的对象属性。通过双击窗口空白区域或右键单击空白区域选择“属性”选项等多种方式都可以打开“用户窗口属性设置”对话框。该对话框由“基本属性”“扩充属性”“启动脚本”“循环脚本”“退出脚本”五部分组成。对话框结构如图 2-13 所示。

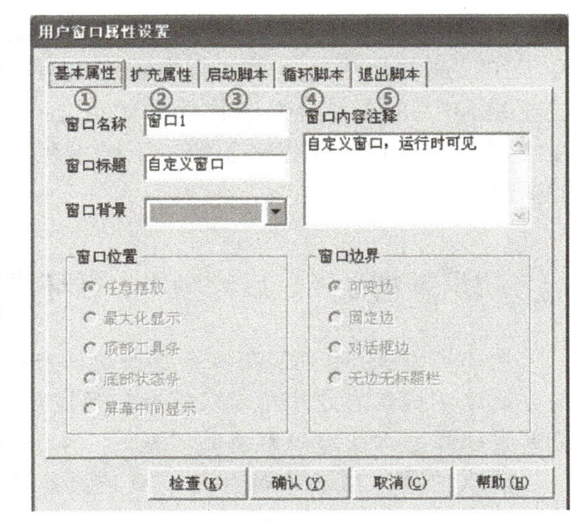

图 2-13 “用户窗口属性设置”对话框

（1）基本属性

“基本属性”选项卡中包括窗口名称、窗口标题、窗口背景以及窗口内容注释等内容。系统各部分对用户窗口的操作是根据窗口名称进行的，因此，每个用户窗口的名称都是唯一的。在建立窗口时，系统赋予窗口的默认名称为“窗口 ×”（× 为区分窗口的数字代码）；窗口标题是系统运行时在用户窗口标题栏上显示的标题文字；窗口背景一栏用来设置窗口背景的颜色，本任务中用户窗口的蓝色背景也可在该处设置。

（2）扩充属性

在“扩充属性”选项卡中可以对窗口外观、窗口坐标、窗口视区大小等内容进行设置。

对于“启动脚本”“循环脚本”和“退出脚本”三个选项卡，将在下个知识点中专门介绍。

19）将循环时间修改为“500”，并在循环脚本中输入以下脚本程序：

```
显示横向箭头 =1- 显示横向箭头
显示纵向箭头 =1- 显示横向箭头
```

填写脚本程序的操作过程如图 2-14 所示，编写完成后先不关闭此窗口。

注意：虽然脚本程序允许使用中文名作为变量对象的名称，但所有运算符号必须是半角符号！即在输入符号时输入法应切换至英文。另外，脚本程序中对于空格键是忽略的，因此可以根据个人偏好利用空格键调整文字排版以便阅读。

这两句脚本程序似乎简单明了到不像可以正常运行，看起来与前面介绍的表达式很类似。但事实上，以上脚本程序确实可以良好工作！这种简洁易上手的脚本程序编写方式正是 MCGS 嵌入版组态软件的优点之一。在解释具体语句之前先来了解一下脚本程序的概念。

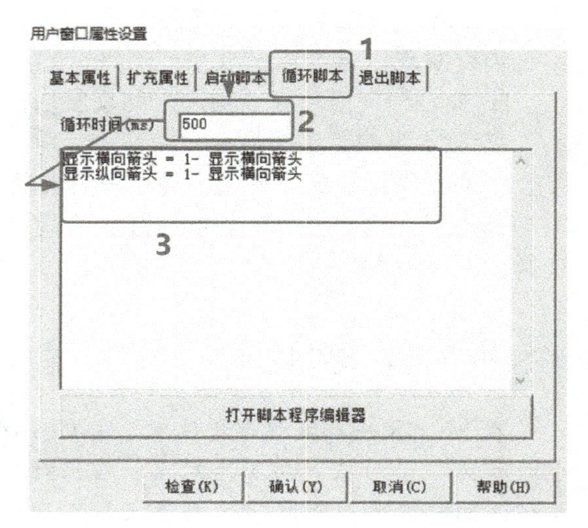

图 2-14 修改循环时间，填入脚本程序

初识脚本程序、启动脚本、循环脚本、退出脚本

脚本程序是 MCGS 嵌入版组态软件中的一种内置编程语言引擎。当某些控制和计算任务通过常规组态方法难以实现时，通过使用脚本程序，能够增强整个系统的灵活性，解决其常规组态方法难以解决的问题。

MCGS 嵌入版脚本程序为有效地编制各种特定的流程控制程序和操作处理程序提供了方便的途径。它被封装在一个功能构件里（称为脚本程序功能构件），在后台由独立的线程来运行和处理，能够避免由于单个脚本程序错误而导致整个系统瘫痪。

在 MCGS 嵌入版组态软件中，脚本语言是一种语法上类似 Basic 的编程语言。可以应用在运行策略中，把整个脚本程序作为一个策略功能块执行，也可以在动画界面的事件中执行。MCGS 嵌入版组态软件引入的事件驱动机制与 VB 或 VC 中的事件驱动机制类似，如对用户窗口，有装载、卸载事件；对窗口中的控件，有鼠标单击事件、键盘按键事

件等。这些事件发生时，就会触发一个脚本程序，执行脚本程序中的操作。

启动和退出脚本顾名思义，就是当该窗口启动和退出时将该对话框内的脚本完整运行一遍。

循环脚本是在该窗口打开期间以一定周期循环运行的脚本。

前面介绍的表达式其实就是构成脚本程序的最基本元素，因此表达式的书写语法与脚本程序相同。

脚本程序作为一种计算机语言同样需要符合一定的语法标准，该语法简洁易读、便于学习。目前只用到了加减乘除等基本运算符号，在后续项目将学习更多逻辑运算符和命令语句。

该脚本属于循环脚本，因此当用户窗口在运行时，系统会以每 500ms 一次的频率循环重复运行这两行脚本。每运行一次，“显示横向箭头”就会在 0 和 1 之间切换一次（可以理解为对自身取反），本次该脚本值为 1 则在 500ms 后就变为了 0。而“显示纵向箭头”时刻保持与“显示横向箭头”相反值，因此二者交替出现。

在完成脚本程序编写后，可能还会担心脚本程序是否有错误（MCGS 组态软件中并没有代码语法着色功能，所以很多时候输入错误不容易被发现），可以通过组态检查功能进行测试来解决这个问题。

20）单击“检查（K）”按钮，对脚本进行组态检查，验证无误后单击“确认（Y）”按钮保存脚本。操作过程如图 2-15 所示。

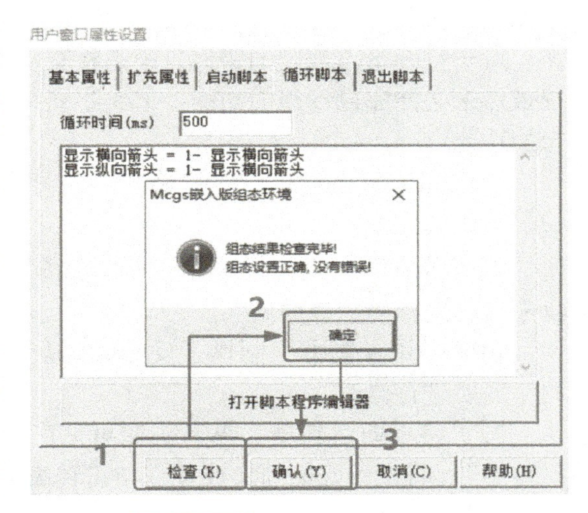

图 2-15　组态检查操作流程

组态检查

在组态过程中，不可避免地会产生各种错误，错误的组态会导致各种无法预料的结果。要保证组态生成的应用系统能够正确运行，必须保证组态结果准确无误。MCGS 嵌入版组态软件提供了多种措施来检查组态结果的正确性，希望密切注意系统提示的错误信息，养成及时发现问题和解决问题的习惯。

MCGS 嵌入版组态软件中主要提供了三类组态检查功能，即随时检查、存盘检查和统一检查。

（1）随时检查

各种对象的属性设置是组态配置的重要环节，其正确与否直接关系到系统能否正常运行。为此，MCGS 嵌入版组态软件中大多数属性设置窗口中都设有“检查（C）”按钮，用于对组态结果的正确性进行检查。每当用户完成一个对象的属性设置后，可使用该按钮及时进行检查，如有错误，系统会提示相关的信息。这种随时检查措施，能使用户及时发现错误，并且容易查找出错误的原因，迅速纠正。

（2）存盘检查

在完成用户窗口、设备窗口、运行策略和系统菜单的组态配置后，一般都要对组态结果进行存盘处理。存盘时，MCGS嵌入版组态软件会自动对组态的结果进行检查，发现错误，系统会提示相关的信息。

（3）统一检查

全部组态工作完成后，应对整个工程文件进行统一检查。关闭除工作台窗口以外的其他窗口，鼠标单击工具栏右侧的“组态检查”按钮，或执行“文件”→“组态结果检查”菜单命令，即开始对整个工程文件进行组态结果正确性检查。

目前使用的检查方式属于随时检查，通过这种检查可以发现当前对话框中是否存在组态规则上的错误，如表达式的运算符使用不正确、引用了不存在的变量等。但是很遗憾，对于符合组态规则的错误，组态检查功能是无法发现的。因此顺利通过组态检查的系统依然未必能完成设想的功能。但绝不要跳过检查，因为组态错误的系统绝对完成不了预想的功能。

至此完成了电动机顺时针旋转时的箭头组态，接下来再来制作电动机逆时针旋转时的箭头图元。

21）分别利用复制指令和“水平镜像”图标、“竖直镜像”图标，制作出表示反向运转的横向、纵向箭头。

由于采用复制方式制作了反转时的箭头，因此其可视度连接变量设定也与其母本相同，需要进行修改。

22）将反向运转横、纵箭头的可见度表达式中的“电动机正转中”修改为“电动机反转中”。将设置好的箭头放置在与正转箭头相同的位置。

这样，这对箭头就只会在电动机处于反转状态时才有可能显示，实现了电动机反转时的显示功能。关闭用户窗口并选择保存，最终完成用户窗口组态，效果如图2-16所示。

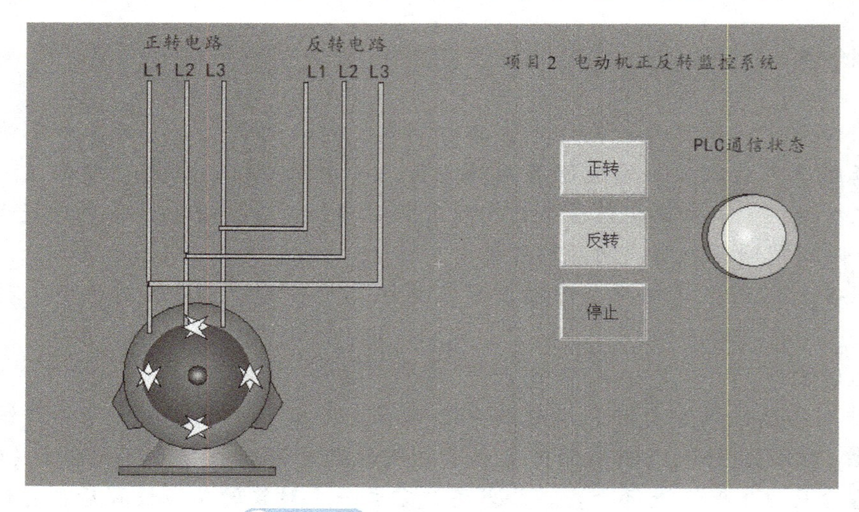

图2-16 用户窗口组态完成效果

（4）组态主控窗口和运行策略

本任务并没有关于主控窗口和运行策略方面的功能要求，因此没有需要操作的内容。但出于让读者熟悉组态工程实施典型流程的目的，这里还是列出了该步骤，便于读者理解组态工作流程的灵活性。正如前面所说，根据具体项目需求的不同，可能有部分实施环节需要进行顺序调整或省略。

（5）组态设备窗口

设备窗口组态设置

组态设备窗口是实现系统与外界通信的必备流程，是实施组态工程中不可或缺的环节。由于设备的组态需要涉及与外部设备的联合调试，很可能需要到实际的工业系统部署现场进行联调，因此，往往将该步骤安排在组态工作的靠后部分完成，尽量避免反复。

在项目 1 中已经熟悉了设备的组态方法，但由于本任务先完成了实时数据库的组态，因此，在操作流程上与项目 1 略有不同（事实上是更简单了）。

1）双击工作台中的“设备窗口”，打开“设备窗口”对话框，在设备工具箱中选择“Siemens-1200”驱动程序，双击将其加入到设备窗口中。

如果一时无法想起如何操作，建议返回项目 1 回顾相关内容。

2）设置本地 IP 地址为 192.168.1.1、远端 IP 地址为 127.0.0.1，其他保持默认值。

设置这两个 IP 地址是为了在后续的仿真运行调试中使用。其中，远端 IP 地址 127.0.0.1 其实是本机 IP 地址，该 IP 地址主要用于本地软件进程之间的通信。由于在后续环节需要实现模拟运行环境与虚拟工程场景之间的通信，这种通信就属于本地软件进程通信，因此需要填写该 IP 地址。在实际工程中，应在该位置填入对应通信目标的 IP 地址。

3）双击通道列表中的“通信状态”通道，在弹出的“变量选择”对话框中选择“PLC 通信状态”进行连接。

“通信状态”是通道列表中的自带通道，该值由系统自动生成。当触摸屏与 PLC 间通信正常时，该值为 0。当该值为非 0 时，表示系统存在通信故障，可以根据具体值进行故障诊断。

4）新增通道“读写 M000.0”“读写 M000.1”“读写 M000.2”，分别连接“正转指令”“反转指令”和“停止指令”三个变量。

5）新增通道“只读 Q000.0”“只读 Q000.1”，分别连接“电动机正转中”和“电动机反转中”两个变量。

利用设置通道个数批量添加的方法可以提升通道的创建效率，创建完成后的通道列表如图 2-17 所示。单击“设备组态检查”按钮，检查无误后单击“确认”按钮关闭“设备编辑窗口”。这样就完成了设备窗口的组态工作。

至此已完成本任务的所有工作。简单回顾一下，本任务包含了组态系统一般工作流程中的工程项目系统分析、工程建立、构建实时数据库、组态用户窗口、组态主控窗口（无内容）、组态运行策略（无内容）和组态设备窗口 7 项工作。

在任务 2.2 将利用虚拟仿真软件完成组态系统的联调测试，即工作流程的最后一步——工程测试环节。

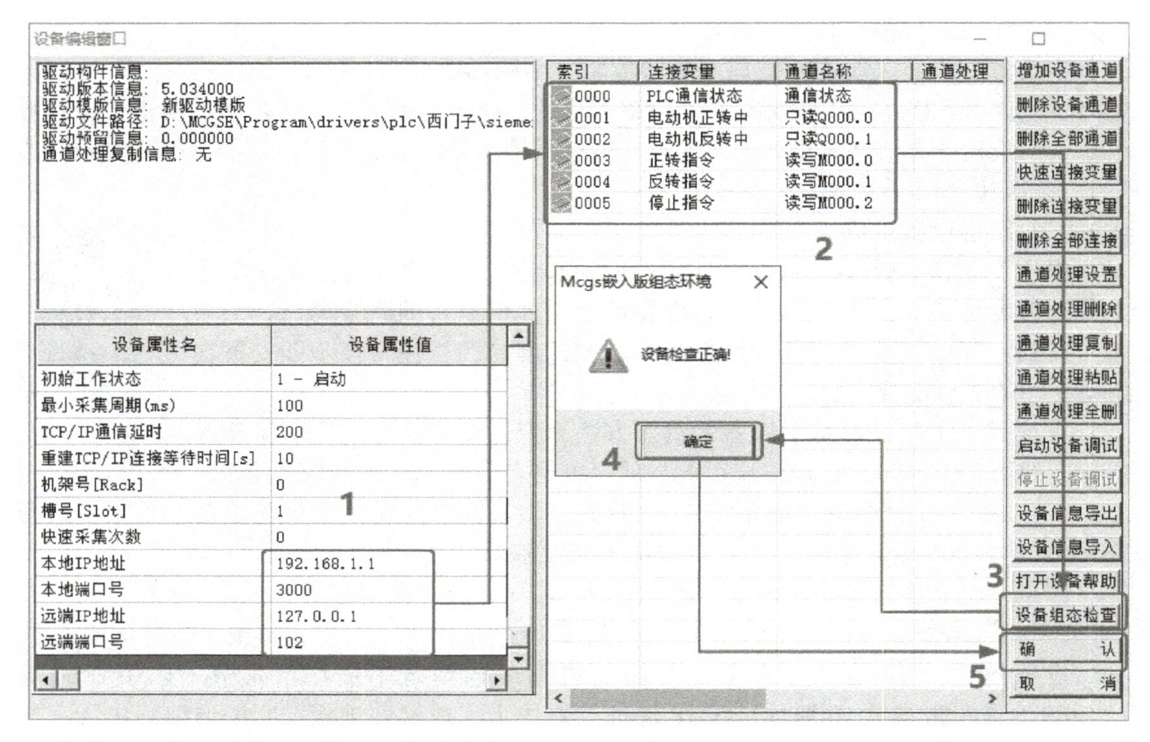

图 2-17 设备编辑窗口组态流程

任务 2.2 电动机正反转监控系统的仿真调试

任务目标

实现博途 PLCSIM 仿真软件、虚拟仿真工程场景以及 MCGS 模拟运行环境三者之间的通信，并利用 PLCSIM 仿真软件和虚拟仿真工程场景对任务 2.1 中组态好的监控系统进行测试，排除发现的问题，确保系统最终运行效果与预期一致。

任务分析

在电气工程师的实际工作中，对组态完成的监控系统与现场电气设备之间进行联调是非常重要的工作环节。但在日常学习过程中，很难有真实的设备与场地供学生进行该环节的工程实践。为了完善学习流程、真正做到工学结合，本书以工业组态虚拟仿真实训软件为依托，实现了在虚拟空间中进行设备联调测试的新型实操模式。下面学习利用仿真软件进行组态系统调试的流程。

任务设备

电动机正反转监控系统仿真调试任务设备清单见表 2-4。

表 2-4　电动机正反转监控系统仿真调试任务设备清单

序号	设备	数量
1	装有 MCGS 嵌入版组态软件的计算机	1
2	西门子博途 V15 全集成自动化编程软件	1
3	同立方工业组态虚拟仿真实训软件	1

任务实操

（1）虚拟联调的通信实现

1）首先打开工业组态虚拟仿真实训软件，进入“电动机正反转监控系统仿真”模块。

在虚拟调试场景中可以看到需要通过组态系统控制的联调设备，即一台电气控制柜以及由其控制的三相异步电动机，如图 2-18 所示。

图 2-18　虚拟调试场景

2）切换出场景，打开下载好的“电动机正反转监控系统 PLC 程序”博途项目文件。

本书附赠的 PLC 测试程序使用博途 V15 版本编写，因此如果用户计算机中安装的博途软件高于此版本，在打开过程中会自动对其进行升级。为了突出教学重点，该项目文件已经完成了通信组态和程序编写，只需启动 PLC 进行仿真即可。

3）打开 PLCSIM 工具，下载程序，启动仿真 PLC 至 RUN 状态。操作步骤如图 2-19 所示。

4）打开 MCGS 组态软件的“设备编辑”窗口，单击“启动设备调试”按钮，测试通信状态，查看“通信状态”的调试数据，确认该值为 0 后单击“停止设备调试”按钮。

通信测试操作流程如图 2-20 所示。如前所述，“PLC 通信状态”值为 0 时表示系统通信连接正常；如果该值显示不为 0，应尽快检查相关设置，若检查确认 IP 地址、端口号等相关设置无误后依然无法完成连接，可查看本书附带视频寻求帮助。

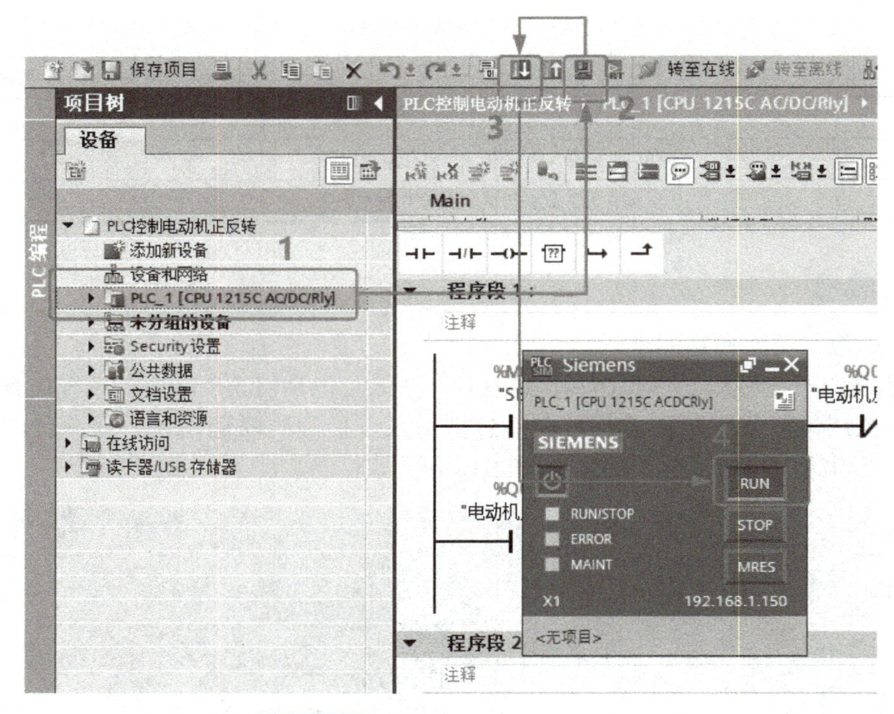

图 2-19　下载程序并启动仿真 PLC

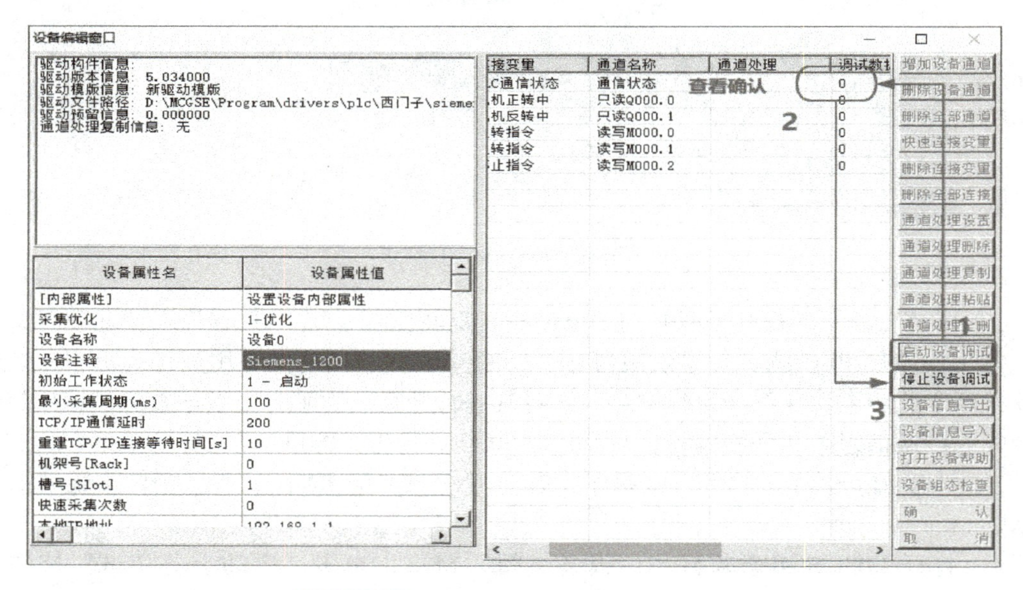

图 2-20　启动设备调试，确认通信正常

确认通信正常后，就可以正式开始仿真调试了。

（2）利用虚拟场景进行调试

1）启动 MCGS 模拟运行环境，并进行工程下载运行。操作过程如图 2-21 所示。

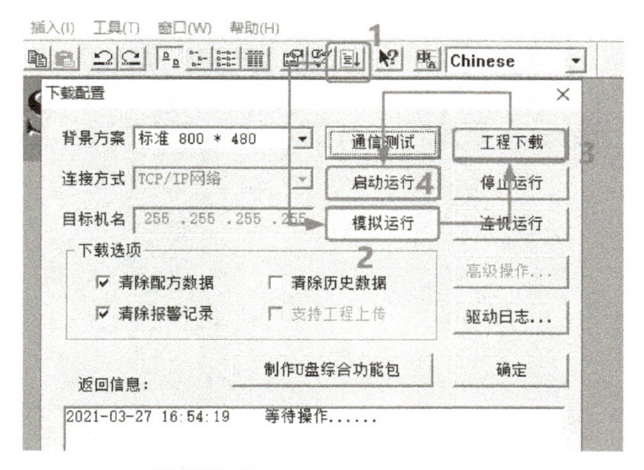

图 2-21　工程下载与模拟运行

2）操作正转按钮、反转按钮、停止按钮，监控 PLC 程序及仿真场景，确认组态系统能否正常工作，是否实现了预期效果。

至此虚拟调试的操作指导已全部结束。如果读者具备实际操作条件（事实上只需一台计算机），强烈建议独立完成工程测试，并尝试进行错误修复后再阅读后续内容，因为后续内容将直接“揭晓谜底”！如果读者能在阅读后续讲解前独立查找问题并尝试修复，无论成功与否都将极大提升组态软件实践操作水平。

（3）工程调试与故障排查

问题 1：

首先，在模拟运行系统启动时会发现，在通信良好的情况下“PLC 通信状态”指示灯显示红色，而在通信连接断开时，指示灯反而显示绿色。

原因是这款指示灯元件自身的动画效果逻辑为：当可见度为 0 时，指示灯显示红色；当可见度不为 0 时，指示灯显示绿色，这与预期的效果刚好相反，即当通信连接正常时“PLC 通信状态”变量值为 0，而当通信连接不正常时会有各种不同的故障值。类似这样的视觉效果问题往往只能在实测阶段发现。

找到原因后，可以通过修改指示灯的可见度表达式来修复这个问题。

在用户窗口中双击指示灯元件，如图 2-22 所示，将可见度表达式修改为

```
PLC 通信状态 =0
```

该表达式判断 PLC 通信状态是否为 0，为 0 时表达式值为 1，不等于 0 时表达式值为 0。

这样修改后，通信连接正常时表达式值为 1，指示灯显示绿色，否则显示红色。重新启动模拟运行环境，发现指示灯变为绿色，说明修改成功。

问题 2：

在确认通信正常后，尝试操作正转按钮和反转按钮，虚拟场景中的电动机并不能旋转，而组态界面也没有产生预期的动画效果，这说明 Q0.0 没有输出正转信号，原因可能与 PLC 程序有关。

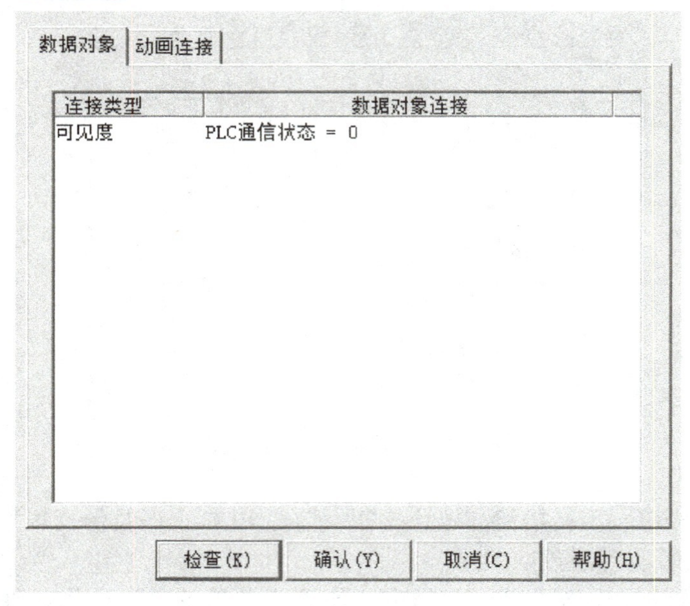

图 2-22 调整指示灯的可见度表达式

检查 PLC 程序发现，编程人员在编写程序时按照实体设备的控制逻辑，在停止按钮 M0.2 处使用了常开触点，而实际需要的是按钮的常闭触点，即停止按钮常态时闭合，按下时断开，系统才能正常运行。编程人员工作时并不了解上述情况，组态的停止按钮与正、反转按钮都设置为按下时置 1、抬起时清 0，相当于两种按钮都使用了常开触点，导致系统无法正常运行。这种由于信息沟通不完整造成的问题在实际工作中也时有发生，往往在联合调试的过程中才能暴露出来。

可以通过修改停止按钮的按下、抬起逻辑，以及调整初始值的方式来修复这个问题。

1）打开停止按钮的“操作属性”选项卡，将其中的按下功能修改为清 0，抬起功能改为置 1，操作的数据对象不变。

仅仅做到这一步还不够，因为在系统启动时停止按钮关联的初始值依然是 0，只有经过一次抬起动作时该值才能变为 1。因此，还必须对对象的初值进行修改。

2）在实时数据库中，双击“停止指令”，在弹出的“数据对象属性设置”对话框中将对象初值修改为 1。对象初值设置流程如图 2-23 所示。

修改完成后，当组态系统启动运行时，“停止指令”的值将被初始化为 1，同时通过管道将该值写入 PLC 目标变量中，即 M0.2。此后每当按钮按下时 M0.2 被置为 0，触点断开；按钮抬起时，触点闭合。

重启模拟运行环境进行操作测试，发现组态系统终于实现了对电动机的正反转控制。

问题 3：

解决上述两问题后发现，无论电动机正转还是反转，靠近电动机的根部电路都无法正常变色，如图 2-24 所示，原因是虽然完成了该部分导线的填充颜色与变量“电动机运转中”的连接，但并没有给该变量赋值。因此该变量始终为 0，自然无法实现变色。

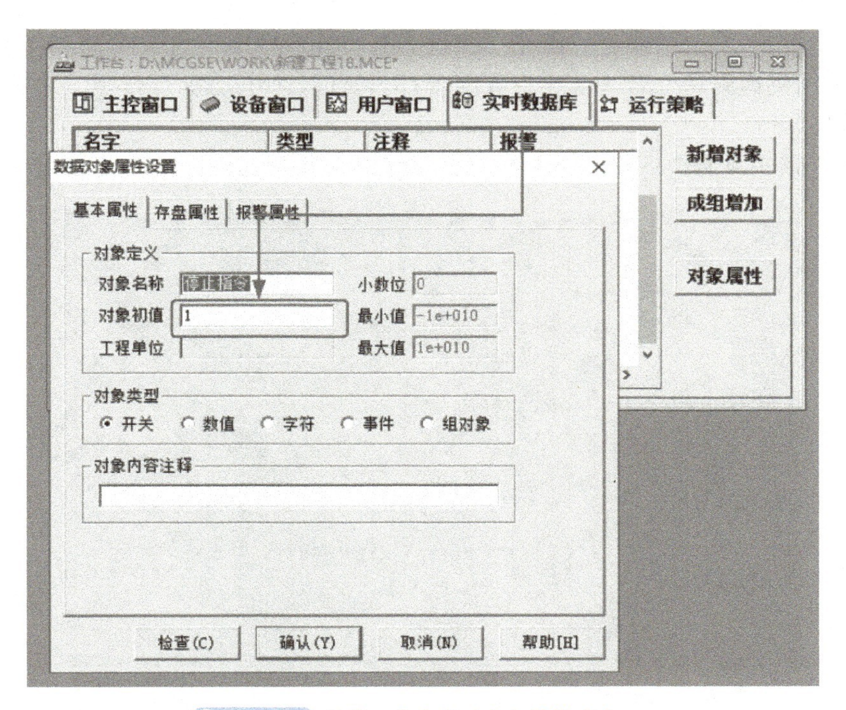

图 2-23　将停止指令的对象初值修改为 1

图 2-24　根部电路没有实现变色

希望实现的逻辑是无论电动机正转还是反转，该部分电流都应变为绿色。很容易想到，可以利用脚本程序来实现这个功能。

打开“电动机正反转监控”用户窗口，双击界面背景。在“循环脚本”选项卡中增加以下脚本：

```
电动机运转中 = 电动机正转中 or 电动机反转中
```

其中，运算符“or”表示逻辑或，即当“电动机正转中”为1或者“电动机反转中”为1时，“电动机运转中”都为1。只有两者都为0时，“电动机运转中”才为0。从而实现了控制需求。

按上述步骤完成修改后重新进行测试，系统即可正常运行，如图2-25所示。

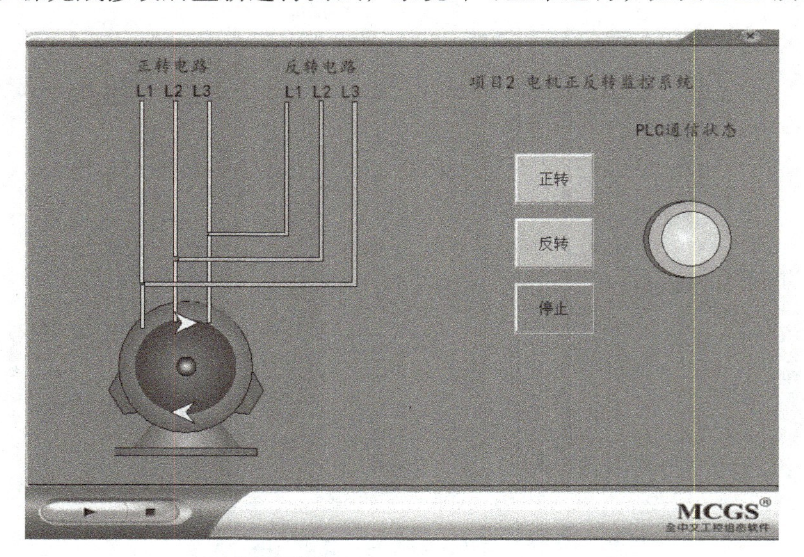

图2-25 正常运行的组态系统

扩展知识

拳拳赤子心——国产电机发展史与“中国电机之父”

钟兆琳（1901—1990），我国电工专家、电机工程专家、电机工程教育家。因其在电机领域的突出贡献，也被称为“中国电机之父”。

1901年8月23日，钟兆琳出生于浙江省湖州市德清县新市镇。1914年，年仅13岁的钟兆琳进入了著名的南洋公学（上海交通大学前身）附属中学（附中）读书。1918年，钟兆琳进入南洋公学电机科。1923年，钟兆琳大学毕业，获得学士学位，并在1924年留学美国康奈尔大学，师从著名教授卡拉比托夫。1926年春，钟兆琳获得康奈尔大学电机工程硕士学位。经导师推荐，他到美国西屋电气制造公司任职工程师。1927年，交通大学电机科科长张廷玺向钟兆琳发出邀请，希望他到交通大学（现上海交通大学，时称第一交通大学）电机科任教。当时正值钟兆琳事业鹏举、生活优裕之时，激荡的爱国之心使他毅然抛下一切，立即回国。

钟兆琳回国后，担任了电机科的教授，主讲“电机工程”并主持电机实验课程。20世纪30年代初，一直担任“交流电机”主讲的美籍教授西门离校，钟兆琳接手。他是第一位讲授当时被认为最先进、概念性极强、最难理解的课程之一“电机学”的中国教授。

20 世纪 20 年代以前，我国基本上没有研究电机的人才，一些工业用电机及技术人员都来自西方国家。随着一批批中国学子由学校走进民族工业企业，我国才开始有自己的电机工业。钟先生不仅以其出众的教学才能培养了大批优秀人才，而且身体力行，将教学与民族工业的发展结合起来，为民族电机工业的发展做出了巨大的贡献。

1932 年初，钟先生说服华生电扇厂总工程师杨济川制造他设计的分列芯式电流互感器和频率表、同步指示器、动铁式频率表等，均取得成功。随后受华生电扇厂总经理叶友才的聘请，成为华生电扇厂兼职工程师。1933 年，他说服华生电扇厂买下南翔电灯厂，并介绍其助教褚应璜（1955 年选聘为中国科学院院士）进厂工作，和他一起设计制造交流发电机，再由新中动力机器厂制造柴油机与其配套，组成一个发电系统。我国的电机工业从此真正发展起来了。

我们不仅要学习钟兆琳先生在科研治学方面严谨认真的态度，更要看到他以技术回报祖国、以技术回报社会的爱国主义情怀！

实训总结

（1）历程回顾

本项目依照实际工作中应用系统制作的一般流程完成了对电动机正反转监控系统的组态设计，学习了动画的实现原理与制作方式，并初步了解了表达式与脚本的概念。

在系统完成后，又利用虚拟工程场景软件完成了系统联调并对存在的问题进行了整改修复。

（2）实践评价

项目 2 评价表

姓名		班级			
评分内容	项目	评分标准	自评	同学评分	教师评分
工程建立	1）正确理解任务需求，构思系统组成	5 分			
	2）顺利创建工程文件，完成存盘	5 分			
实时数据组态	正确创建数据对象，理解每个对象在系统中的作用	10 分			
用户窗口组态	1）完成用户窗口中构件摆放，设计美观大方	5 分			
	2）正确设置构件属性	10 分			
	3）完成图形构件与数据对象的连接，实现动画效果	10 分			
设备窗口组态	1）正确完成通信驱动选择及 IP 地址设置	5 分			
	2）正确建立通道，完成与数据对象的连接	5 分			

（续）

<table>
<tr><th>评分内容</th><th>项目</th><th>评分标准</th><th>自评</th><th>同学评分</th><th>教师评分</th></tr>
<tr><td rowspan="2">仿真测试</td><td>1）完成应用系统与 PLCSIM 和虚拟工程场景的通信</td><td>10 分</td><td></td><td></td><td></td></tr>
<tr><td>2）排除故障，验证系统既定功能</td><td>10 分</td><td></td><td></td><td></td></tr>
<tr><td>职业素养与安全意识</td><td>工具器材使用符合职业标准，保持工位整洁</td><td>5 分</td><td></td><td></td><td></td></tr>
<tr><td rowspan="2">拓展
与提升</td><td>本项目中我通过帮助文件了解到：</td><td>20 分</td><td></td><td></td><td></td></tr>
<tr><td colspan="5"></td></tr>
<tr><td>学生签名</td><td colspan="2"></td><td colspan="3" rowspan="2">总分</td></tr>
<tr><td>教师签名</td><td colspan="2"></td></tr>
</table>

项目3 交通信号灯监控系统设计

项目背景

经过前两个项目的学习，初步了解和认识了MCGS中动画效果的制作和脚本程序的编写，这两项可以说是MCGS工业组态软件的核心技能，必须勤加练习、熟练掌握。本项目将通过比较复杂的动画制作以及逻辑控制脚本程序的编写来巩固这两项技能。此外，还将学习MCGS中的安全机制以及用户窗口操作方法。

交通信号灯是日常生活中人们每天都要接触的公共设施，良好的交通信号控制系统可以提高通行效率，保证人员生命财产安全。本项目将通过两个任务来进行项目设计、验证交通信号灯监控系统。

任务3.1为窗口跳转与权限控制组态，即组态一个用于执行手动和自动模式切换的界面，并且只有登录足够权限的账号才可以打开该界面进行操作，以避免意外的发生。

任务3.2为交通信号灯监控系统建立，利用动画制作技术组态一个交通信号灯监控系统。组态过程中将用到动画效果实现技术与脚本编程技术。系统完成后，还将连接虚拟工程场景进行虚拟联调来优化系统表现。

学习目标

（1）知识目标

1）了解MCGS嵌入版组态软件的安全机制。

2）掌握MCGS中复杂动画效果的实现方法。

3）掌握脚本程序以及系统函数的使用方法。

4）了解运行策略的概念以及组态方法。

5）掌握复杂动画设计的基本方法。

（2）技能目标

1）学会脚本程序编辑器的操作。

2）学会报警显示功能的组态。

3）能利用数据对象和脚本程序控制图元。

4）能熟练完成PLC I/O点位分配、实时数据库变量连接。

5）能利用虚拟仿真软件进行应用系统调试，优化控制逻辑。

（3）素质目标

了解我国在交通领域基础设施建设的杰出成就与背后劳动者的辛勤付出，培养艰苦奉献的岗位精神。

知识点

1）用户窗口操作函数。
2）MCGS 嵌入版组态软件安全机制的原理。
3）MCGS 嵌入版组态软件的脚本程序。
4）MCGS 的位置动画连接。
5）MCGS 嵌入版组态软件的运行策略的概念。

项目实操

任务 3.1　窗口跳转与权限控制组态

任务目标

组态一个带有权限限制功能的按钮，单击后弹出用户登录对话框，需要在对话框内进行用户选择和密码输入，只有具备权限的用户输入正确密码后方可进入系统控制界面（见图 3-1），否则弹出报警，提示用户权限不足。

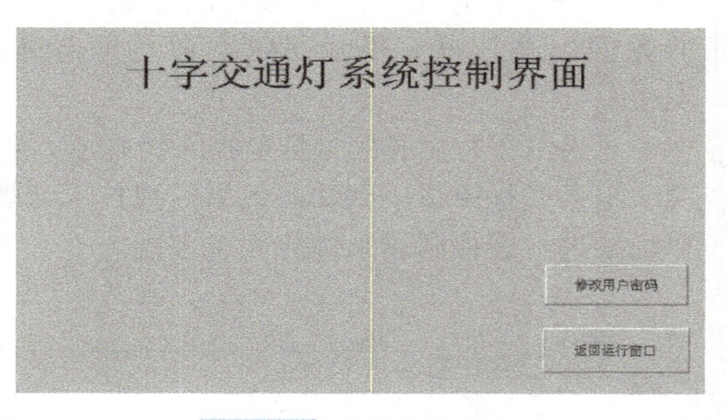

图 3-1　系统控制界面

控制系统应实现以下功能：

1）运行时直接进入运行界面，无须用户登录，当单击“控制窗口”按钮时，弹出“用户登录”对话框。

2）当登录用户有权限且密码正确时，打开系统控制界面。当登录用户权限不足时，弹出“无操作权限”提示窗口。单击“确认”关闭提示。

3）在系统控制界面中单击“修改用户密码”按钮，修改当前登录用户密码。单击“返回运行窗口”按钮直接返回运行画面。

为什么要在运行界面中对相关操作添加权限呢？工业生产过程中，每台设备都有着严格的操作规定。每台设备都应由具备专业知识和操作经验的专人负责，非权限人员进行设备操作很可能造成人员财产损失，甚至引起大型事故。为了避免无权限人员误操作设备引起事故，MCGS 嵌入版组态软件提供了一套完善的安全机制，对各种操作设置了不同的权限要求，使不具备操作资格的人员无法进行操作，从而提高了现场操作管理的规范性，防止因误操作干扰系统的正常运行，造成不必要的损失。

任务分析

前面已经学习过了按钮的简单操作，下面进一步学习用按钮控制窗口的跳转以及按钮的操作权限限制。而想要通过按钮操作控制窗口的切换、进行用户登录权限设置，首先得对内部函数、脚本语句有所了解，这部分内容就是本任务的学习重点。

任务设备

窗口跳转与权限控制组态设备清单见表 3-1。

表 3-1　窗口跳转与权限控制组态设备清单

序号	设备	数量
1	装有 MCGS 嵌入版组态软件的计算机	1

任务实操

（1）新建项目并进行用户管理设置

1）新建项目，选择 TPC7062Ti 型触摸屏。

新建项目的流程已经非常熟悉，这里不再赘述。

2）打开 MCGS 组态软件，选择“工具（T）”→“用户权限管理（S）菜单命令”，弹出“用户管理器”对话框，在这里将管理用户组、用户及分配权限。操作流程如图 3-2 所示。

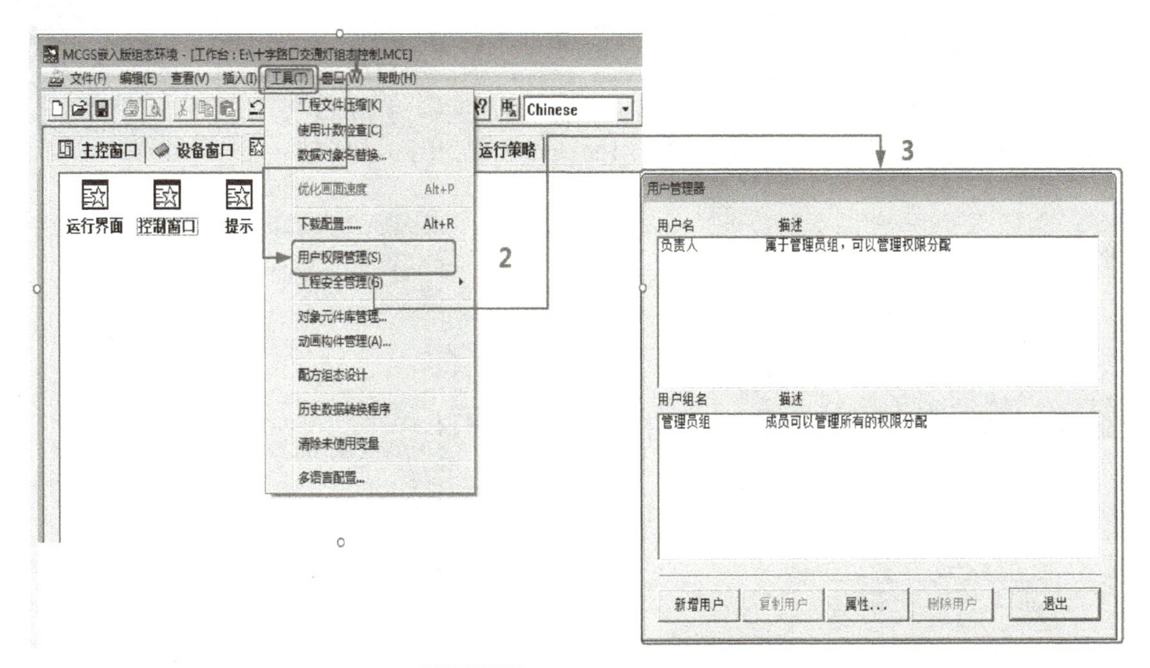

图 3-2　用户权限管理设置

MCGS 用户权限

MCGS 嵌入版组态软件提供了一套完善的安全机制，用户能够自由组态控制按钮和退出系统的操作权限，只允许有操作权限的操作人员才能对某些功能进行操作。MCGS 嵌入版组态软件还提供了工程密码功能，用来保护使用 MCGS 嵌入版组态软件开发所得的成果，开发者可利用这些功能保护自己的合法权益。

MCGS 嵌入版系统的操作权限机制和 Windows NT 类似，采用用户组和用户的概念进行操作权限的控制。在 MCGS 嵌入版系统中，可以定义多个用户组，每个用户组中可以包含多个用户，同一个用户可以隶属于多个用户组。操作权限的分配是以用户组为单位来进行的，即某种功能的操作哪些用户组有权限，而某个用户能否对这个功能进行操作取决于该用户所在的用户组是否具备对应的操作权限。

MCGS 嵌入版系统按用户组来分配操作权限的机制使用户能方便地建立各种多层次的安全机制。如实际应用中的安全机制一般划分为操作员组、技术员组、负责人组，操作员组的成员一般只能进行简单的日常操作，技术员组负责工艺参数等功能的设置，负责人组能对重要的数据进行统计分析，各组的权限各自独立，但某用户可能因工作需要，需要进行所有操作，则只需把该用户同时设为隶属于三个用户组即可。

注意：在 MCGS 嵌入版系统中，操作权限的分配是对用户组进行的，某个用户具有什么样的操作权限由该用户所隶属的用户组来确定。

3）新增用户组。在“用户管理器”对话框找到“用户组名”，选中默认的管理员组，单击“新增用户组”按钮。在弹出的“用户组属性设置”对话框中输入用户组名称为“操作员组”，用户组描述为“操作员”，单击“确认”后操作员组创建完成。新增用户组的操作流程如图 3-3 所示。

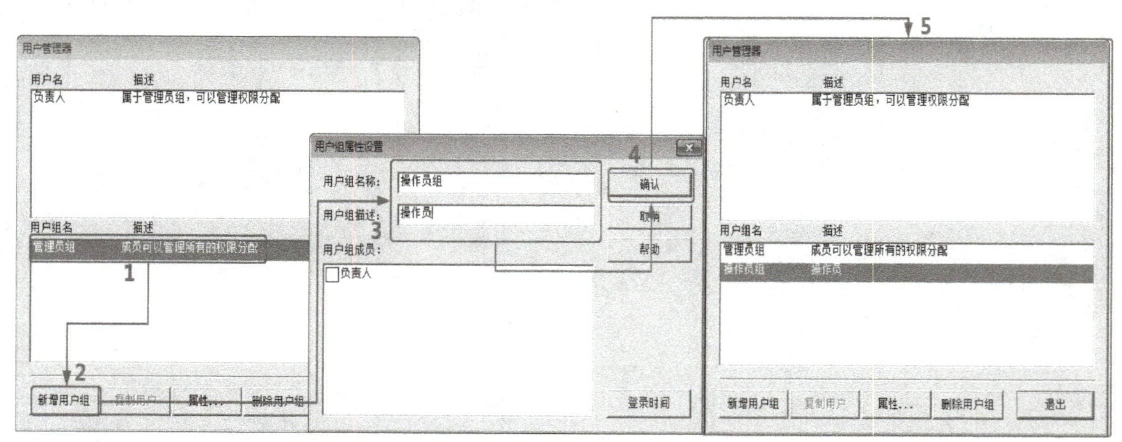

图 3-3 新增用户组的操作流程

4）新增用户。在“用户管理器”对话框找到“用户名”，选中默认的负责人，单击“新增用户”按钮，在弹出的“用户属性设置”对话框中输入用户名称为“张三”，用户

描述为“操作员”，用户密码为“456”，确认密码为“456”。在隶属用户组中勾选上一步创建的操作员组，单击“确认”后操作员创建完成。新增用户的操作流程如图 3-4 所示。

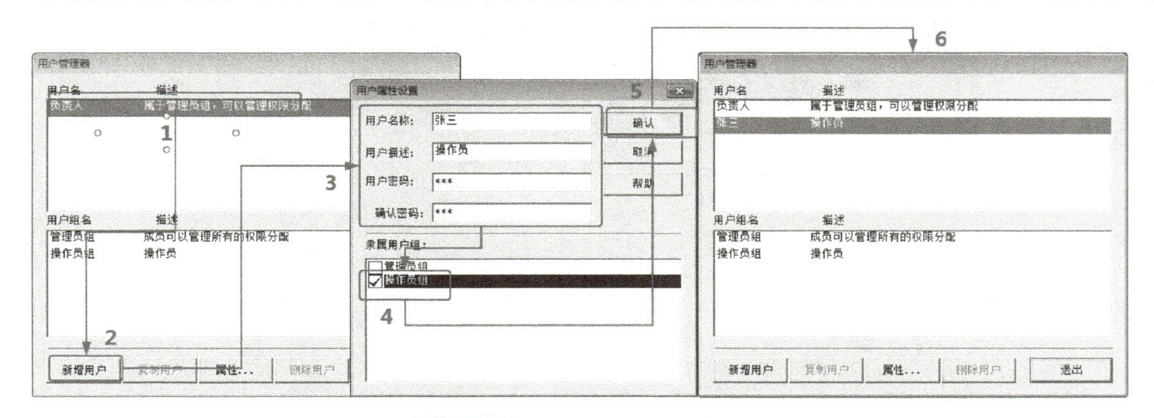

图 3-4　新增用户的操作流程

5）修改负责人的密码。在“用户管理器”对话框中选中默认的负责人，单击“属性”按钮（或者双击鼠标左键），弹出“用户属性设置”对话框，输入用户密码为“123”，确认密码为“123”（默认无密码），单击“确认”后密码创建完成。设置负责人密码的操作流程如图 3-5 所示。

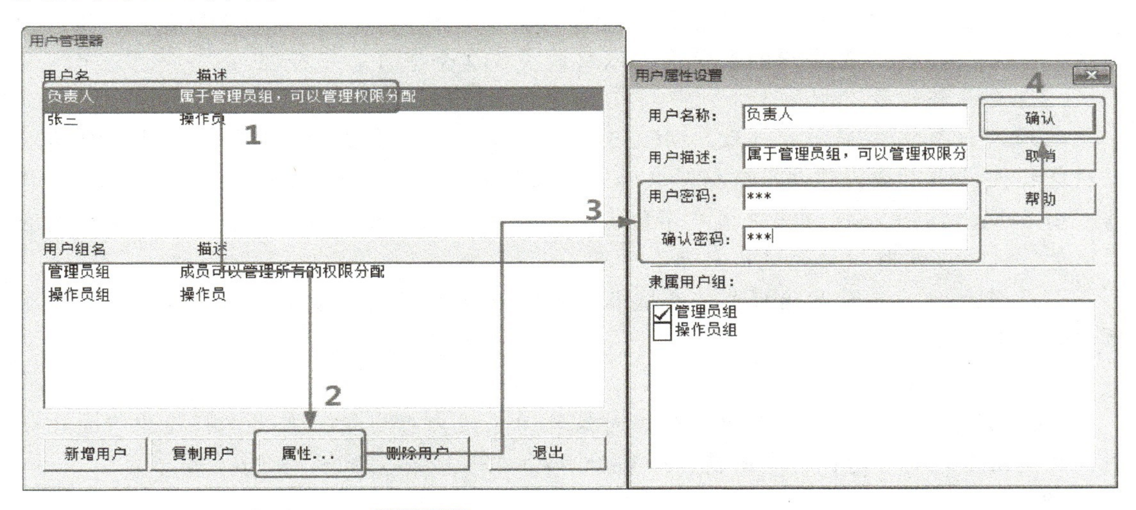

图 3-5　设置负责人密码的操作流程

（2）用户窗口组态

在此前的任务中，都只用一个用户窗口便完成了所有内容的显示。而在本任务中，需要创建多个窗口并实现多个窗口相互之间的跳转。

在“用户窗口”选项卡中依次创建“运行界面”“控制窗口”及“提示窗口”。

运行界面：用于组态主画面的内容显示。

控制窗口：包含一些控制功能，只有具备管理员权限的用户才能进入。

提示窗口：用于弹出提示、警告信息。

至此便完成了用户和用户组的创建，完成后的效果如图 3-6 所示。但要在运行中实现判断用户操作权限、修改密码等功能，还需要编写相关的脚本。通过此前的任务初步了解了脚本程序，而要实现更复杂的功能，必须对脚本程序有更深入的了解。

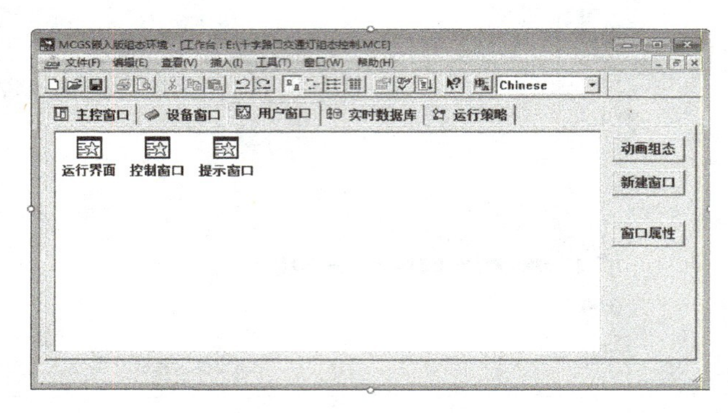

图 3-6 用户窗口组态

脚本程序语言要素

（1）数据对象

MCGS 嵌入版系统中脚本程序数据对象的类型只有三种，即只有 0 和 1 两种值的开关型、值在 3.4E±38 范围内的数值型，以及最多 512 个字符的字符型。

（2）变量与常量

与所有计算机编程语言一致，MCGS 嵌入版系统中也有变量与常量的概念。所有数据对象都被视为变量，可以用数据对象的名称来读写变量值，也可以对变量的属性进行操作。由于 MCGS 嵌入版系统中用户不能定义子程序和子函数，因此所有变量都被视为全局变量，统一在实时数据库进行显示和管理。

与变量相对，常量是指那些不会随程序运行改变的数值。常量同样分为开关型、数值型和字符型三种。

（3）系统变量

MCGS 嵌入版系统定义的内部数据对象作为系统内部变量，在脚本程序中可自由使用，在使用系统变量时，变量的前面必须加“$”符号，如$Date、$Time 等。

（4）系统函数

MCGS 嵌入版系统定义的内部函数在脚本程序中可自由使用，在使用系统函数时，函数的前面必须加“!”符号，如 !abs()。系统函数包括运行环境操作、数据对象操作、用户登录操作、字符串操作、定时器操作等，种类繁多。注意：不需要记住所有函数名称，只要知道哪些功能可以通过系统函数实现，并在组态时准确找到该函数即可。

设置安全机制——管理操作权限

（3）创建用于权限管理的按钮

1）在运行界面中添加用于窗口切换的标准按钮，在“标准按钮构

件属性设置”对话框中，选择“基本属性”→“文本”，输入“控制窗口”，选择“脚本程序”→“抬起脚本”选项卡，单击“打开脚本程序编辑器”按钮。操作过程如图 3-7 所示。

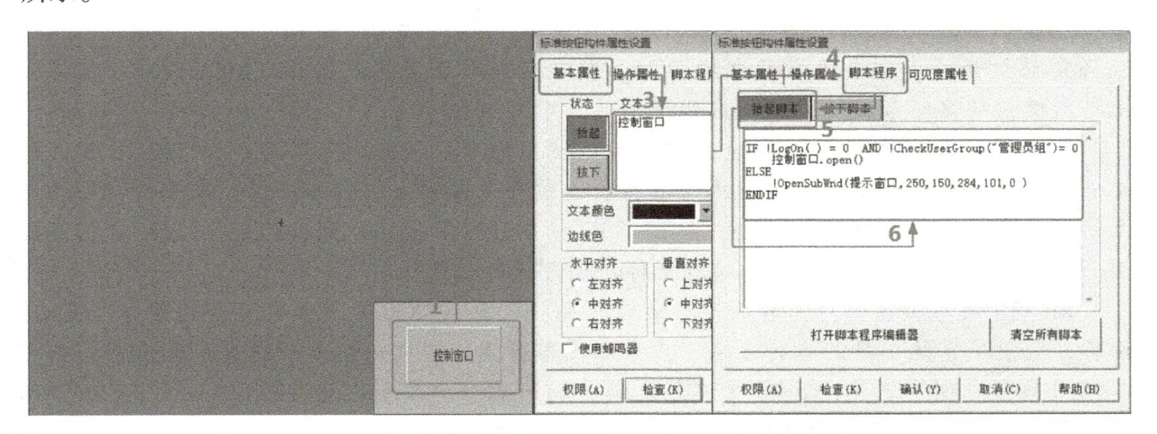

图 3-7　创建用于权限管理的按钮

脚本程序编辑器

脚本程序编辑环境是用户书写脚本语句的地方。如图 3-8 所示，脚本程序编辑环境主要由脚本程序编辑框、编辑功能按钮、MCGS 嵌入版操作对象列表和函数列表、脚本语句和表达式四部分构成，分别说明如下：

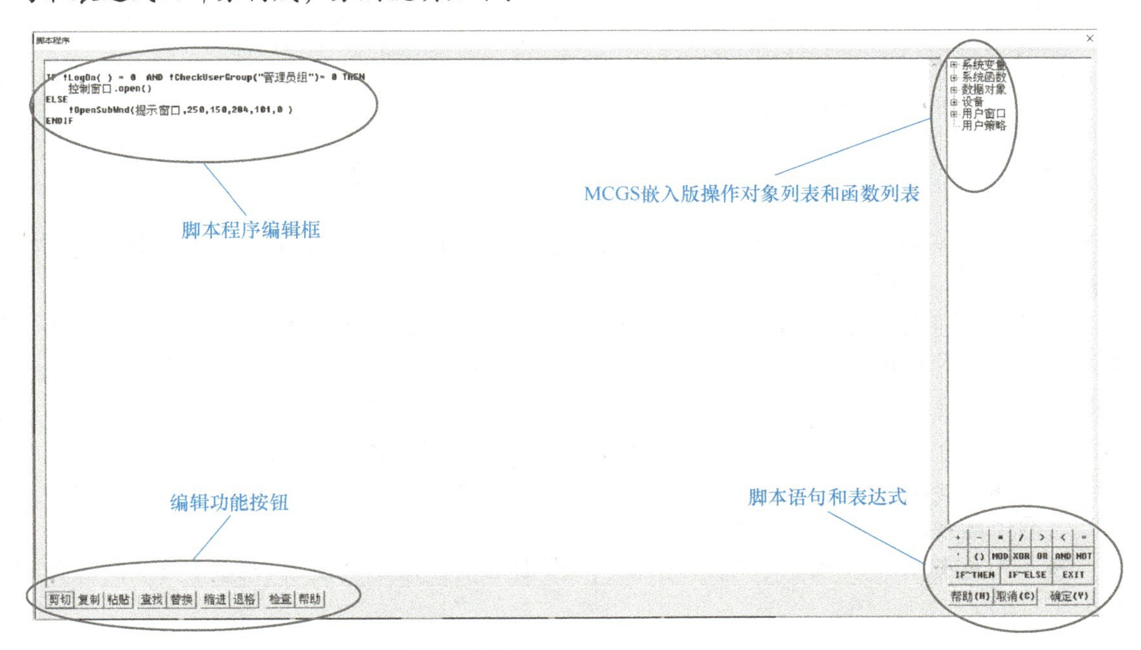

图 3-8　脚本程序编辑器布局

脚本程序编辑框用于书写脚本程序和脚本注释，用户必须遵照 MCGS 嵌入版规定的语法结构和书写规范书写脚本程序，否则语法检查不能通过。

编辑功能按钮提供了文本编辑的基本操作，用户使用这些按钮可以方便操作和提高编辑速度。如在脚本程序编辑框中选定一个函数，然后按下“帮助”按钮，MCGS 嵌入版将自动打开关于这个函数的在线帮助；或者，如果函数拼写错误，MCGS 嵌入版将列出与所提供的名字最接近函数的在线帮助。

脚本语句和表达式列出了 MCGS 嵌入版使用的三种语句的书写形式和 MCGS 嵌入版允许的表达式类型。单击要选用的语句和表达式符号按钮，在脚本编辑处光标所在位置填上语句或表达式的标准格式。如，单击“IF ～ THEN”按钮，则 MCGS 嵌入版会自动提供一个 IF…THEN…结构，并把输入光标停到合适的位置上。

MCGS 嵌入版操作对象和函数列表以树结构的形式列出了工程中所有的窗口、策略、设备、变量、系统支持的各种方法、属性以及各种函数，以供用户快速查找和使用。如可以在用户窗口树中选定一个窗口“窗口 0”，打开窗口 0 下的“方法”，双击“Open”函数，则 MCGS 嵌入版自动在脚本程序编辑框中添加一行语句：用户窗口 . 窗口 0.open()，通过这行语句，就可以完成用户窗口打开的工作。

此前在编写表达式或简单脚本程序时采用了直接输入的方式，但在用到复杂脚本程序时这种方法就力不从心了。相比直接在输入框中编写脚本，熟练运用脚本程序编辑器可提升脚本编写的效率，降低出错概率。

2）在脚本程序编辑器中编写以下脚本：

```
IF  !LogOn()=0  AND  !CheckUserGroup("管理员组")=0  THEN
    控制窗口.open()
ELSE
    !OpenSubWnd(提示窗口,250,150,284,101,0)
ENDIF
```

注释：用户登录成功且属于管理员组的话，就会打开控制窗口；否则就会在指定位置弹出提示窗口，提示“没有操作权限”。

在脚本程序编辑器的右边栏中，可以通过鼠标选择需要用到的脚本指令。相比手工输入指令，这种逐级选取的方式可以更方便、可靠地完成脚本编写，减少输入错误。操作过程如图 3-9 所示。

下面分析这段脚本的运行原理：!LogOn()=0 表示弹出登录对话框调用成功，!CheckUserGroup("管理员组")=0 表示当前用户属于管理员组。脚本程序运行时通过判断这两个函数的值来执行不同的步骤。

按下按钮打开一个窗口、报警提示时弹出提示框，这些功能都是通过窗口的操作函数来实现的。

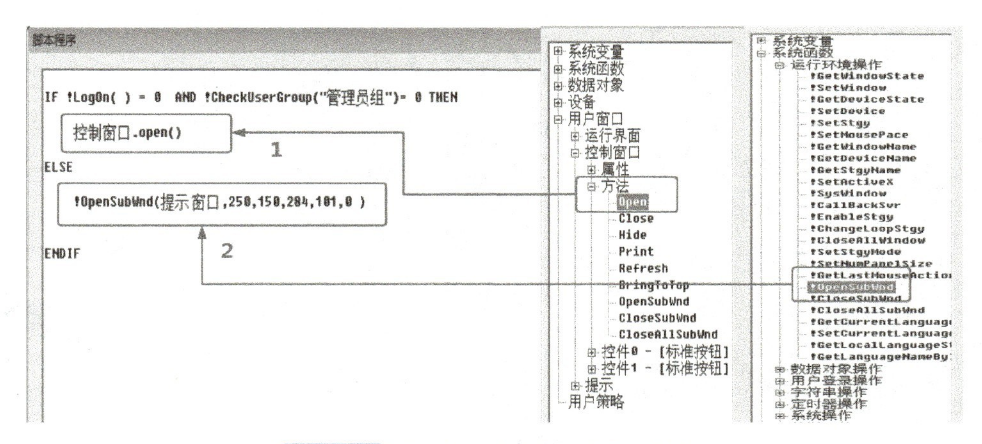

图 3-9 在脚本程序编辑器中编写脚本

子窗口操作函数

!OpenSubWnd（参数 1，参数 2，参数 3，参数 4，参数 5，参数 6）

函数功能：打开子窗口。

返回值：字符型，如成功就返回子窗口 n，n 表示打开的第 n 个子窗口。

参数值：参数 1，打开的子窗口名（子窗口名，不能是变量）。

参数 2，开关型，打开子窗口相对于本窗口的 X 坐标。

参数 3，开关型，打开子窗口相对于本窗口的 Y 坐标。

参数 4，开关型，打开子窗口的宽度。

参数 5，开关型，打开子窗口的高度。

参数 6，开关型，打开子窗口的类型。

注意：关闭子窗口时，若使用关闭按钮直接关闭，则把整个系统中使用到的此子窗口完全关闭；若使用指定窗口的 CloseSubWnd 函数关闭，则可以使用 OpenSubWnd 返回的控件名或直接指定子窗口关闭，此时只能关闭此窗口下的子窗口。

（4）组态提示窗口

在用户单击按钮后，若不符合系统的权限要求，则不能进行控制调整操作，但也要进行信息提示，否则用户无法完成操作又不知晓原因，将会一头雾水，不明就里。

1）用此前创建好的提示窗口弹出提示。选择工具箱中的“标签”按钮插入一个矩形框，在工具箱中单击“插入元件”按钮插入标志 23 到窗口中。利用标签工具在矩形图元上增加红色说明文本：“你没有操作权限！”。如图 3-10 所示。

2）当用户尝试执行超出权限的操作时，将会弹出提示窗口以提醒用户。用户在阅读完提示文字后需要一个按钮来进行操作，以关闭提示窗口，否则将进入“死胡同”。因此，需要在提示窗口上增加一个关闭按钮。

3）添加一个按钮组件，将文本修改为“确定”。

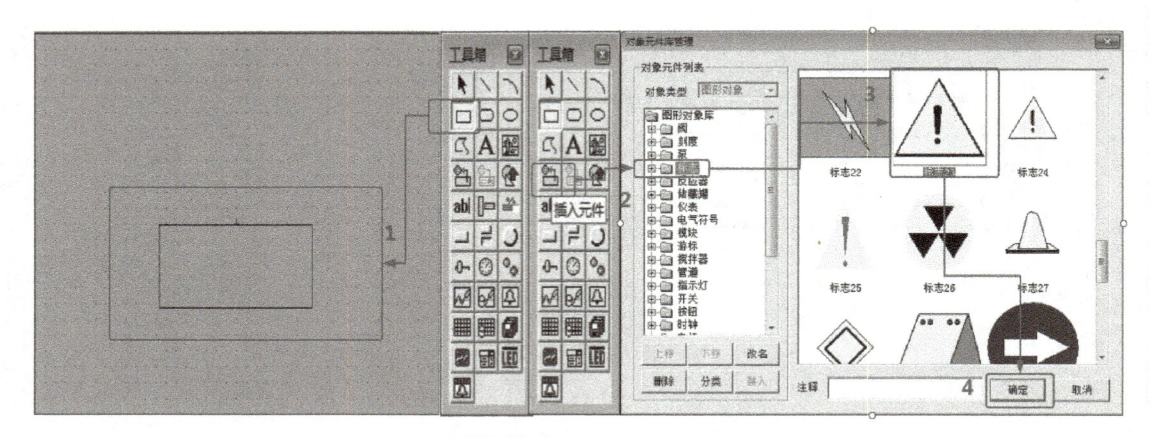

图 3-10 创建弹出提示

4）在“标准按钮构件属性设置”对话框中选择“脚本程序”选项卡，在“按下脚本”栏输入以下脚本：

```
!CloseSubWnd（提示）
```

其中，CloseSubWnd 为方法名，作用是关闭子窗口；括号中的参数为要关闭的目标窗口名称。

5）最后把完成的画面拖到窗口右上角。

进行该操作的原因是 OpenSubWnd 方法中的参数 4“打开子窗口的宽度”、参数 5“打开子窗口的高度”并非对窗口原始大小的按比例放缩，而是从窗口的左上角开始截选一定尺寸进行部分显示。因此，必须将希望显示的内容放置在左上角。

整个“确认”按钮的组态操作流程如图 3-11 所示。

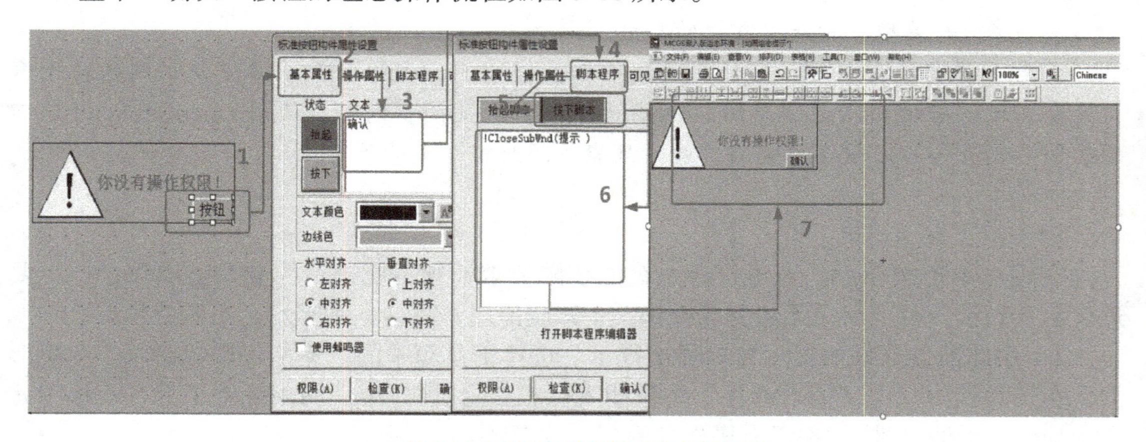

图 3-11 “确认”按钮的组态操作流程

（5）模拟运行测试

保存项目，单击图标进行模拟运行，若上述步骤操作正确则显示效果应如图 3-12 所示。

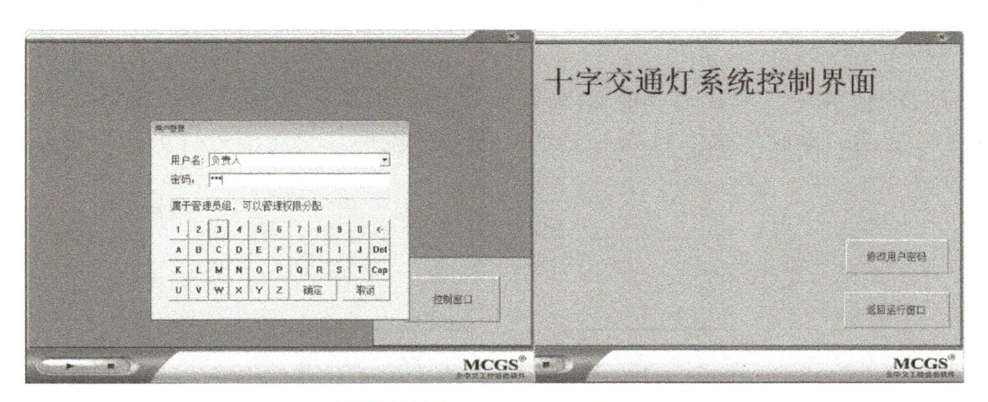

图 3-12　模拟运行测试界面

任务 3.2　交通信号灯监控系统建立

任务目标

设计一个 PLC 控制的交通信号灯监控系统，并完成其控制系统的硬件配置、程序设计和运行调试。

要求通过 S7-1200 PLC 实现控制逻辑、MCGS 嵌入版组态软件负责动画模拟运行和状态切换。

控制要求：

1）交通信号灯具有手动和自动两种工作模式。

2）手动工作模式时，东西和南北两向的黄灯闪烁，闪烁频率为 2Hz。

3）自动工作模式时，系统按以下方式运行：东西方向为红灯亮 20s →绿灯亮 15s →绿灯闪 3s →黄灯亮 2s；南北方向为绿灯亮 15s →绿灯闪 3s →黄灯亮 2s →红灯亮 20s。

4）要求有停止功能，停止时，所有指示灯均熄灭。

运行界面总览如图 3-13 所示。

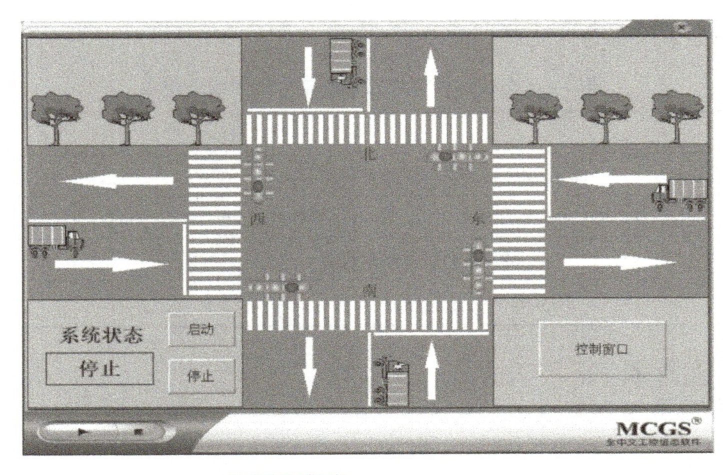

图 3-13　运行界面总览

任务分析

在前面的任务中，利用基本的动画效果实现了简单的动画效果，而在本任务中需要实现更为复杂的动画效果。首先对显示流程进行梳理。交通信号灯的运行显示流程如图 3-14 所示。

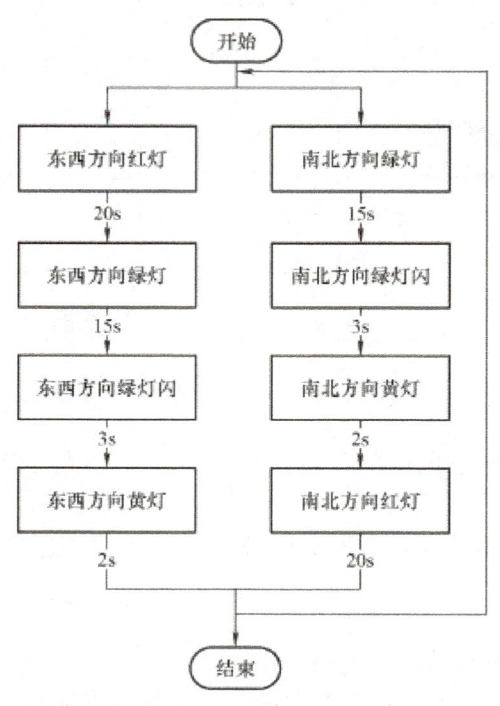

图 3-14 交通信号灯的运行显示流程

任务设备

（1）任务设备清单

交通信号灯监控系统建立任务设备清单见表 3-2。

表 3-2 交通信号灯监控系统建立任务设备清单

序号	设备	数量
1	装有 MCGS 嵌入版组态软件的计算机	1
2	安装有调试程序的西门子 S7-1200 系列 PLC CPU	1
3	MCGS TPC 系列触摸屏	1
4	同立方工业组态虚拟仿真实训软件	1

（2）PLC I/O 分配表

PLC I/O 分配表见表 3-3。

表 3-3　PLC I/O 分配表

输入		输出	
名称	PLC-I	名称	PLC-O
启动	M0.0	东西方向绿灯	Q2.0
停止	M0.1	东西方向黄灯	Q2.1
复位	M0.2	东西方向红灯	Q2.2
单周 / 连续	M0.3	南北方向绿灯	Q2.3
手动 / 自动	M0.4	南北方向黄灯	Q2.4
		南北方向红灯	Q2.5
		用于 MCGS 组态界面控制	MD200

任务实操

（1）创建工程

根据控制要求创建基于 MCGS TPC7062Ti 型触摸屏的交通信号灯监控工程，项目工程背景颜色选用默认的灰色，列宽、行高不变。

（2）制作交通信号灯监控系统运行界面

1）在用户窗口中新建一个窗口“运行界面”，双击创建的“运行界面”进入组态窗口，编辑界面。选择工具箱内的“标签”工具，在窗口绘制一个矩形框，双击矩形框修改填充颜色为灰色，然后复制 3 个同样的矩形框放置在窗口的 4 个角落，作为路边区域。

2）利用填充颜色为白色和黄色的矩形组成斑马线、停止线和车道线。绘制过程中利用等间距和复制旋转等方法可以大幅提升效率。绘制完成后，选中 4 个矩形和斑马线、停止线，单击工具箱中的“置于最后面”图标，使其置于窗口底层，防止对后续图元产生遮挡。

3）在工具箱中选择“常用符号”图标，选择合适的箭头标志放到窗口中。

以上步骤完成后，道路界面应如图 3-15 所示。

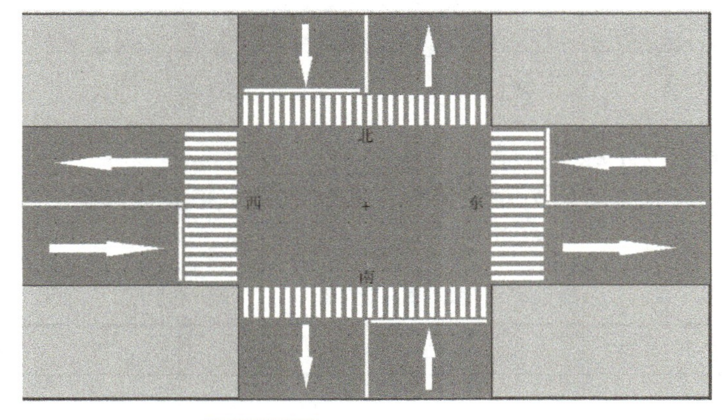

图 3-15　道路界面初步效果

4）单击工具箱的“插入元件”图标，弹出“对象元件库管理”对话框。在车类别中找到集装箱车（或其他车），在其他类别中找到树，分别放到窗口中合适的位置，摆放完成后的效果如图 3-16 所示。

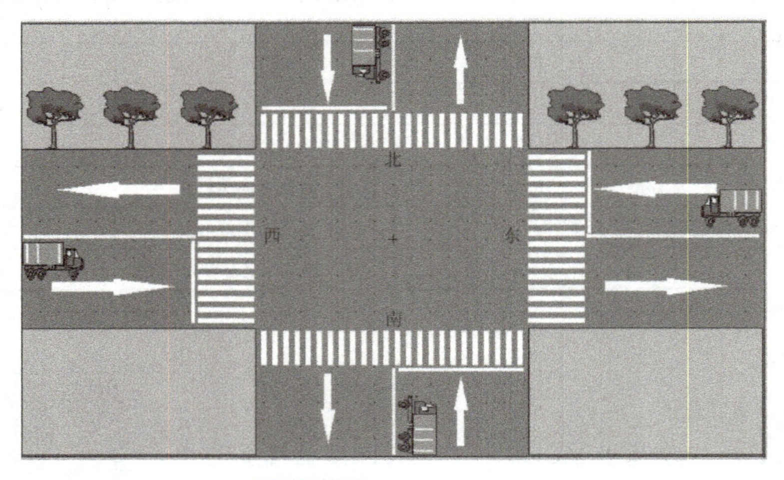

图 3-16 添加货车和树

5）在“对象元件库管理”对话框中选择指示灯 7，放到合适位置，如图 3-17 所示。

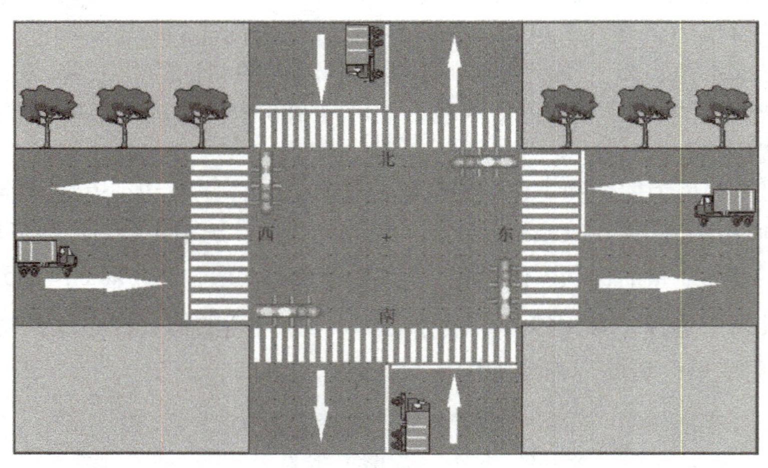

图 3-17 道路界面总体效果

（3）组态实时数据库对象

根据表 3-4 中的对象名称与对象流程在实时数据库中完成数据对象的创建。

表 3-4 数据对象分配表

对象名称	类型	注释
启动	开关型	启动按钮

（续）

对象名称	类型	注释
停止	开关型	停止按钮
手动自动切换	开关型	手动 / 自动切换按钮
东西绿灯	开关型	东西方向绿灯
东西黄灯	开关型	东西方向黄灯
东西红灯	开关型	东西方向红灯
南北绿灯	开关型	南北方向绿灯
南北黄灯	开关型	南北方向黄灯
南北红灯	开关型	南北方向红灯
通信状态	开关型	用于通信状态判断
东西车辆位置移动	数值型	东西方向货车位置
南北车辆位置移动	数值型	南北方向货车位置
程序步骤	数值型	用于控制货车移动动画
状态显示	字符型	系统的运行状态

数据对象的创建方法在前面已经有所介绍，在此不再赘述。其中比较特殊的部分是本任务中首次出现了字符型变量，该变量用于显示系统的运行状态。

（4）交通信号灯动画连接

东西方向信号灯运行状态实时同步，可将动画效果连接到同一变量上；南北方向同理。

MCGS 中自带的红绿灯图元具有 3 个独立的子图元，分别代表红、黄、绿三色指示灯。只需将三者分别连接到对应的变量上即可。

1）单击东西方向信号灯，弹出“单元属性设置”对话框，选择“动画连接”选项卡，选中第一行的三维圆球，单击右端出现的按钮 ? 。

依照从上到下的顺序，3 个三维圆球分别代表了红、黄、绿三色指示灯。

2）逐个单击按钮 ? ，在弹出的“变量选择”对话框中分别选择东西红灯、东西黄灯、东西绿灯变量。数据对象连接操作过程如图 3-18 所示。

3）按照类似的步骤，完成南北方向信号灯的变量连接。

（5）车辆动画的设置

运行界面中，当东西方向的绿灯亮时，其对应方向的汽车开始行驶，红灯亮时则停止运动；同理，南北方向绿灯亮时，其对应方向的汽车开始行驶，红灯亮时则停止运动。

1）双击东方向的货车，弹出“单元属性设置”对话框，选择“动画连接”选项卡，选中水平移动，右端出现按钮 ? ，单击按钮 ? ，在弹出的“变量选择”对话框中选择东西车辆位置移动变量，如图 3-19 所示。

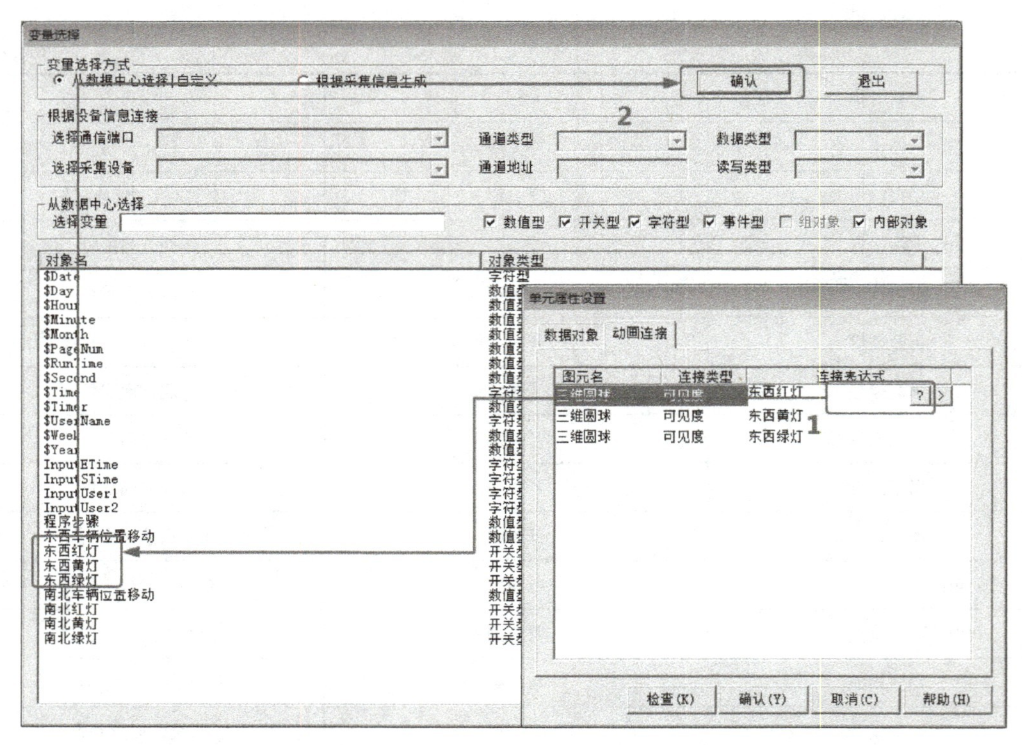

图 3-18　交通信号灯图元与变量的连接

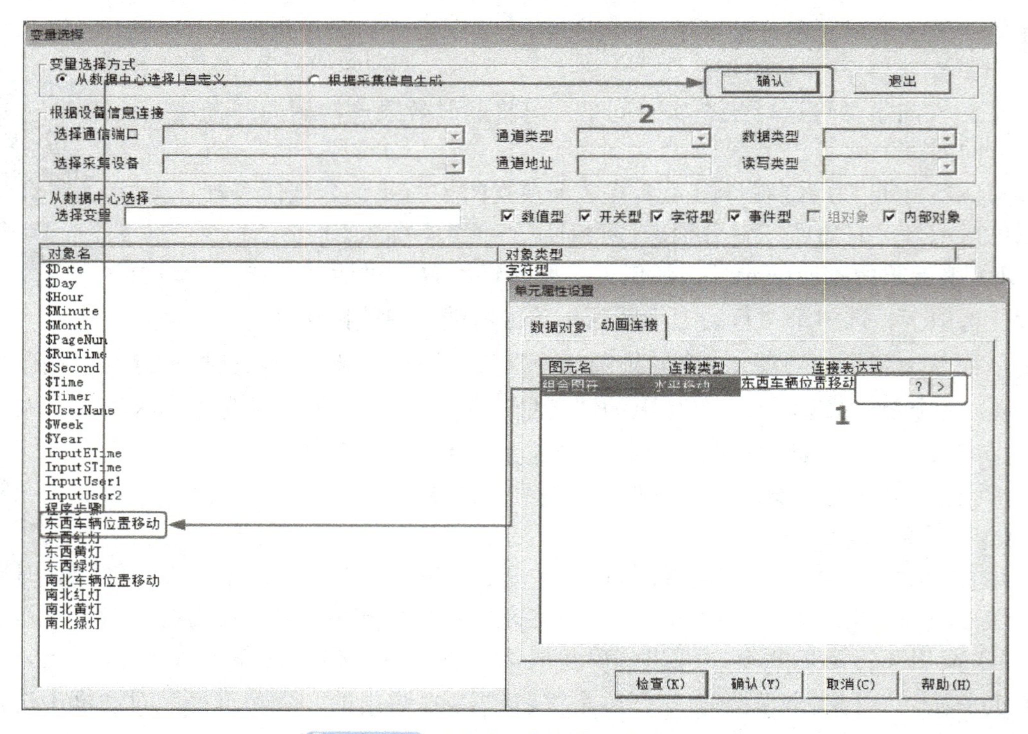

图 3-19　连接东西车辆位置移动变量

连接变量后，还需对动画组态属性进行设置，以适配表达式值与动画效果之间的比例关系。

2）在“动画连接”选项卡中，选择组合图符后单击右端的按钮[>]，弹出“动画组态属性设置”对话框，在“水平移动”选项卡中按照图 3-20 所示进行参数设置，完成后单击“确认”。

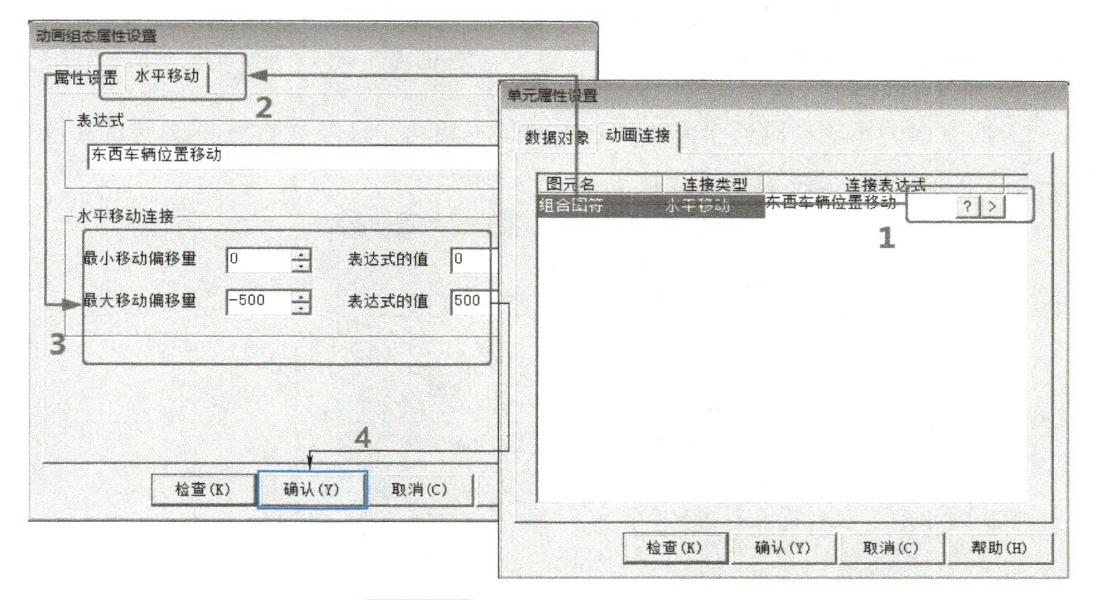

图 3-20　设置水平移动连接参数

MCGS 的位置动画连接

位置动画连接包括图形对象的水平移动、垂直移动和大小变化三种属性，通过设置这三种属性可使图形对象的位置和大小随数据对象值的变化而变化。用户只要控制数据对象值的大小和值的变化速度，就能精确地控制所对应图形对象的大小、位置及其变化速度。如果组态时没有对一个标签进行位置动画连接设置，可通过脚本函数在运行时设置该构件。

平行移动的方向包含水平和垂直两个方向，其动画连接的方法相同，设置界面如图 3-21 所示。首先要确定对应连接对象的表达式，然后再定义表达式的值所对应的位置偏移量。以图中的组态设置为例，当表达

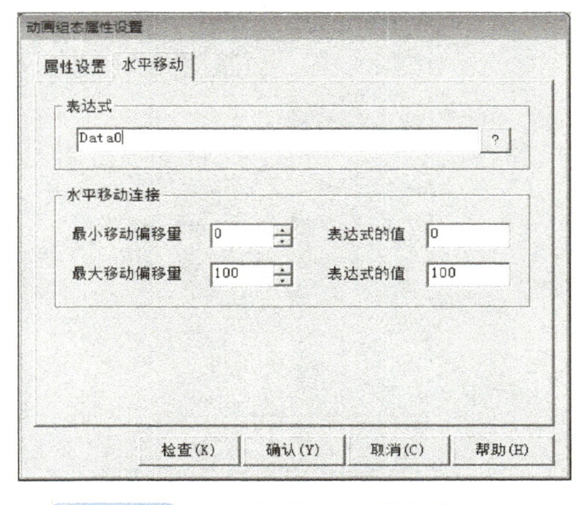

图 3-21　水平移动方向动画连接设置界面

式 Data0 的值为 0 时，图形对象的位置向右移动 0 点（即不动），当表达式 Data0 的值为 100 时，图形对象的位置向右移动 100 点，当表达式 Data0 的值为其他值时，利用线性插值公式即可计算出相应的移动位置。

注意：偏移量是以组态时图形对象所在的位置为基准（初始位置），单位为像素点，向左为负方向，向右为正方向（对于垂直移动，向下为正方向，向上为负方向）。当把图 3-21 中的 100 改为 −100 时，则随着 Data0 值从小到大的变化，图形对象的位置则从基准位置开始，向左移动 100 点。

3）西方向的车辆动画连接方法和东方向基本相同，只需按照图 3-22 所示进行参数设置。

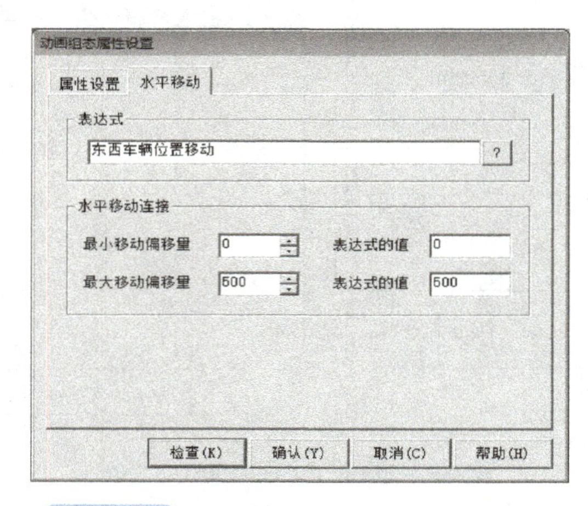

图 3-22　西方向的车辆动画连接参数设置

4）对北方向的车辆进行动画连接，选择数据对象为“南北车辆位置移动”，动画连接选择垂直移动，参数设置如图 3-23 所示。

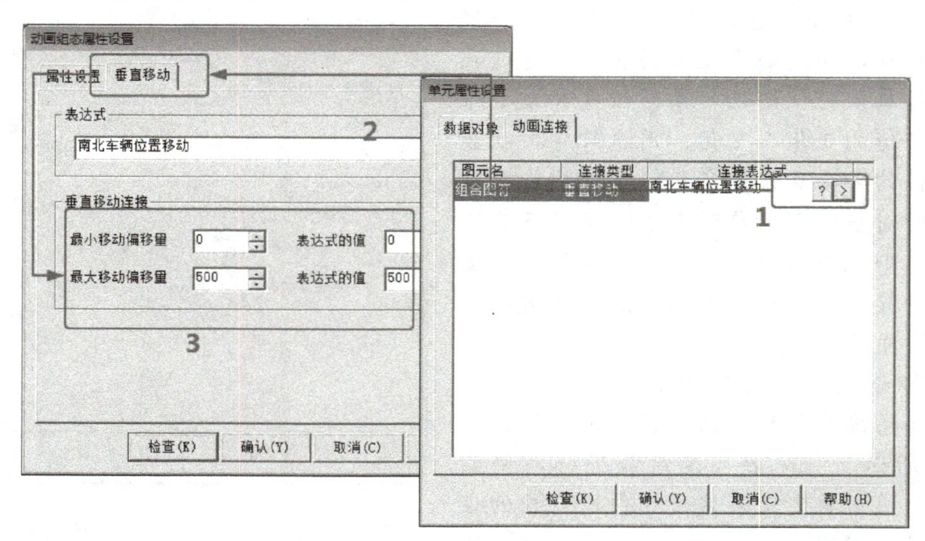

图 3-23　垂直移动方向动画连接参数设置

5）南方向的车辆动画连接方法和北方向一致，只是将偏移量的值改为负值。参数设置如图 3-24 所示。

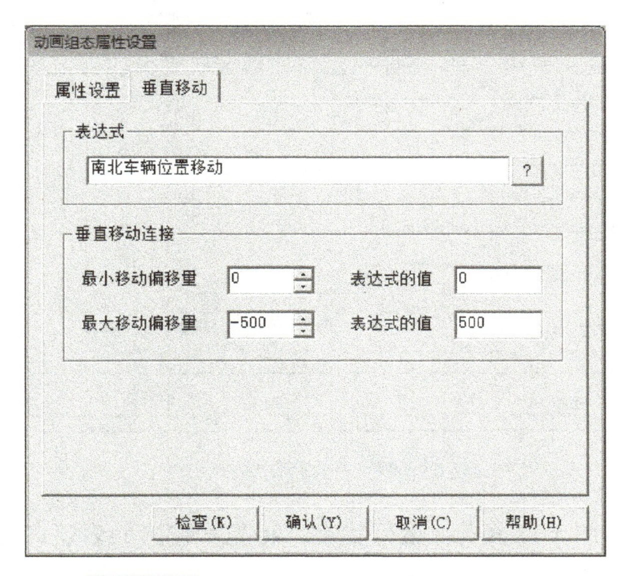

图 3-24　南方向的车辆动画连接参数设置

（6）添加控制按钮和系统状态显示

1）在窗口中添加“启动”和“停止”两个标准按钮用于控制系统的运行状态。两个按钮除了对对应的数据对象值进行操作外，还在抬起时运行对应脚本程序，将状态显示值修改为运行或停止。启动、停止按钮的属性设置如图 3-25 和图 3-26 所示。

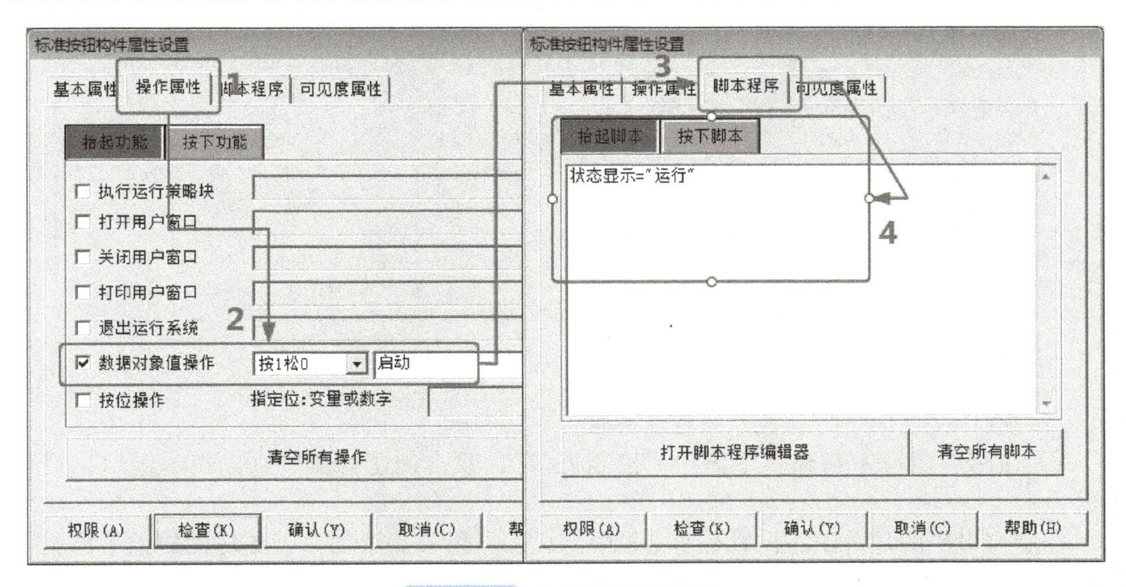

图 3-25　启动按钮属性设置

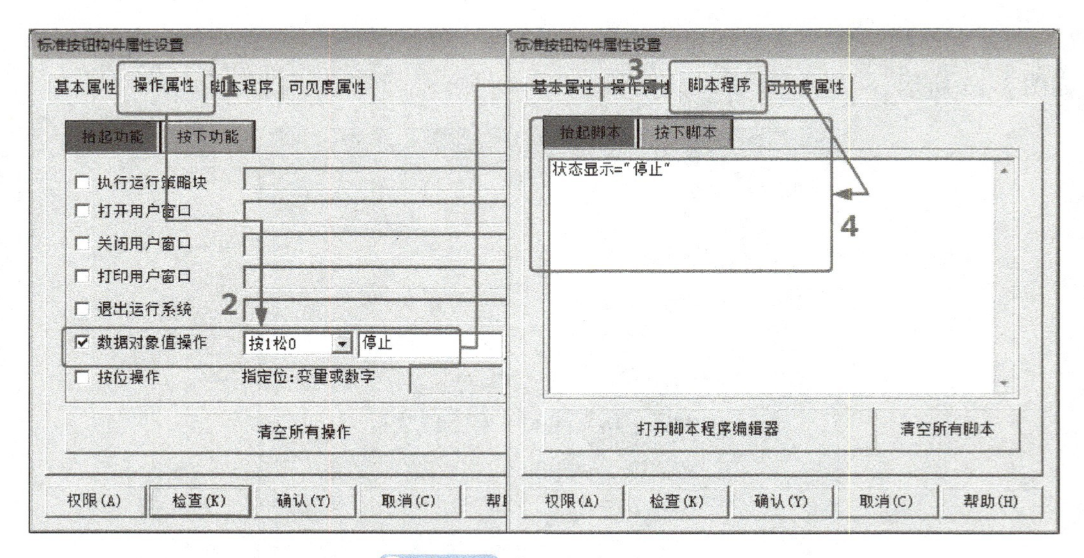

图 3-26 停止按钮属性设置

2）添加显示标签用于显示系统运行状态，将显示输出的表达式与“状态显示”变量进行连接，如图 3-27 所示。

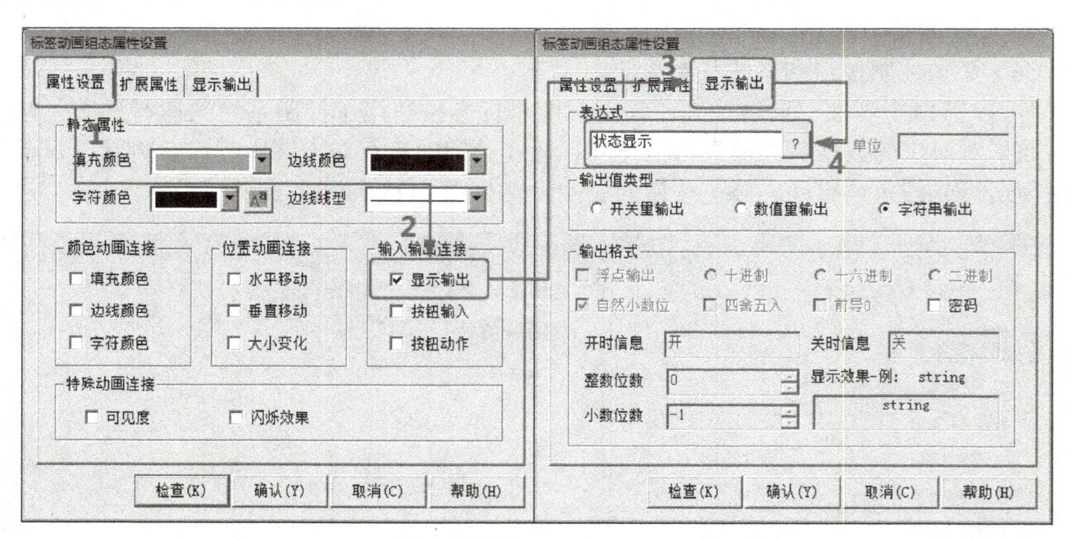

图 3-27 显示标签设置

（7）制作交通信号灯监控系统控制界面

1）在用户窗口中新建一个窗口“控制窗口”，双击创建的窗口进入组态窗口，编辑界面。

控制窗口中的部分组态已在任务 3.1 中完成，这里只需添加一个旋转按钮用于控制运行系统的手动 / 自动切换。

2）如图 3-28 所示，在工具箱中单击“插入元件”按钮，在“对象元件库管理”对话框找到开关类别，选择“开关 6”添加到窗口中合适位置。

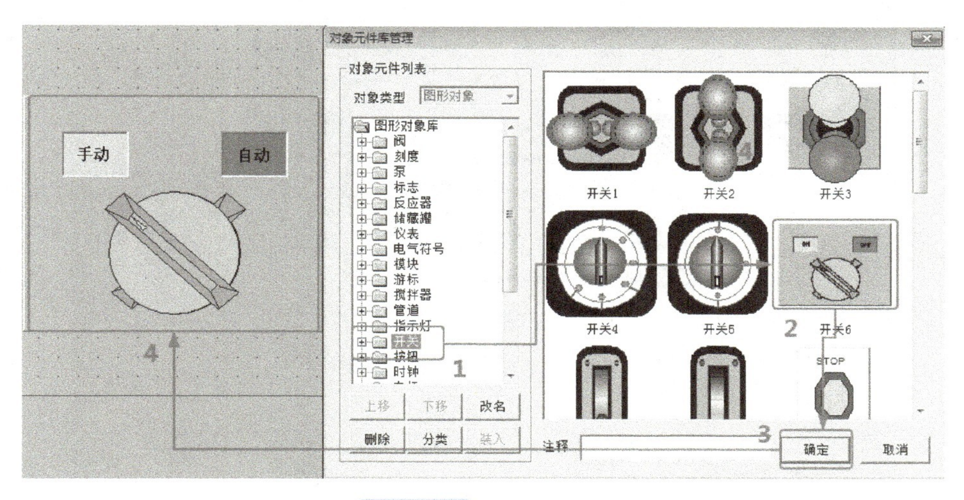

图 3-28　插入开关 6

3）在“单元属性设置”对话框中，将数据对象“按钮输入”与“可见度”连接到“手动自动切换”变量上，如图 3-29 所示。

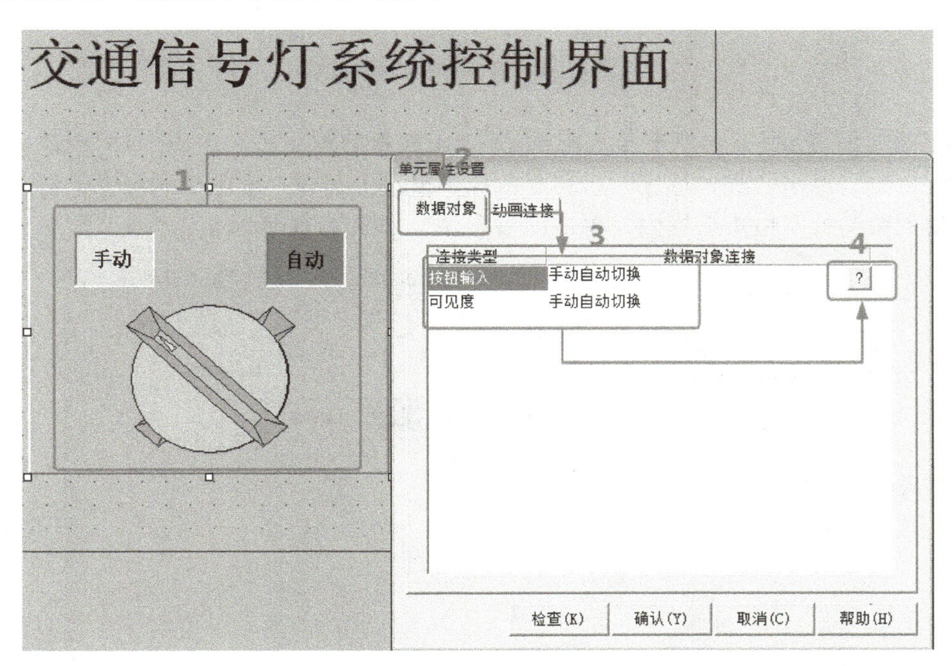

图 3-29　切换开关属性设置

4）组态完成，保存组态界面。

（8）编写脚本程序

1）打开“运行策略”窗口，双击“循环策略”进入循环策略组态窗口，如图 3-30 所示。

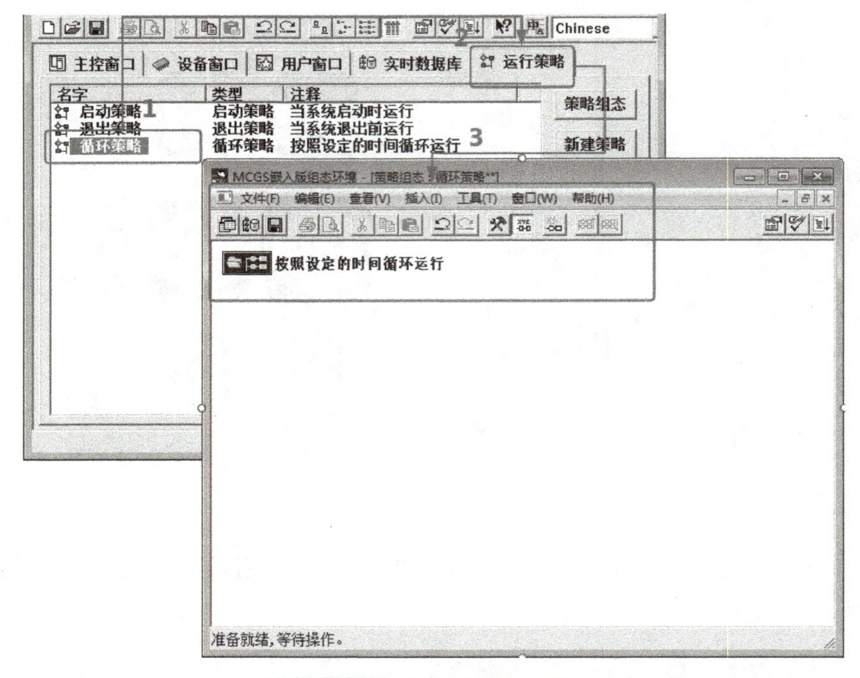

图 3-30 进入循环策略组态

2）在循环策略组态窗口中单击图标，添加新的策略行。单击图标弹出“策略工具箱”窗口，单击“脚本程序”后移动鼠标到窗口内会有一个小手的标志，将“脚本程序”移动到策略行空白矩形框内，单击即可添加，如图 3-31 所示。

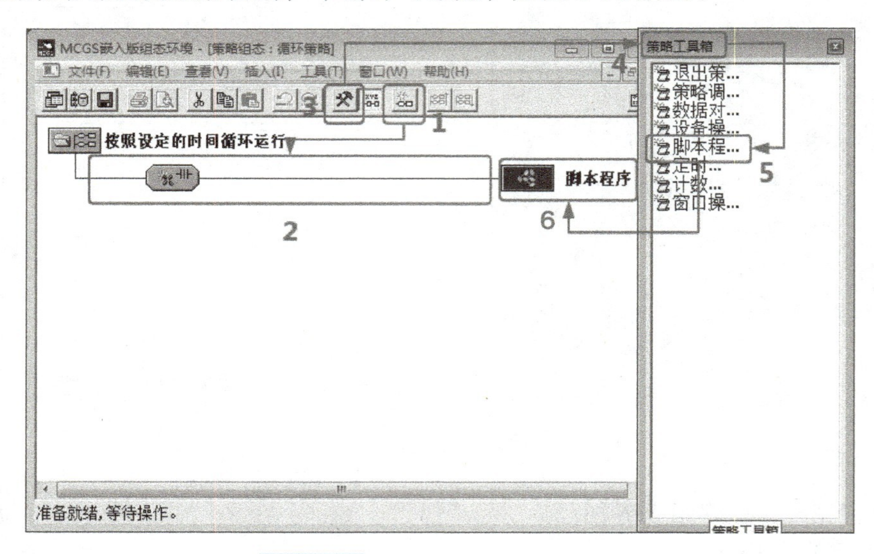

图 3-31 添加脚本程序到策略行

3）编写脚本程序之前还需要修改循环时间。在循环策略组态窗口中双击图标，弹出“策略属性设置”对话框，这里修改循环时间为 200ms，如图 3-32 所示。

运行策略概述

所谓运行策略，是用户为实现对系统运行流程自由控制所组态生成的一系列功能块的总称。MCGS 嵌入版组态软件为用户提供了进行策略组态的专用窗口和工具箱。

运行策略的建立使系统能够按照设定的顺序和条件，操作实时数据库，控制用户窗口的打开、关闭以及设备构件的工作状态，从而实现对系统工作过程精确控制及有序调度管理的目的。

通过对 MCGS 嵌入版运行策略的组态，用户可以自行组态完成大多数复杂工程项目的监控软件，而不需要进行烦琐的编程工作。

循环策略为系统固有策略，也可以由用户在组态时创建，在 MCGS 嵌入版系统运行时按照设定的时间循环运行。在一个应用系统中，用户可以定义多个循环策略。循环策略属性设置如图 3-33 所示。

策略名称：输入循环策略的名称，一个应用系统必须有一个循环策略。

策略执行方式：有定时循环和固定时刻两种方式。定时循环是按设定的时间间隔循环执行，以 ms 为单位设置循环时间。系统最小时间间隔为 50 ~ 200ms（默认 50ms），动画刷新周期为 50 ~ 1000ms（默认 50ms），闪烁周期的最小值为 200ms（默认 400ms、600ms、800ms）。固定时刻是指策略在固定的时刻执行。

策略内容注释：用于对策略加以注释。

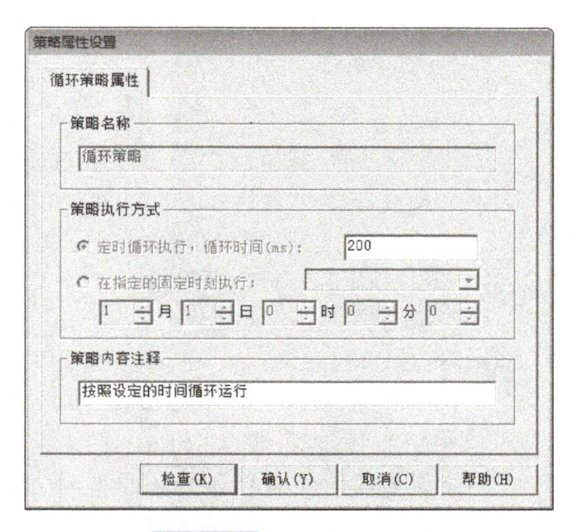

图 3-32　修改循环时间

策略属性设置
循环策略属性
策略名称
循环策略
策略执行方式
定时循环执行，循环时间(ms)：
200
在指定的固定时刻执行：
1 月 1 日 0 时 0 分 0
策略内容注释
按照设定的时间循环运行
检查(K)　确认(Y)　取消(C)　帮助(H)

图 3-33　循环策略属性设置

4）在循环策略栏中输入以下脚本（斜体字为代码注释）：

```
/* 东西方向为红灯，程序步骤 =10，东西方向的车辆停在白色停止线后 */
if    程序步骤 =10  then
   东西车辆位置移动 = 东西车辆位置移动 +2
   if    东西车辆位置移动 >=110  then
         东西车辆位置移动 =110
```

```
    endif
endif
/* 东西方向为红灯，程序步骤 =10，南北方向的车辆有序行驶 */
if    程序步骤 =10  and 手动自动切换 =0  then
    南北车辆位置移动 = 南北车辆位置移动 +10
    if    南北车辆位置移动 >=580  then
        南北车辆位置移动 =0
    endif
endif
/* 南北方向为红灯，程序步骤 =20，东西方向的车辆有序行驶 */
if    程序步骤 =20  then
    东西车辆位置移动 = 东西车辆位置移动 +8
    if    东西车辆位置移动 >=960  then
        东西车辆位置移动 =0
    endif
endif
/* 南北方向为红灯，程序步骤 =20，南北方向的车辆停在白色停止线后 */
if    程序步骤 =20  then
    南北车辆位置移动 = 南北车辆位置移动 +2
    if    南北车辆位置移动 >=20 then
        南北车辆位置移动 =20
    endif
endif
/* 切换手动模式下，手动自动切换 =1，东西南北车辆停止在白色停止线后 */
if    手动自动切换 =1  then
    东西车辆位置移动 =110
    南北车辆位置移动 =20
endif
/* 停止时，所有车辆停在原点 */
if    停止 =1  then
    东西车辆位置移动 =0
    南北车辆位置移动 =0
    程序步骤 =0
endif
```

脚本程序基本语句

由于 MCGS 嵌入版脚本程序是为了实现某些多分支流程的控制及操作处理，因此包含了几种最简单的语句：赋值语句、条件语句、退出语句和注释语句，同时，为了提供一

些高级的循环和遍历功能，还提供了循环语句。所有的脚本程序都可由这五种语句组成，当需要在一个程序行中包含多条语句时，各条语句之间须用“：”分开，程序行也可以是没有任何语句的空行。大多数情况下，一个程序行只包含一条语句，赋值程序行中根据需要可在一行上放置多条语句。

（1）赋值语句

赋值语句的形式为：数据对象＝表达式。赋值符号用“＝”表示，具体含义是把“＝”右边表达式的运算值赋给左边的数据对象。赋值符号左边必须是能够读写的数据对象，如开关型数据、数值型数据以及能进行写操作的内部数据对象，而组对象、事件型数据对象、只读的内部数据对象、系统函数以及常量均不能出现在赋值符号的左边，因为不能对这些数据对象进行写操作。

赋值符号的右边为一表达式，表达式的类型必须与左边数据对象值的类型相符，否则系统会提示“赋值语句类型不匹配”的错误信息。

（2）条件语句

条件语句有以下三种形式：

1）if〖表达式〗then〖赋值语句或退出语句〗

2）if〖表达式〗then

〖语句〗

endif

3）if〖表达式〗then

〖语句〗

else

〖语句〗

endif

条件语句中的四个关键字 if、then、else、endif 不分大小写。如拼写不正确，检查程序会提示出错信息。

条件语句允许多级嵌套，即条件语句中可以包含新的条件语句，MCGS 嵌入版脚本程序的条件语句最多可以有 8 级嵌套，为编制多分支流程的控制程序提供方便。

if 语句的表达式一般为逻辑表达式，也可以是值为数值型的表达式，当表达式的值为非 0 时，条件成立，执行 then 后的语句，否则，条件不成立，将不执行该条件块中包含的语句，开始执行该条件块后面的语句。

值为字符型的表达式不能作为 If 语句中的表达式。

（3）循环语句

循环语句为 while 和 endwhile，其形式为

while〖条件表达式〗

…

endwhile

当条件表达式成立时（非 0），循环执行 while 和 endwhile 之间的语句，直到条件表达式不成立（为 0），退出。

（4）退出语句

退出语句为 exit，用于中断脚本程序的运行，停止执行其后面的语句。一般在条件语句中使用退出语句，以便在某种条件下，停止并退出脚本程序的执行。

（5）注释语句

注释语句在脚本程序中只起到注释说明的作用，实际运行时，系统不对注释语句做任何处理。注释语句表示为 /*…*/。

交通信号灯仿真方法介绍

（9）控制系统调试

1）下载 PLC 程序设置参数，具体方法参考项目一任务 1.2。

2）连接工业组态虚拟仿真实训软件。最终运行效果如图 3-34 所示。

图 3-34 虚拟仿真运行界面

扩展知识

连通南北——我国交通成就

新中国成立以来，我们经历了从“骑着毛驴上北京”到“坐上火车去拉萨”的巨大变化，公路成网，铁路密布，高铁飞驰，巨轮远航，飞机翱翔，天堑变通途。这期间有几个成就尤为值得我们铭记。

新中国第一条铁路——成渝铁路

我国四川省多崇山峻岭、交通不便，早在百年前，四川人民就期盼着能够修建铁路。为了填补大西南的铁路空白，1950 年 6 月，我国开始修建成渝铁路。经过 3 万多解放军和 10 万民工艰苦卓绝的奋斗，1952 年 6 月 13 日成渝铁路竣工，终于结束了“蜀道难、难于上青天”的历史！

第一座自主设计建造的长江大桥——南京长江大桥

20 世纪 50 年代，江面宽阔、水流湍急的长江下游没有一座大桥。60 年代，第一座由中国人自主设计建造的长江大桥——南京长江大桥终于在这里建成了。此后一座座桥梁跨越天堑、连接大江南北，为促进我国交通网络完善和经济社会发展发挥了重要作用，同时也不断创下一个个桥梁史上的“世界之最”。

我国大陆第一条全线通车高速公路——上海沪嘉高速

1988 年，上海沪嘉高速实现了我国大陆高速公路零的突破，虽然不足 20km，但却让我国拥有了自己的成体系的高速公路标准。

世界最长的跨海大桥——港珠澳大桥

港珠澳大桥是连接香港、珠海和澳门的桥隧工程，位于我国广东省珠江口伶仃洋海域内，为珠江三角洲地区环线高速公路南环段。

港珠澳大桥因其超大的建筑规模、空前的施工难度和顶尖的建造技术而闻名世界。大桥主体工程项目采用桥、岛、隧组合设计，大胆创新施工技术、施工方式，港珠澳大桥建设相关各方通力合作，在保证工程进度的同时，也最大限度地减少了工程及建设期间给这一区域海空交通运输带来的影响。这一切，凝聚了所有大桥建设者的汗水和智慧，也将见证粤港澳大湾区建设的如火如荼、日新月异。

在这一项项杰出成就的背后，是无数交通人敢拼敢干的无私奉献，正是这些无名英雄的汗水，成就了我国交通事业的腾飞！

实训总结

（1）历程回顾

本项目进一步学习了脚本和动画效果的使用方法，在此基础上实现了复杂动画效果的组态。此外，还学习了用户权限控制与窗口切换的相关知识，并加以运用，实现了对窗口跳转的控制。可以运用这些知识完成基础的组态任务需求，接下来将学习更有挑战性的工业组态任务。

（2）实践评价

项目 3 评价表

姓名		班级			
评分内容	项目	评分标准	自评	同学评分	教师评分
用户与用户组建立	1）正确在项目中建立用户组	5 分			
	2）正确在项目中建立用户	5 分			
用户窗口组态	1）完成用户窗口中构件摆放，设计美观大方	5 分			
	2）正确设置构件属性	10 分			
	3）完成图形构件与数据对象的连接	10 分			
	4）正确编写脚本程序	10 分			

（续）

评分内容	项目	评分标准	自评	同学评分	教师评分
实时数据库组态	正确完成所需实时数据的建立与连接	5分			
模拟运行调试	1）正确组态工程并进入模拟运行	10分			
	2）操作验证系统完成既定功能	15分			
职业素养与安全意识	工具器材使用符合职业标准，保持工位整洁	5分			
拓展与提升	本项目中我通过帮助文件了解到:	20分			
学生签名			总分		
教师签名					

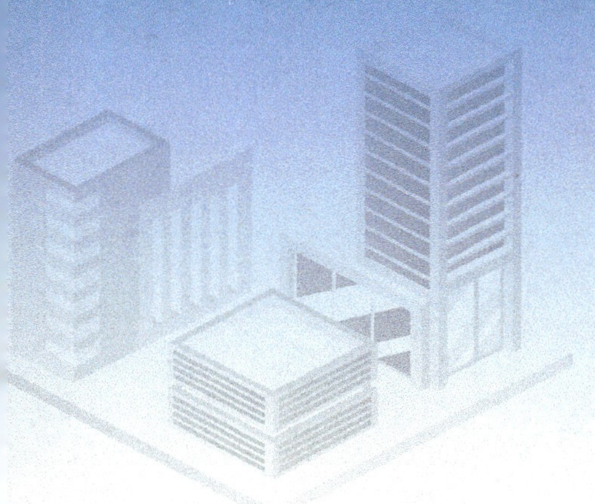

项目 4 水箱水位控制系统设计

本项目通过水箱水位控制工程实例，对 MCGS 嵌入版组态软件的组态过程、操作方法和实现功能等环节进行全面的讲解。通过动画制作、脚本编写、报警显示、报表曲线等多项组态操作，结合同立方工业组态虚拟仿真实训软件，进一步学习如何用 MCGS 组态软件接收信号并进行数据处理，以达到实时监控的目的。

项目背景

日常生活中，经常需要对水位进行控制，传统的控制方式存在控制精度低、能耗大的缺点，并且很不稳定，水箱水位控制系统是我国住宅小区广泛应用的供水系统，运用 PLC 自动控制原理，利用水的导电性连续、全天候地测量水位变化，把测量得到的水位变化参数转换成相应的电信号，主控台应用 MCGS 嵌入版组态软件对接收到的信号进行数据处理，完成相应的水位显示、实时曲线和历史曲线显示，使水位保持在适当的位置，保持水压恒定，提高了供水系统的质量。水箱水位控制系统成本低，安装方便，灵敏性好，满足企业或居民的安全稳定用水需求以及节约水源的需要，并且实现了自动控制。

学习目标

（1）知识目标

1）了解水位变化的动画效果制作，以及泵、扇叶、流动块的制作和使用方法。

2）了解报警显示的制作，以及 !OpenSubWnd、!CloseSubWnd 函数的应用。

3）掌握组对象的建立及其使用。

4）掌握自由表格、历史表格、实时曲线、历史曲线的制作和使用方法。

5）掌握简单的脚本程序编写。

（2）技能目标

1）学会水箱水位控制系统模块的分析及画面构造。

2）学会系统界面设计，能够完成数据对象定义及动画连接。

3）学会自由表格、历史表格、实时曲线、历史曲线的制作。

（3）素质目标

1）了解我国水资源现状，培养社会责任感。

2）查阅资料，了解有哪些自动化方法可以帮助节约用水及再生利用，在这个过程中锻炼检索技术文献的能力。

知识点

1）位图。
2）存盘属性的概念。
3）数据组对象的概念。
4）实时报表的概念。
5）自由表格构件的设置。
6）历史表格的概念。
7）实时曲线的设置。
8）历史曲线的概念。
9）历史曲线和实时曲线的区别。
10）数据化处理。

项目实操

任务 4.1　水箱水位控制系统模块组态设计

任务目标

某工程队接到一个项目，在某小区建立一个水箱水位控制系统。利用 MCGS 嵌入版组态软件绘制界面，效果如图 4-1 所示，通过与 PLC 的联动来实现该系统的监控。

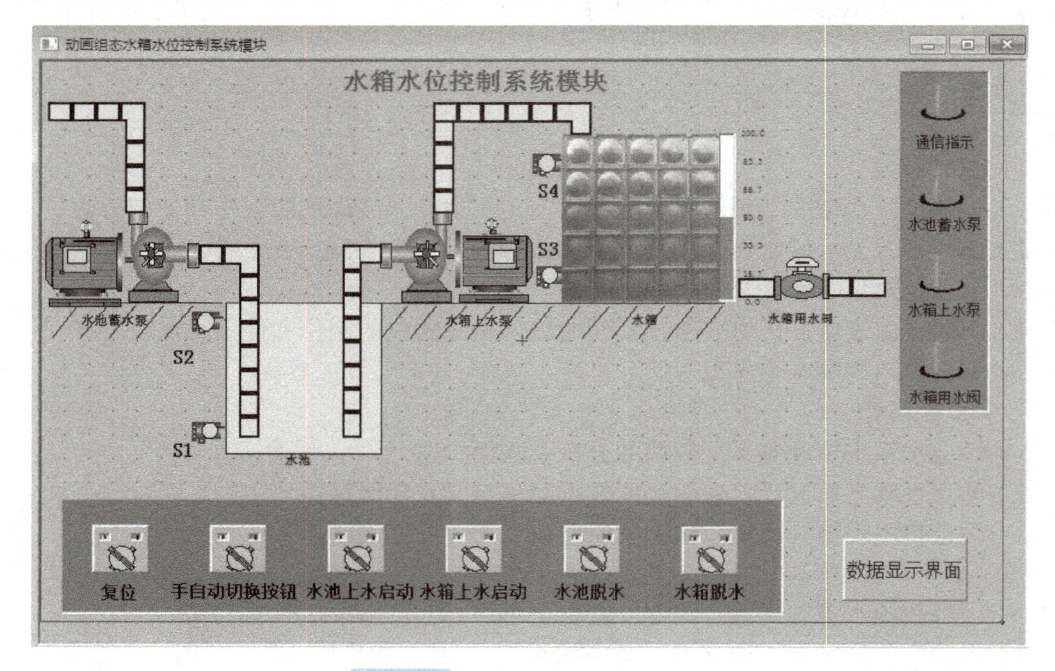

图 4-1　水箱水位控制系统模块

用户窗口的背景为灰色，中部显示水池、水箱的水位由于水池蓄水泵、水箱上水泵、水箱用水阀的运行而变化，从而起到监控的作用。

（1）旋转开关

用户窗口的下部有 6 个旋转开关，可以通过修改 PLC 中的 M 点位值代替实物按钮为 PLC 提供指令输入，实现水箱水位的控制。

1）复位开关。通过复位开关来实现水箱水位控制系统的初始化。初始化的水池的水位为下限位 40、水箱的水位为下限位 0。

2）手自动切换按钮。当手自动切换按钮为自动模式时：

① 水池蓄水泵和水箱上水泵、水箱用水阀控制水池和水箱的水位。水池的上限位值为 200，水箱的最大水位值为 100。

② 初始状态下（水池的水位刚到水池下限位，水箱的水位未到水箱下限位），手自动切换按钮切换到自动状态，水池蓄水泵启动，水池水位增加，到达上限位时，水池蓄水泵停止运行且水池水位不再增加。

③ 当水池蓄水泵启动 1s 后，水箱上水泵启动，水箱水位增加，同时水池水位下降，当水池水位下降到水池下限位时，水池蓄水泵再次启动，重复刚才的动作。

④ 当水箱水位到达上限位时，水箱上水泵停止运行且水箱水位不再增加。水箱用水阀每隔 5s 开启 5s，开启时水箱水位每秒减少 2 ～ 8 个单位，数量随机，每次启动时确定该随机值。

⑤ 当水箱水位低于水箱下限位时，水箱上水阀再次启动，重复刚才动作。如此循环。

当手自动切换按钮为手动模式时：

① 水池上水启动开关为 1 时，水池水位增加但最高不高于 200。

② 当水池上水启动开关为 0、水池脱水开关为 1 时，水池水位降低但最低不低于 0。

③ 水箱上水启动开关为 1 时，水箱水位增加但最高不高于 100。

④ 当水箱上水启动开关为 0、水箱脱水开关为 1 时，水箱水位降低但最低不低于 0。

（2）4 个指示灯

用户窗口的右侧设置了 4 个指示灯，分别为通信指示灯、水池蓄水泵指示灯、水箱上水泵指示灯和水箱用水阀指示灯。

1）通信指示灯：反映触摸屏与 PLC 之间的通信情况。通信指示灯 =0 时，通信正常；通信指示灯 <>1 时，通信不正常。

2）水池蓄水泵指示灯：显示水池蓄水泵的运行情况。水池蓄水泵指示灯 =1 时，水池蓄水泵运行；水池蓄水泵指示灯 =0 时，水池蓄水泵不运行。

3）水箱上水泵指示灯：显示水箱上水阀的运行情况，动作同水池蓄水泵指示灯。

4）水箱用水阀指示灯：显示水箱用水阀的运行情况。水箱用水阀 =1 时，用水阀开启；水箱用水阀 =0 时，用水阀关闭。

（3）数据显示界面按钮

用户窗口的右下角是数据显示界面按钮，用来跳转至数据显示界面。

任务分析

通过前面的项目已经了解、熟悉了按钮和指示灯的制作、控制，但水泵的制作、扇叶的旋转、水池水位计和水箱水位计示数的变化、位图的使用目前还未接触过，因此实现这些动画效果是本任务的学习重点。

水箱水位控制系统外部变量见表 4-1。

表 4-1　水箱水位控制系统外部变量

序号	名称	类型	备注
1	水池下限	开关型	读写 PLC M0.0
2	水池上限	开关型	读写 PLC M0.1
3	水箱下限	开关型	读写 PLC M0.2
4	水箱上限	开关型	读取 PLC M0.3
5	水池蓄水泵运行反馈	开关型	读取 PLC M0.4
6	水箱上水泵运行反馈	开关型	读取 PLC M0.5
7	水箱用水阀开启反馈	开关型	读取 PLC M0.6
8	手自动切换旋钮	开关型	读取 PLC M1.0
9	水池上水启动（旋钮）	开关型	读取 PLC M1.1
10	水箱上水启动（旋钮）	开关型	读取 PLC M1.2
11	水箱水位计示数	数值型	读取 PLC MW2

任务设备

（1）任务设备清单

水箱水位控制系统模块组态设计任务设备清单见表 4-2。

表 4-2　水箱水位控制系统模块组态设计任务设备清单

序号	设备	数量
1	装有 MCGS 嵌入版组态软件的计算机	1
2	西门子博途 V15 全集成自动化编程软件	1
3	同立方工业组态虚拟仿真实训软件	1

（2）PLC 程序

本任务使用的 PLC 程序可以在本书配套资源的网址中下载。

任务实操

（1）创建工程

创建基于 TPC7062Ti 型触摸屏的工程项目，背景颜色选用默认的灰色，列宽行高不变。

水箱水位控制建立工程文件

水箱水位控制设备窗口组态

（2）建立设备组态

根据任务需求，完成 PLC 的设备组态及通道建立。

在前面的任务中已经多次练习过设备组态相关操作，具体操作可参考前面任务。

（3）绘制电动机和水泵

1）在用户窗口中单击“新建窗口”按钮，建立“窗口 0”。选中“窗口 0”，单击“窗口属性”按钮或鼠标右键单击选择“属性”，进入“用户窗口属性设置”对话框，打开“基本属性”选项卡，在窗口名称输入“水箱水位控制系统模块”，窗口标题输入“水箱水位控制系统模块”，其他不变，单击“确认”按钮，如图 4-2 所示。

2）在用户窗口中，选中“水箱水位控制系统模块”，单击鼠标右键，选择“设置为启动窗口”命令，将该窗口设置为运行时自动加载的窗口，如图 4-3 所示。

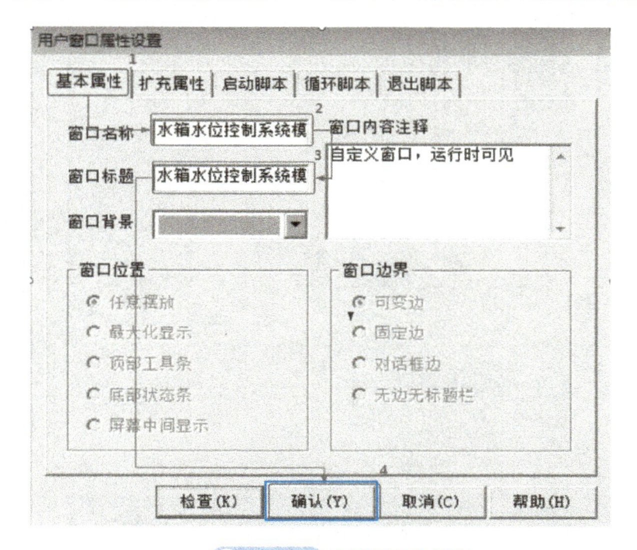

图 4-2　更改窗口名称

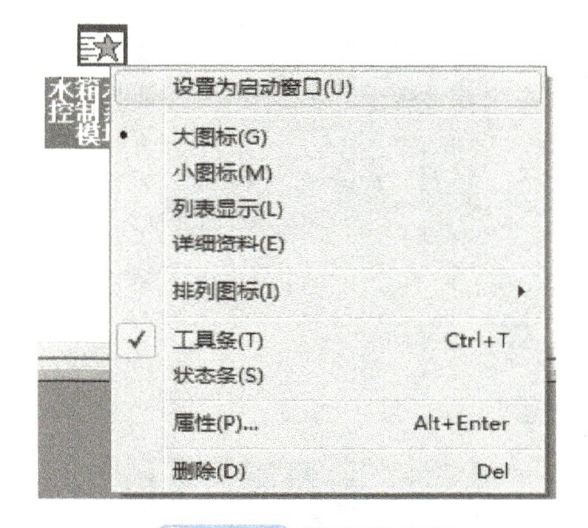

图 4-3　设置启动窗口

启动窗口是指封面窗口退出后接着显示的窗口。如果这步不操作，系统将默认第一个窗口为启动窗口。

3）选中“水箱水位控制系统模块”并单击“动画组态”，或者双击“水箱水位控制系统模块”，进入动画制作窗口。

4）制作水泵。单击工具箱中的“插入元件”图标，弹出“对象元件库管理”对话框，从泵类中选取“泵 40”，如图 4-4 所示；从电动机类选取“电动机 25”，如图 4-5 所示。用工具箱中的“折线”图标和“矩形”图标在窗口中画出一个与水平线夹角为 45° 的矩形和一个水平矩形，并用复制（Ctrl+C）、粘贴（Ctrl+V）、旋转（“左旋 90°”图标、“右旋 90°”图标）、Y 翻转（“Y 翻转”图标）命令制作成“米”字图标。鼠标单击“椭圆”图标，当鼠标的光标在窗口中呈十字形时，移动鼠标到合适的位置，按住鼠标左键画一个大小合适的圆形，双击圆形，在“动画组态属性设置”中把填充颜色改为蓝色。将泵、电动机、“米”字形和椭圆调整为适当大小，放在合适位置，组合成水泵，如图 4-6 所示。

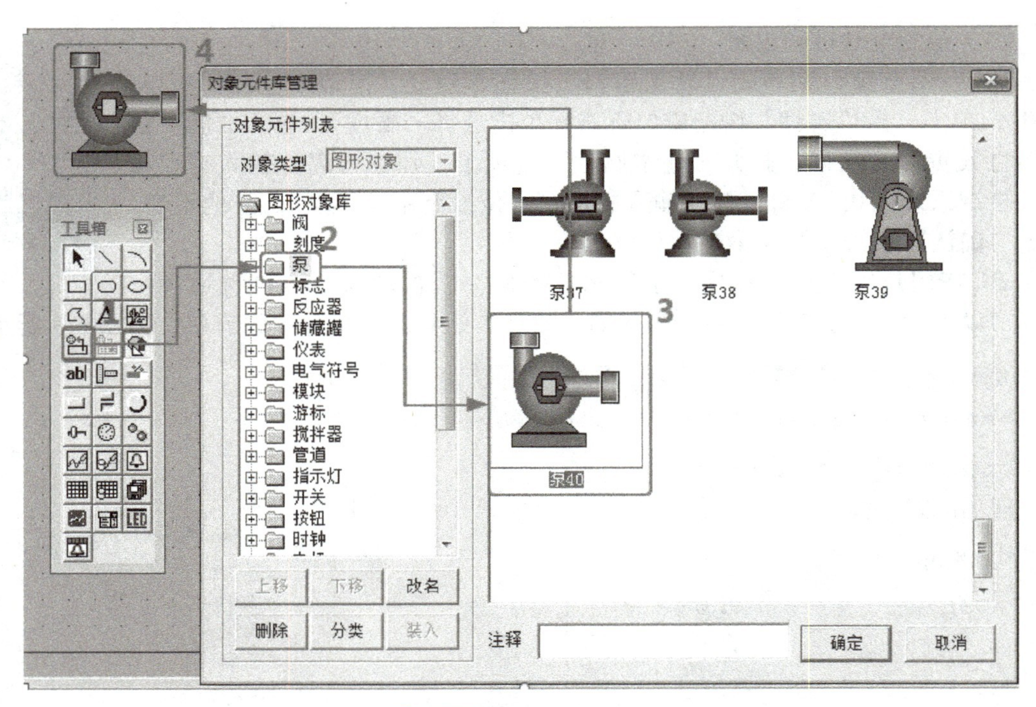

图 4-4 选取"泵 40"

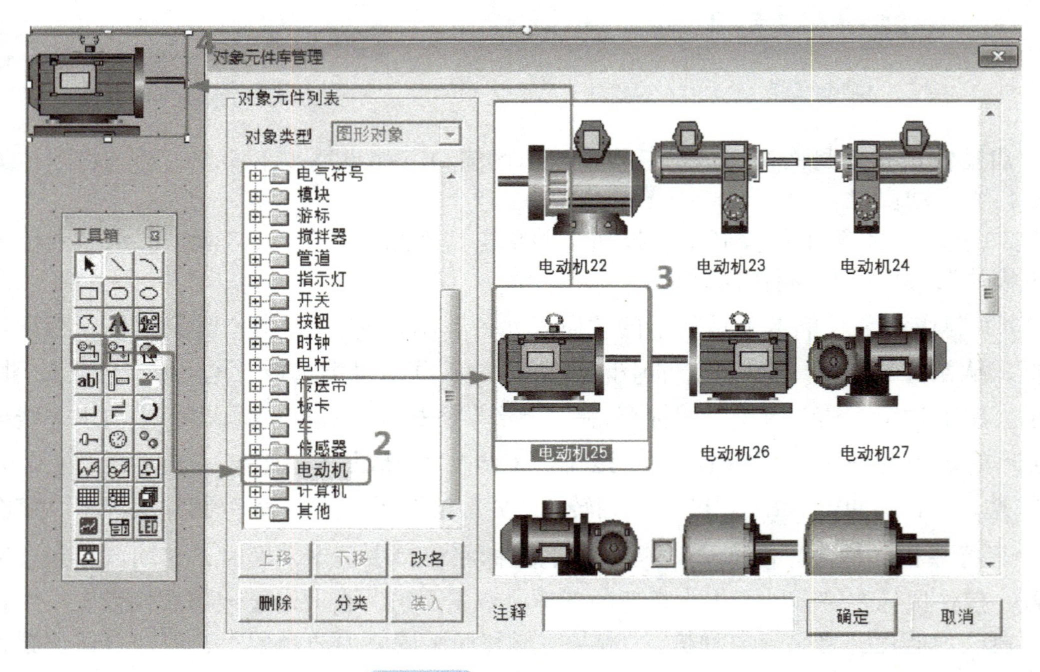

图 4-5 选取"电动机 25"

（4）绘制水池、水箱

1）单击工具箱中的“矩形”图标，在窗口中画出一个适合的矩形框并复制粘贴，双击复制粘贴的矩形框，打开“动画组态属性设置”对话框，选择填充颜色为浅蓝色，单击“确认”返回；用 Ctrl 键和鼠标左键选中两个矩形框，用“中心对齐”图标把两个矩形框中心对齐，浅蓝色的矩形框在上面（选中前面的矩形，单击鼠标右键，在弹出的下拉菜单中选择“排列”命令。如果灰色矩形框在浅蓝色矩形框上面，选中灰色矩形框，单击“最后面”，那么，浅蓝色矩形框就在上面了），灰色的矩形框作为水池的背景。选中两个矩形框，单击鼠标右键，选择下拉菜单中的“排列”→“合成单元”，这样水池便制作完成，如图 4-7 所示。

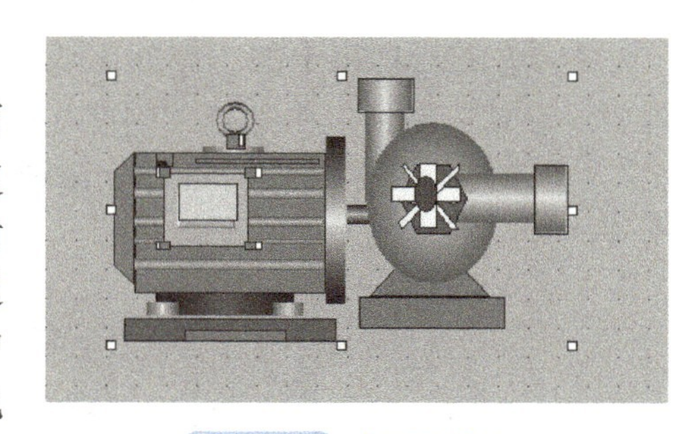

图 4-6　水泵的效果

图 4-7　水池的效果

2）单击工具箱中的“位图”图标，当鼠标的光标在窗口中呈十字形时，移动鼠标到合适的位置，按住鼠标左键画出一个大小适合的长方形位图，将鼠标放在位图上，单击鼠标右键，在下拉菜单中单击“装载位图（K）”，选中已下载的水箱图片，单击“打开”按钮，如图 4-8 所示，水箱制作完成。

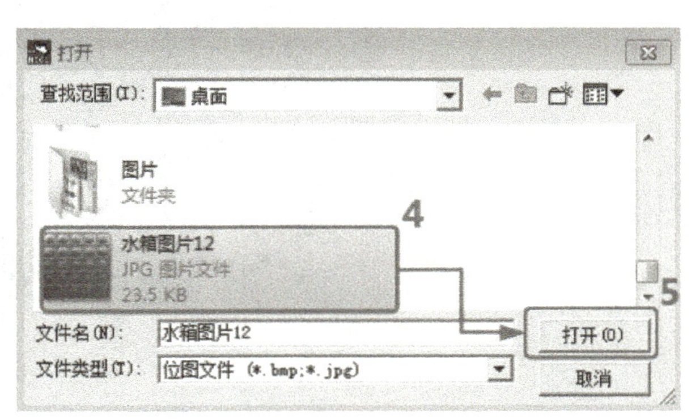

图 4-8　位图的装载

3）单击工具箱中的“百分比填充”图标，双击百分比构件，在“百分比填充构件属性设置”对话框中选择“刻度与标注属性”选项卡，标注显示勾选“在右（下）边显示”，单击“确认”按钮。将百分比调整为适当大小，放在合适的位置。参数设置可参考图 4-9。

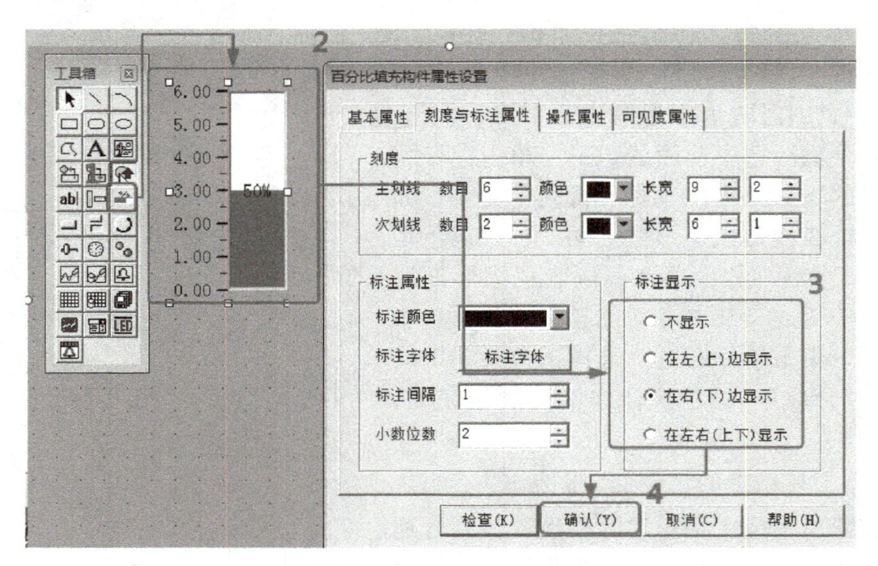

图 4-9 百分比的选取

配置完成后的带液位计的水箱效果如图 4-10 所示。

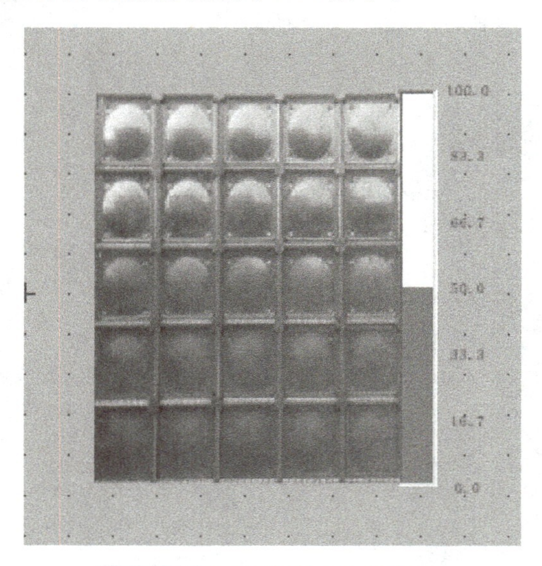

图 4-10 带液位计的水箱效果

4）单击工具箱中的“插入元件”图标，弹出“对象元件库管理”对话框，在阀类中选取“阀 116”。将阀调整为适当大小，放在合适的位置，如图 4-11 所示。

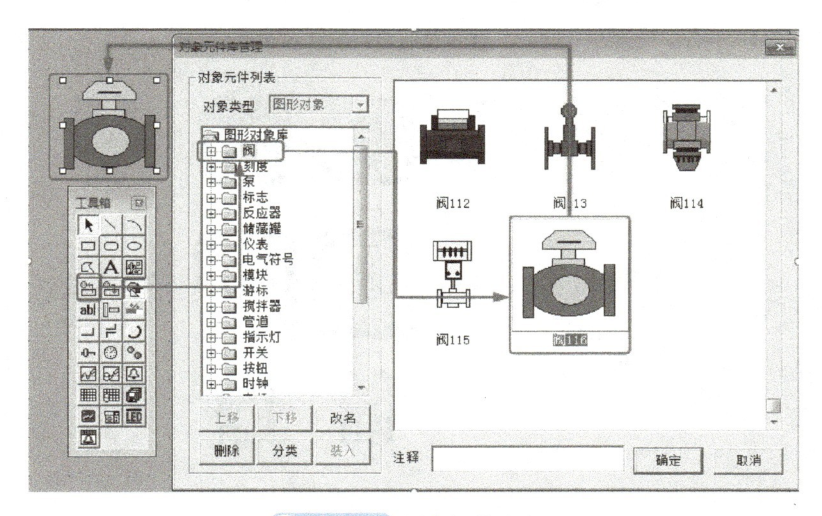

图 4-11 用水阀的选取

5）单击工具箱中的“插入元件”图标，弹出“对象元件库管理”对话框，在传感器类中选取“传感器 4”。将“传感器 4”左旋 90°，在传感器头上画一个圆形作为限位开关的指示灯，双击圆形，在“动画组态属性设置”中选择填充颜色为绿色，如图 4-12 所示。

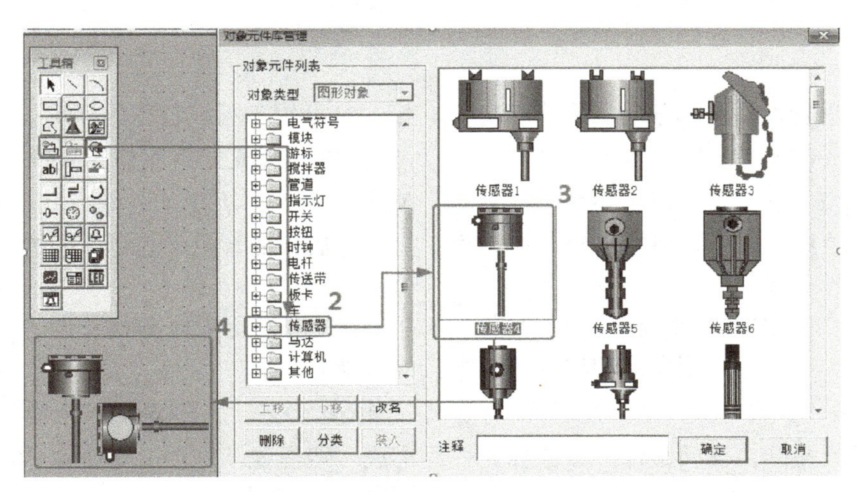

图 4-12 限位开关的选取

（5）绘制开关、按钮及指示灯图元

1）单击工具箱中的“插入元件”图标，弹出“对象元件库管理”对话框，在开关类中选择“开关 6”，单击“确定”，如图 4-13 所示。

2）在窗口中复制粘贴 6 个“开关 6”，使用对齐工具将开关对齐排列。开关下层的背景通过“常用符号”图标里的“凹平面”图标设置，单击图标，在“动画组态属性设置”中选择填充颜色为青色。并调整为适当大小，包裹一排开关，鼠标右击“排列”→“最后面”，摆放效果如图 4-14 所示。

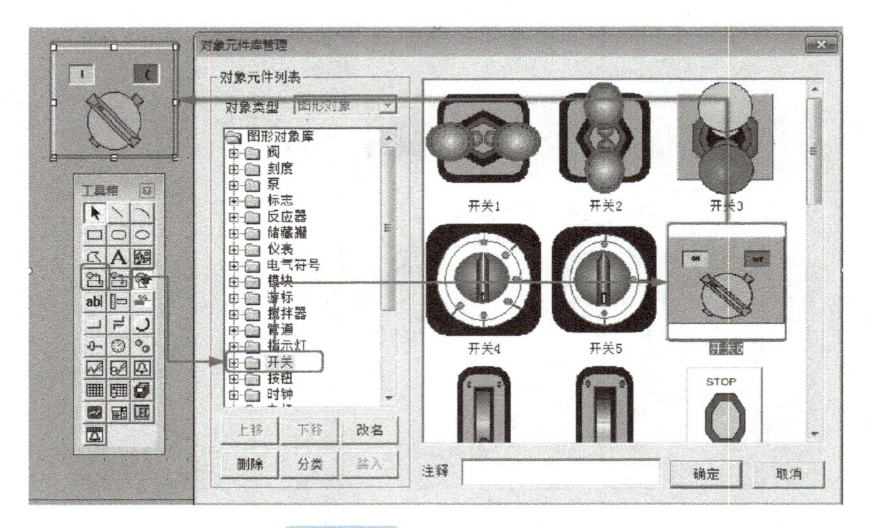

图 4-13 旋转开关的选取

图 4-14 开关摆放效果

接下来进行指示灯的绘制，在本任务中，指示灯可用于系统状态的标识。

3）单击工具箱中的“插入元件”图标，弹出“对象元件库管理”对话框，在指示灯类中选择“指示灯 11”，单击“确定”。在窗口中复制粘贴 4 个指示灯，参考图 4-1 排列效果，使用对齐工具将指示灯对齐排列。指示灯后面的背景颜色设置同旋转开关。

（6）制作流动块

使用 MCGS 嵌入版组态软件中自带的流动块图元可以便捷地实现履带、水流等的动态移动效果。本任务中使用流动块来表现水流的流动效果。

1）单击工具箱中的“流动块”图标，光标呈十字形，移动鼠标至窗口的预定位置，单击鼠标左键，移动鼠标，在鼠标光标后形成一道虚线，拖动一定距离后，单击鼠标左键，生成一段流动块。再拖动鼠标（可沿原来的方向，也可沿垂直原来的方向），生成第二段流动块。

流动块主要通过上述方法绘制。当用户想结束流动块绘制时，双击鼠标左键即可退出流动块绘制；当用户想修改流动块时，选中流动块（流动块周围出现选中标志，即白色小方块），鼠标指针指向白色小方块，按住左键不放，拖动鼠标，即可调整流动块的形状。

2）双击绘制好的流动块，进入“流动块构件属性设置”对话框，打开“基本属性”选项卡，选择块的颜色为“浅蓝色”，从左到右（从上到下）流动时，流动方向选择“从左（上）到右（下）；若流动方向相反，则选择“从右（下）到左（上）”。

（7）补充标签说明

1）单击工具箱中的“标签”图标，鼠标的光标呈十字形，在窗口顶端中心位置拖拽鼠标，根据需要拖拽出一个一定大小的矩形框。在光标闪烁位置输入文字“水箱水位控制系统模块”，按回车键或在窗口任意位置单击一下，文字输入完毕。选中文字框，鼠标双击文字框，在“标签动画组态属性设置”对话框中做如下设置：单击“字符字体”图标，设置文字字体为“宋体”、字形为“粗体”、大小为“三号”，单击“确定”按钮返回属性设置；设置填充颜色为“没有填充”，边线颜色为“没有边线”，字符颜色为“蓝色”，单击“确认”按钮。

2）使用工具箱中的图标，分别对水池、水箱、阀、泵、限位开关、旋转开关、指示灯进行注释。文字注释的设置方法同上。选择菜单栏中的“文件”→“保存窗口”命令，保存当前界面。

至此便完成了主监控界面的绘制，当前界面如图 4-15 所示。

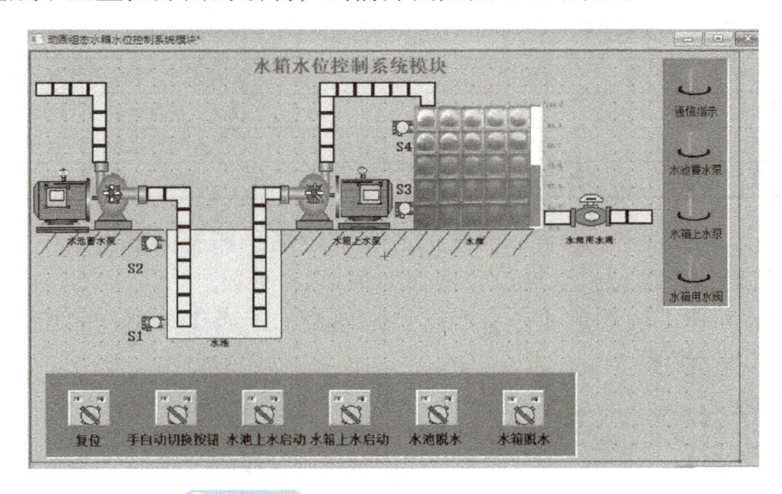

图 4-15　水箱水位控制系统整体界面

位图

位图也称为点阵图像或栅格图像，是计算机系统中的一类常见图像（另一类是在学习 CAD 时经常接触的矢量图）。在 MCGS 嵌入版组态软件中，可以导入位图作为界面背景或按钮等图形构件的贴图，但在导入位图时需要注意以下事项：

1）加入位图后本构件所在窗口的所有位图总大小不能超过 2MB，否则位图加载失败。

2）对象元件库中有些图符在模拟环境中无法正常下载、运行。

3）颜色数低于 24 位色的位图不会进行裁剪操作。

4）当位图设置有透明属性（动画按钮构件中可以设置）时不会进行 JPG 格式转换操作。

（8）组态实时数据库

组态实时数据库的工作内容主要包括：指定数据变量的名称、类型、初始值和数值范围；明确与数据变量存盘相关的参数，如存盘的周期、存盘的时间范围和保存期限等。

1）根据表4-1中定义的外部变量数据类型，在实时数据库中完成与PLC交互相关数据对象的组态。

除了上述外部变量外，要实现系统的监控功能，还需要一些特定的内部变量。内部变量的数据类型及其功能见表4-3。

表4-3　水箱水位控制系统内部变量

名称	类型	注释
复位	开关型	使运行状态回到初始化
水池液位	数值型	水池的水位高度，用来控制水池水位的变化
水箱液位	数值型	水箱的水位高度，用来控制水箱水位的变化
液位组	组对象	用于历史数据、历史曲线、报表输出等功能的构件
水池水泵角度	数值型	控制水池蓄水泵风扇的运转
水箱水泵角度	数值型	控制水箱上水泵风扇的运转
水池报警	数值型	控制水池报警显示
水箱报警	数值型	控制水箱报警显示

2）根据表4-3中的变量名称，在实时数据库中增加所有内部变量，并对液位组对象的存盘属性进行设置。液位组属性设置操作如图4-16所示。

中间变量的创建方法在前面任务中已经很熟悉，下面以知识点的形式介绍存盘属性和数据组对象这两个新概念。

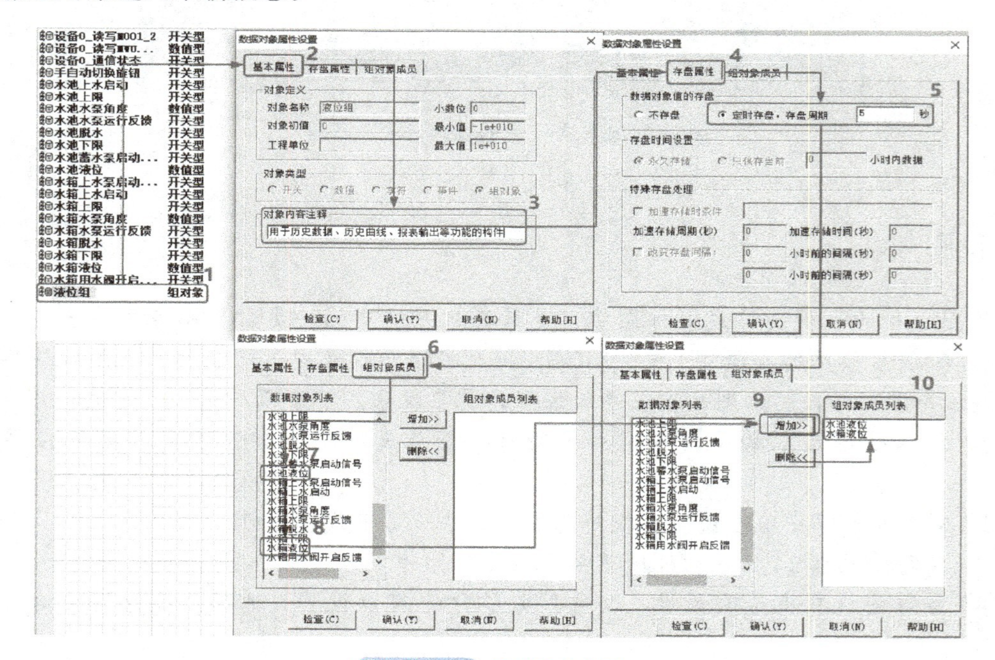

图4-16　组对象的创建

存盘属性

MCGS 嵌入版系统中，普通的数据对象没有存盘属性，只有组对象才有存盘属性。

对数据组对象，只能设置为定时存盘。实时数据库按设定的时间间隔，定时存储数据组对象的所有成员在同一时刻的值。如果设定时间间隔设为 0s，则实时数据库不进行自动存盘处理，只能用其他方式处理数据的存盘，如可以通过 MCGS 嵌入版系统中称为“数据对象操作”的策略构件来控制数据组对象值的带有一定条件的存盘，也可以在脚本程序内用系统函数 !SaveData（在 MCGS 嵌入版系统中，此函数仅对数据组对象有效）来控制数据对象值的存盘。

注意：基本类型的数据对象既可以按变化量方式存盘，又可以作为组对象的成员定时存盘，它们各自互不相关，在存盘数据库中位于不同的数据表内。

对组对象的存盘，MCGS 嵌入版系统还增加了加速存盘和自动改变存盘时间间隔的功能，加速存盘一般用于当报警产生时，加快数据记录的频率，以便事后进行分析。改变存盘时间间隔是为了在有限的存盘空间内，尽可能多保留当前最新的存盘数据，而对于过去的历史数据，通过改变存盘数据的时间间隔，减少历史数据的存储量。

在数据组对象的存盘属性中，存盘时间设置选择“永久存储”，则保存系统自运行开始整个过程中的所有数据；选择“只保存当前”，则保存从当前开始指定时间长度内的数据。后者与前者相比，减少了历史数据的存储量。

对于数据对象发出的报警信息，实时数据库进行自动存盘处理，但也可以选择不存盘。存盘的报警信息有产生报警的对象名称、报警产生时间、报警结束时间、报警应答时间、报警类型、报警限值、报警时数据对象的值、用户定义的报警内容注释等。如需要实时打印报警信息，则应选择对应的选项。

数据组对象

数据组对象是 MCGS 引入的一种特殊类型的数据对象，类似于一般编程语言中的数组和结构体，用于把相关的多个数据对象集合在一起，作为一个整体来定义和处理。例如，在本项目中，描述一个水位水箱控制系统的工作状态有水池液位、水箱液位两个物理量，为便于处理，定义“液位组”为一个组对象，用来表示“液位”这个实际的物理对象，其内部成员则由上述物理量对应的数据对象组成，这样，在对“液位”对象进行处理（如组态存盘、曲线显示、报警显示）时，只需指定组对象的名称，就包括了对其所有成员的处理。

组对象只是在组态时对某一类对象的整体表示方法，实际的操作则是针对每一个成员进行的。如在报警显示构件中，指定要显示报警的数据对象为组对象“液位组”，则该构件显示组对象包含的各个数据对象在运行时产生的所有报警信息。

数据组对象是单一数据对象的集合，应包含两个以上的数据对象，但不能包含其他的数据组对象。一个数据对象可以是多个不同组对象的成员。把一个对象的类型定义成组对象后，还必须定义组对象所包含的成员。如图 4-16 所示，在“数据对象属性设置”对话框内，专门有“组对象成员”选项卡，用来定义组对象的成员。“组对象成员”选项卡左侧为所有数据对象列表，右侧为组对象成员列表。利用“增加 >>”按钮，可以把左侧指定的数据对象增加到组对象成员中；利用“删除 <<”按钮则可以把右侧指定的组对象成员删除。组对象没有工程单位、最大值、最小值属性，组对象本身没有报警属性。

实时数据库中定义的数据对象都是全局性的，MCGS 嵌入版系统各个部分都可以对数据对象进行操作，通过数据对象来交换信息和协调工作。数据对象的各种属性在整个运行过程中都保持有效。如水位水箱控制系统中的水池液位、水箱液位，在实时曲线、实时报表、动画流程等中都是使用同一变量。

（9）动画连接

由图形对象搭建而成的图形界面是静止不动的，需要对这些图形对象进行动画设计，真实地描述外界对象的状态变化，达到过程实时监控的目的。MCGS 嵌入版系统实现图形动画设计的主要方法是将用户窗口中的图形对象与实时数据库中的数据对象建立相关性连接，并设置相应的动画属性。在系统运行过程中，图形对象的外观和状态特征由数据对象的实时采集值驱动，从而实现了图形的动画效果，达到用户要求的监控效果。

首先实现水池水位升降效果，水池水位升降效果是通过设置数据对象“大小变化”实现的。

1）在用户窗口中，双击水池，弹出“动画组态属性设置”对话框，打开“属性设置”选项卡，位置动画连接勾选“大小变化”，打开“大小变化”选项卡，单击“表达式”后面的按钮 ? ，会出现之前设置的实时数据，选择“水池液位”，单击“确认”返回“大小变化”选项卡界面，设置最大变化百分比对应的表达式的值为 200（水池的上限位为 200），设置变化方式为“剪切”，其他参数不变，如图 4-17 所示。

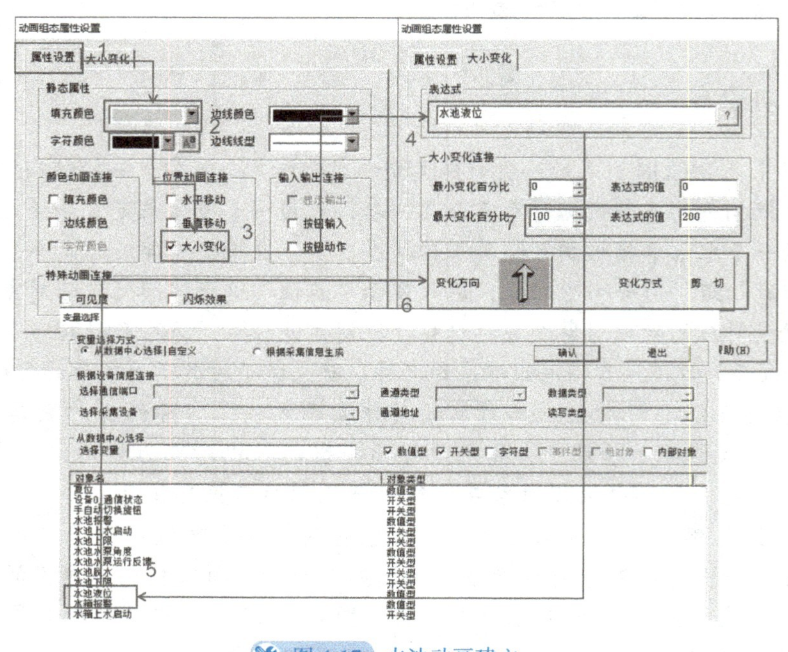

图 4-17 水池动画建立

2）水箱水位计示数使用百分比填充构件，单击水箱水位计示数，弹出“百分比填充构件属性设置”对话框，在“基本属性”选项卡中，勾选“不显示百分比填充信息”，在“操作属性”选项卡中，表达式选“水箱液位”，100% 对应的值为 100（水箱的上限位为 100），单击“确认”结束，如图 4-18 所示。百分比填充构件是以变化长度的长条形图来可视化实时数据库中的数据对象，同时，在百分比填充构件的中间，可用数字的形式来显示当前填充的百分比，但本任务不需要显示功能。

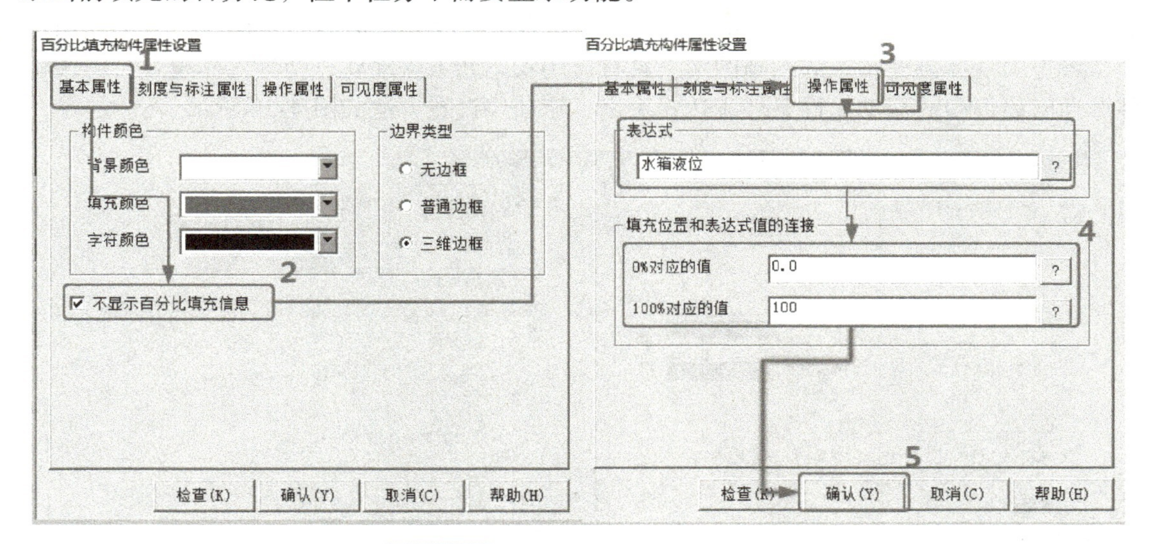

图 4-18　水箱水位计示数动画建立

前面已完成水泵的绘制，但是缺少一些可以直接观察其运行调试的动态效果，因此需要为水泵增加一些动画效果。

3）双击泵中的电动机，弹出“动画组态属性设置”对话框，在“填充颜色”选项卡中，表达式选择“水池蓄水泵启动信号”，填充颜色连接单击“增加”按钮，把 0 对应的颜色设置为红色，1 对应的颜色设置为浅绿色，单击“确认”结束。

4）单击“米”字形上的椭圆，设置方法同电动机。单击“米”字形上的水平矩形，弹出“动画组态属性设置”对话框，在“可见度”选项卡中，表达式输入“水池水泵角度 >=0 and 水池水泵角度 <45”，当表达式非零时选择“对应图符可见”；竖直矩形和水平矩形设置方法一样，如图 4-19 所示。

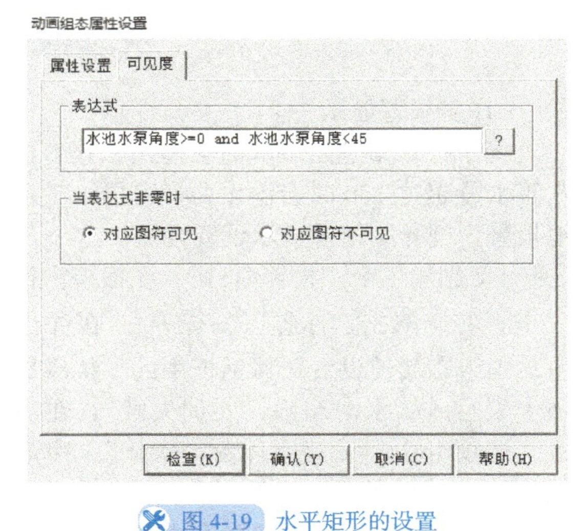

图 4-19　水平矩形的设置

5）单击“米”字形上斜的矩形，弹出“动画组态属性设置”对话框，在“可见度”选项卡中，表达式输入“水池水泵角度 >=45 and 水池水泵角度 <90”，当表达式非零时选

择“对应图符可见”；斜 45° 的矩形和斜 135° 的矩形设置方法一样。这里扇叶的旋转效果是用制作的横竖和斜着的矩形交替显示实现的，交替时间越短，显示旋转效果越好。

6）将水箱用水阀、旋转开关、指示灯等图元的显示效果与对应变量连接。

下面实现水流效果。水流效果是通过设置流动块构件的属性实现的。

7）双击水池蓄水泵右侧的流动块，弹出“流动块构件属性设置”对话框，在“流动属性”选项卡中，表达式输入“水池蓄水泵启动信号”，当表达式非零时选择“流块开始流动”。其余流动块制作方法与此相同，只需将表达式改为对应的对象即可。流动块构件模拟管道内液体流动状态的动画图案，具有流动状态和不流动状态两种工作模式，由该构件属性对话框中的流动属性条件表达式决定。流动块设置方法如图 4-20 所示。

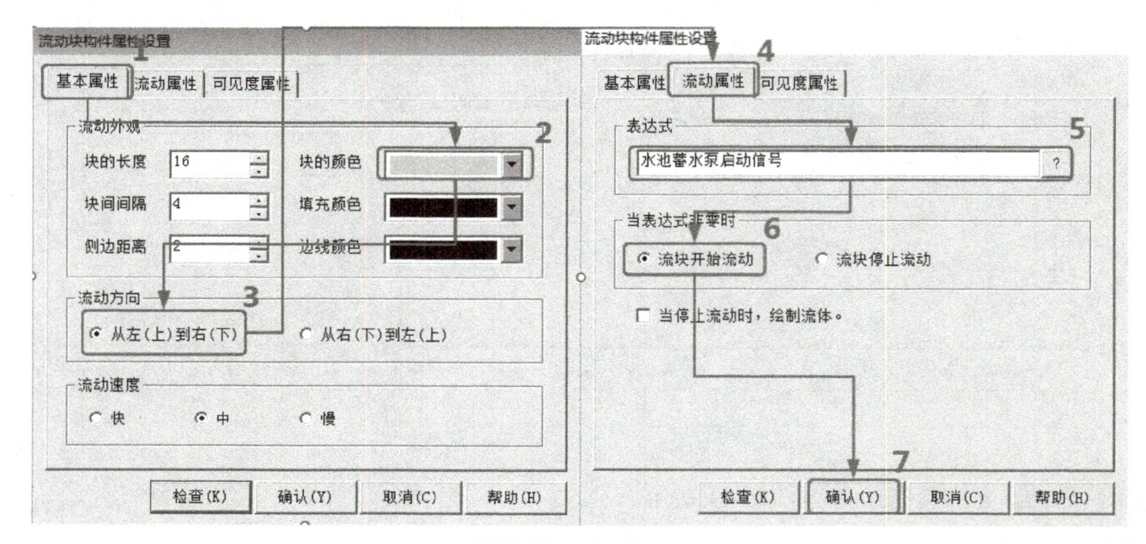

图 4-20 流动块的设置

（10）报警显示

当水池水量超过 200 时会溢出，报警提示“水池超限，实训失败”。当水箱水量超过 100 时会溢出，报警提示“水箱超限，实训失败”。下面以水池报警为例介绍报警显示设置方法。

1）创建一个“报警窗口”，在报警窗口里添加一个标签，双击“标签”图标A，在弹出的“标签动画组态属性设置”对话框中的“扩展属性”选项卡里写入“水池超限，实训失败”，在“属性设置”选项卡中，设置字体为“宋体”、字形为“粗体”、大小“二号”，字符颜色为“红色”，填充颜色为“没有填充”，边线颜色为“没有边线”，如图 4-21 所示。

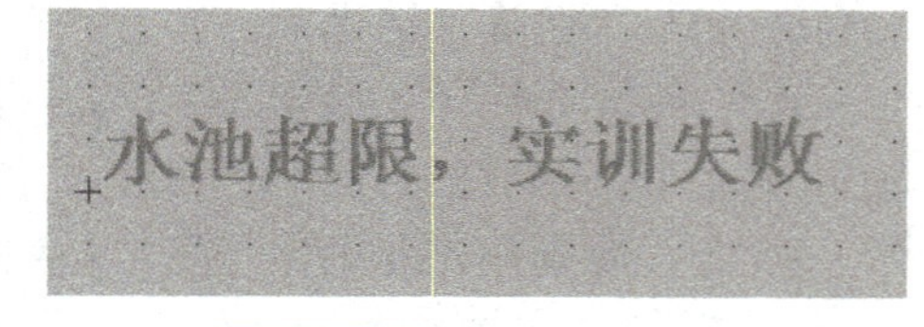

图 4-21 水池报警文本

2）将标签移到窗口坐标“X=0，Y=0”位置，标签的“宽 =100，高 =300”。标签在窗口中的坐标和自身的宽和高在函数 !OpenSubWnd 中要用到，因此坐标参数最好设置为便于记忆的数值（坐标值在窗口的右下角显示）。

3）在“属性设置”选项卡中勾选“可见度”，进入“可见度”选项卡，表达式输入“水箱报警 =1”，当表达式非零时选择“对应图符可见”，单击“确认”，如图 4-22 所示。

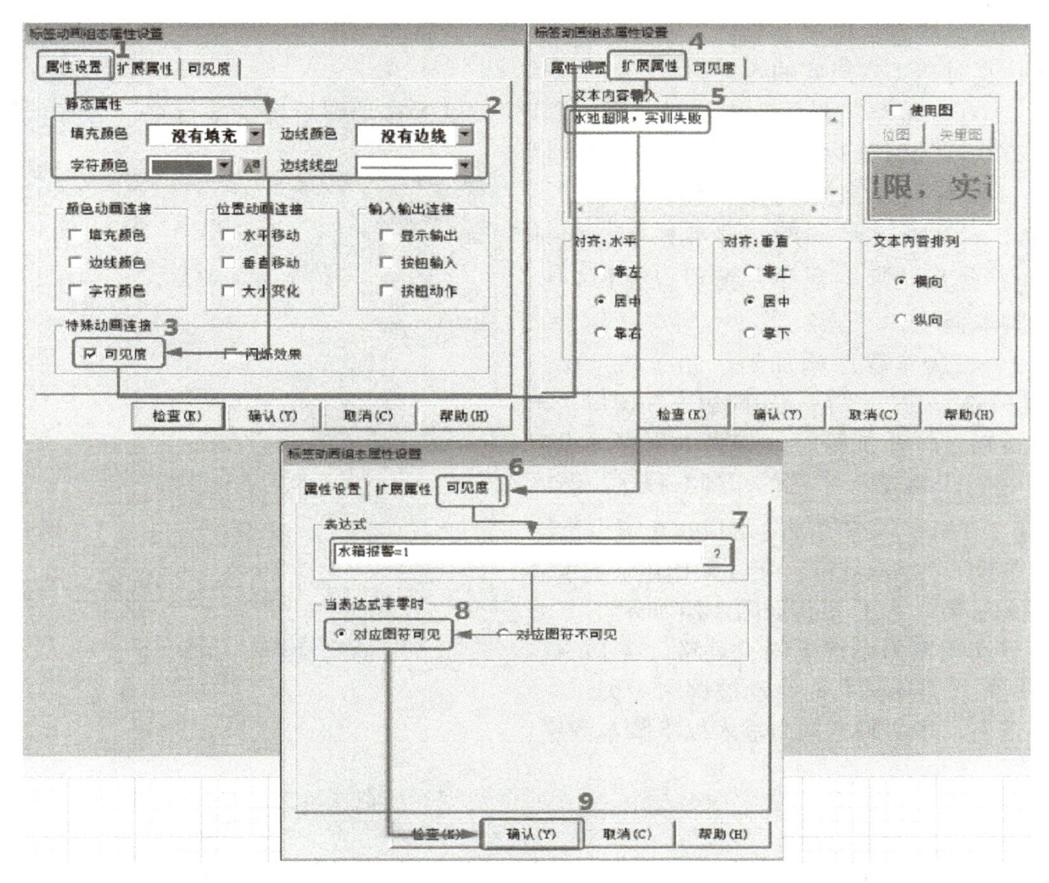

图 4-22 水池报警设置

实现水池报警的脚本程序如图 4-23 所示。关于输入脚本程序的操作，将在下一环节统一完成。

```
'*********报警************************
if 水池报警=1  then
OpenSubWnd(报警窗口,0,0,300,100,0)
endif

if 水箱报警=1  then
OpenSubWnd(报警窗口,0,0,300,100,0)
endif

if 水池报警=0 and 水箱报警=0 then
Closesubwnd(报警窗口)
endif
```

图 4-23 实现水池报警的脚本程序

（11）编写脚本程序

水箱水位控制编写脚本控制流程

1）进入循环策略组态窗口，单击工具栏中的“新增策略行”按钮，增加一条新的策略行。单击“按照设定的时间循环运行”图标，时间设为200ms。注意：刚开始接触MCGS嵌入版组态软件容易不设时间值，导致在仿真时达不到想要的效果。

2）在“策略工具箱”中选择“脚本程序”，鼠标移动到新增策略行末端的方块，此时光标变为小手形状，单击该方块，脚本程序被加到该策略。双击“脚本程序”策略行末端的“脚本程序”图标，弹出“脚本程序”窗口，在窗口中输入脚本程序。

3）将脚本程序添加到启动策略，双击“启动策略”，进入“启动策略组态”窗口，与循环策略一样添加策略行和脚本程序。双击“脚本程序”策略行末端的“脚本程序”图标，弹出“脚本程序”窗口，在窗口中输入脚本程序“水池液位=40”（初始化状态水池的水位为40），操作过程如图4-24所示。

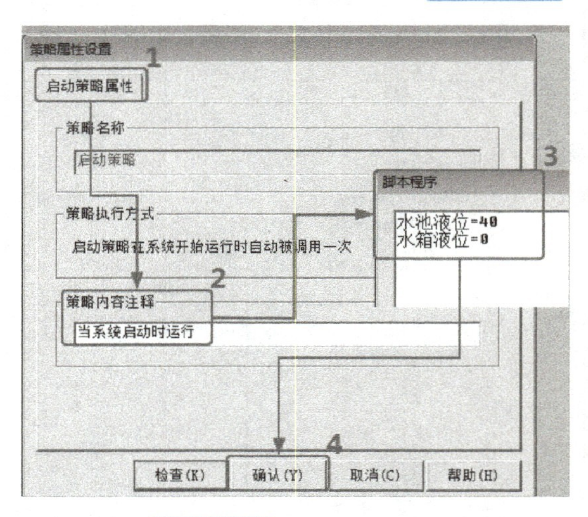

图4-24 启动策略设置

启动策略为系统的固有策略，在MCGS嵌入版系统开始运行时自动被调用一次。

在启动策略脚本框中输入以下脚本程序：

```
/*将在MCGS建立的实时数据和PLC通道数据对应起来*/

水箱液位=水箱水位计示数/276.48

/*状态初始化*/
if 复位=1 then
    水池报警=0
    水箱报警=0
    复位=0
    水池液位=40
    水箱液位=0
endif

/*自动运行程序*/
if 手自动切换旋钮=1 then
    if 水池上水泵运行反馈=1 and 水池上限<>1 then
```

```
            水池液位 = 水池液位 +4
     '********** 水池电动机转 *******
            水池上水泵角度 = 水池上水泵角度 +20
            if 水池上水泵角度 >90  then
            水池上水泵角度 =0
            endif
     '** 自动运行下液位限制在最高限位 ****
            if 水池液位 >180  or 水池上限 =1  then
                水池液位 =180
                endif
        endif
        if 水箱蓄水泵运行反馈 =1  and 水箱上限 <>1  then
            水池液位 = 水池液位 -2
     '********** 水箱电动机转 *******
            水箱蓄水泵角度 = 水箱蓄水泵角度 +20
            if 水箱蓄水泵角度 >90  then
                水箱蓄水泵角度 =0
            endif
     '** 自动运行下液位限制在最低限位 ****
            if  水池液位 <40  then
                水池液位 =40
            endif
        endif
     endif
     /* 手动运行程序 */
     if 手自动切换旋钮 =0  then

     '********** 水池手动上水 *******
        if 水池上水启动 =1  then
            水池液位 = 水池液位 +5
            if 水池液位 >200  then
                水池报警 =1
            endif
        endif
     '********** 水箱手动上水 ********
        if 水箱上水启动 =1  then
            if 水箱液位 >100  then
                水箱报警 =1
            endif
```

```
    endif
********** 水池手动脱水 ********
    if 水池脱水 =1  and 水池液位 >0 then
        水池液位 = 水池液位 -4
        if 水池液位 <0 then
            水池液位 =0
        endif
    endif
    if 水箱液位 <0 then
        水箱液位 =0
    endif
********** 水池手动上水最高定在上限位 ********
    if 水池上水启动 =1 and 水池上限 <>1 then
        if 水池液位 >=180 then
            水池液位 =180
        endif
    endif
endif
/* 报警显示脚本 */
if 水池报警 =1  then
    OpenSubWnd( 报警窗口 ,0,0,300,100,0)
endif
if 水箱报警 =1  then
    OpenSubWnd( 报警窗口 ,0,0,300,100,0)
endif
if 水池报警 =0 and 水箱报警 =0 then
    Closesubwnd( 报警窗口 )
endif
```

为了实现所有既定功能，本任务使用了大量的脚本程序。读者在编写脚本程序的过程中，要多使用组态检查功能，对代码进行检测。

至此便完成了水箱水位控制系统的基础组态工作，接下来的任务将实现数据记录和图表显示功能。

扩展知识

我国水资源概况

我国水资源总量较为丰富，居世界第六位，但是我国人口众多，人均水资源占有量

不足 2300m³，不足世界人均水资源占有量的 1/4，已被联合国列为 13 个贫水国家之一。不仅如此，我国水资源时空分布不均匀，南方水多、耕地少、水量有余，而北方耕地多、水量不足。此外，水资源的年内、年际分配严重不均，大部分地区 60% ～ 80% 的降水量集中在夏秋汛期，洪涝干旱灾害频繁。

实际上，只单独考虑水资源总量的多少并没有什么实际意义，只有将质与量相结合才具有现实意义。因此，加强我国水资源的开发、保护以及管理工作，走可持续发展道路，是解决我国水资源短缺、水污染、用水浪费、工业用水重复率低等问题的必然选择。

任务 4.2　水箱水位数据显示制作

任务目标

在 MCGS 嵌入版系统中构建自由表格、历史表格、实时曲线、历史曲线来监控任务 4.1 所建立系统，监控仿真软件中的水池蓄水泵、水箱上水泵、水箱用水阀开关状态，以及水池液位、水箱液位的状态。最终效果如图 4-25 所示。

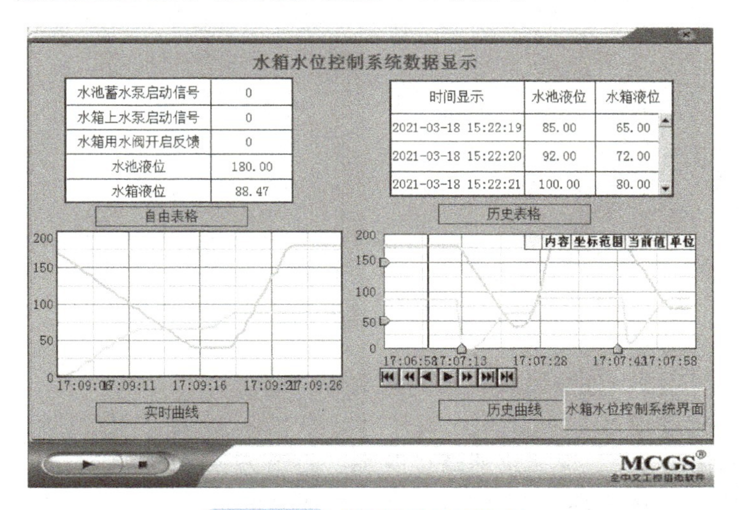

图 4-25　报表数据显示界面

任务分析

利用 MCGS 嵌入版组态软件，根据水箱水位控制系统模块水池液位、水箱液位、水池蓄水泵启动信号、水箱上水泵启动信号、水箱用水阀开启反馈，制作完成实时数据、历史数据、实时曲线、历史曲线数据显示。

任务实操

（1）制作自由表格

1）在用户窗口中新建一个窗口，窗口名称、窗口标题设置为“水箱水位控制系统数据显示”，双击“水箱水位控制系统数据显示”窗口，进入动画组态。使用“标签”图标A，制作1个“水箱水位控制系统数据显示”标签及4个注释“自由表格”“历史表格”“实时曲线”和“历史曲线”。

2）单击工具箱中的“自由表格”图标，在“水箱水位控制系统数据显示”窗口中的适当位置绘制一个表格。双击表格进入编辑状态。把鼠标指针移到A与B或1与2之间，鼠标指针呈分割线形状时，拖动鼠标至所需表格的大小（同Excel表格的编辑方法）。保持编辑状态，这时工具栏中与表格处理相关的工具被激活，单击鼠标右键，通过弹出的下拉菜单中的“增加一行”“减少一行”“增加一列”“减少一列”等命令，制作所需的表格，如图4-26所示。

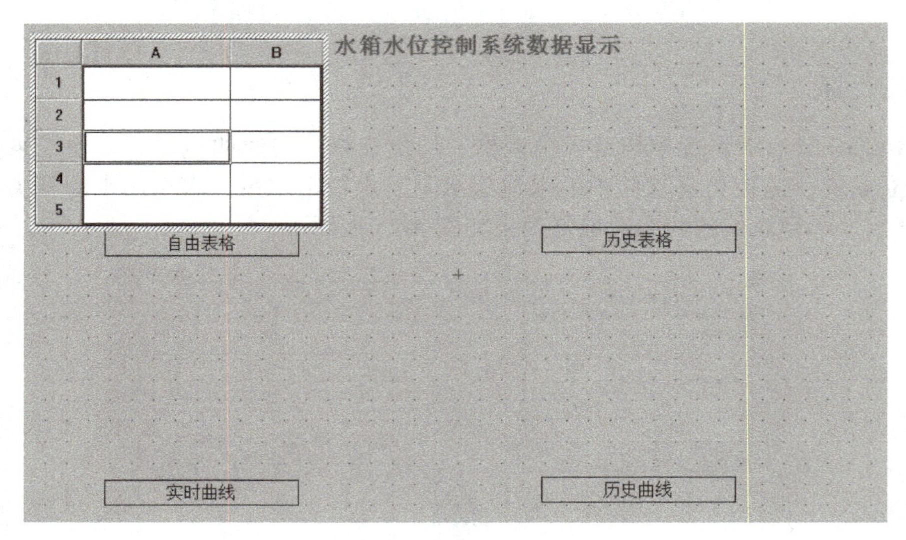

图4-26　自由表格的编辑效果

3）在A列单元格中分别输入“水池蓄水泵启动信号”“水箱上水泵启动信号”“水箱用水阀开启反馈”“水池液位”和“水箱液位”。在“水池液位”和“水箱液位”横向对应的B列单元格中添加2|0（“2|0”中“2”表示有几位小数，“0”表示有几个空格），因为“水池蓄水泵启动信号”“水箱上水泵启动信号”和“水箱用水阀开启反馈”都是开关量，只有0和1的变化，所以可以不做相关设置，如图4-27所示。

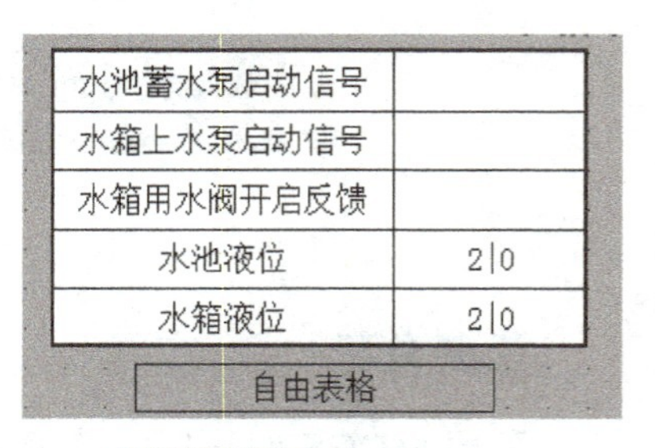

水池蓄水泵启动信号	
水箱上水泵启动信号	
水箱用水阀开启反馈	
水池液位	2|0
水箱液位	2|0

图4-27　表格的设置

4）在编辑状态下，右击“水池蓄水泵启动信号”对应的单元格，在下拉菜单中选择“连接”命令，如图4-28所示。再次单击鼠标右键，弹出“数据对象列表”，双击“水池蓄水泵启动信号”数据。“水池蓄水泵启动信号”所对应的B列单元格中的数据即为水池蓄水泵启动信号数据。其余数据按同样的方法建立连接。如图4-29所示。单击空白处完成连接。

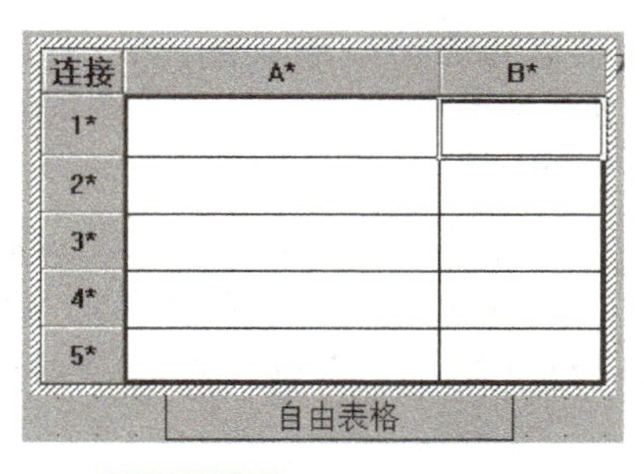

图 4-28　自由表格的修改

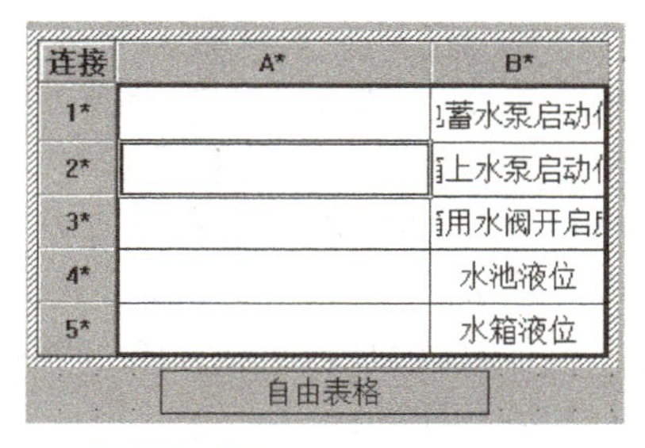

图 4-29　自由表格连接数据

5）在水箱水位控制系统模块中增加一个“数据显示界面”按钮，在“操作属性”选项卡中勾选“打开用户窗口”，在下拉菜单中选择“水箱水位控制系统数据显示”；勾选“关闭用户窗口”，在下拉菜单中选择“水箱水位控制系统模块”，如图 4-30 所示。在“数据显示界面”增加一个“水箱水位控制系统界面”按钮，与“数据显示界面”按钮在“打开用户窗口”“关闭用户窗口”选项方面的设置正好相反。

6）按 F5 键或单击“下载”图标进入运行环境后，单击“数据显示界面”按钮，即可打开“水箱水位控制系统数据显示”界面。

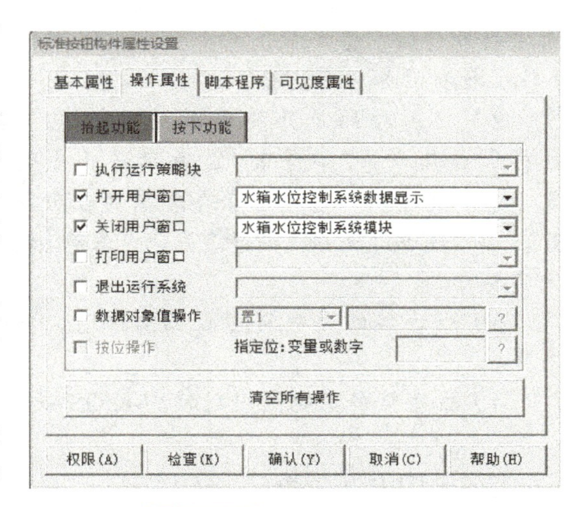

图 4-30　跳转界面的设置

实时报表

实时报表是对瞬时量的反映，通常用于将当前时间的数据变量按一定报告格式（用户组态）显示和打印出来。实时报表可以通过 MCGS 嵌入版系统的自由表格构件来组态显示实时数据报表。

自由表格构件

自由表格构件实现了表格功能。运行时，表格构件的表格表元显示所连接的数据对象的值，对没有建立连接的表格表元，构件不改变表格表元内的原有内容。

鼠标双击表格构件，可激活表格构件，进入表格编辑模式。在表格编辑模式下，可对表格构件进行各种编辑工作，包括增加或删除表格的行和列，改变表格表元的高度和宽度，输入表格表元的内容。

选择“表格”菜单的“连接”命令，可使表格在编辑模式和连接模式之间进行切换。在表格的连接模式下，表格的行号和列号后面加星号（*），用户可以在表格表元中填写数据对象的名称，以建立表格表元和实时数据库中数据对象的连接。可以和表格表元建立连接的数据对象包括数值型、字符型、开关型和事件型四种数据对象。运行时，MCGS 嵌入版系统将把数据对象的值显示在对应连接的表格表元中。

在表格的编辑模式下，用户可以直接在表格表元中填写字符，如果没有建立此表格表元与数据对象的连接，则运行时这些字符将直接显示。如果建立了此表格表元与数据库的连接，运行时，MCGS 嵌入版系统将依据以下规则把这些字符解释为对应连接的数据对象的格式化字符串：

1）当连接的是数值型数据对象时，格式化字符串应写为“数字 1 | 数字 2”的样式。其中，“数字 1”表示输出的数值应该具有小数位的位数，“数字 2”表示输出的字符串后面应该带有的空格个数，两个数字中间用符号“ | ”隔开。如“3 | 2”表示输出的数值有 3 位小数和附加 2 个空格。

2）当连接的是开关型数据对象时，格式化字符串应写为“字符串 1 | 字符串 2”的样式。其中，“字符串 1”表示当开关型数据对象的值为非零时，在此表格表元内应显示的内容；“字符串 2”的内容则在数据对象的值为零时显示。两者之间用“|”隔开。如“有效 | 无效”“开 | 关”“正确 | 错误”等都可作为开关型数据对象的输出格式化字符串。

3）当连接的是字符型数据对象时，不按格式化字符串处理，原样显示设定的字符内容。

4）当字符串不能被识别时，MCGS 嵌入版将简单地用默认的格式显示数据对象的值。

（2）制作历史表格

1）在“水箱水位控制系统数据显示”界面中，单击工具箱中的“历史表格”图标，在窗口的适当位置绘制历史表格。

2）双击历史表格进入编辑状态。通过单击鼠标右键弹出的下拉菜单中的“增加一行”“减少一行”、“增加一列”“减少一列”命令或编辑栏中的图标制作一个 4 行 3 列的表格，从左往右表头分别为“时间显示”“水池液位”和“水箱液位”，如图 4-31 所示。

时间显示	水池液位	水箱液位
	2|0	2|0
	2|0	2|0
	2|0	2|0

历史表格

图 4-31 历史表格的内容设置

3）在编辑状态下，选中历史表格 R2C1 ～ R4C3 之间的单元格，单击鼠标右键，选择弹出下拉菜单中的“连接”命令，在连接状态下单击“合并”图标，合并 R2C1 ～ R4C3 之间的单元格，所选区域显示反斜杠，如图 4-32 所示。

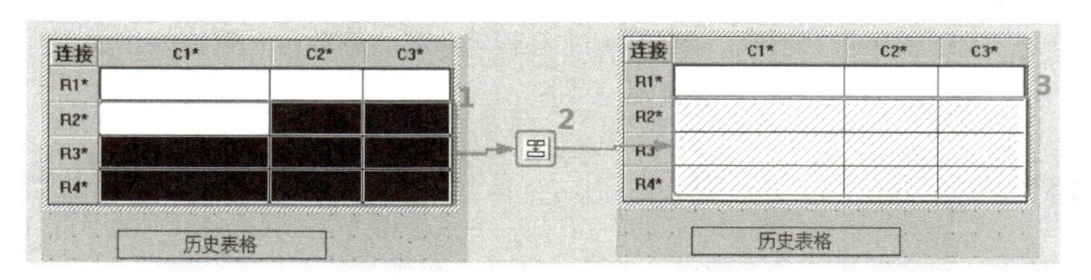

图 4-32　历史表格合并单元格

4）双击反斜杠区域，弹出“数据库连接设置”对话框，在“基本属性”选项卡中，连接方式选择“在指定的表格单元内，显示满足条件的数据记录”；勾选“按照从上到下的方式填充数据行”“显示多页记录”；在“数据来源”选项卡中，数据来源选择“组对象对应的存盘数据”，组对象名选择“液位组”；在“显示属性”选项卡中，分别选中对应的数据，如 C1= “MCGS_Time”、C2= “水池液位”、C3= “水箱液位”，如图 4-33 所示。其他不做更改。

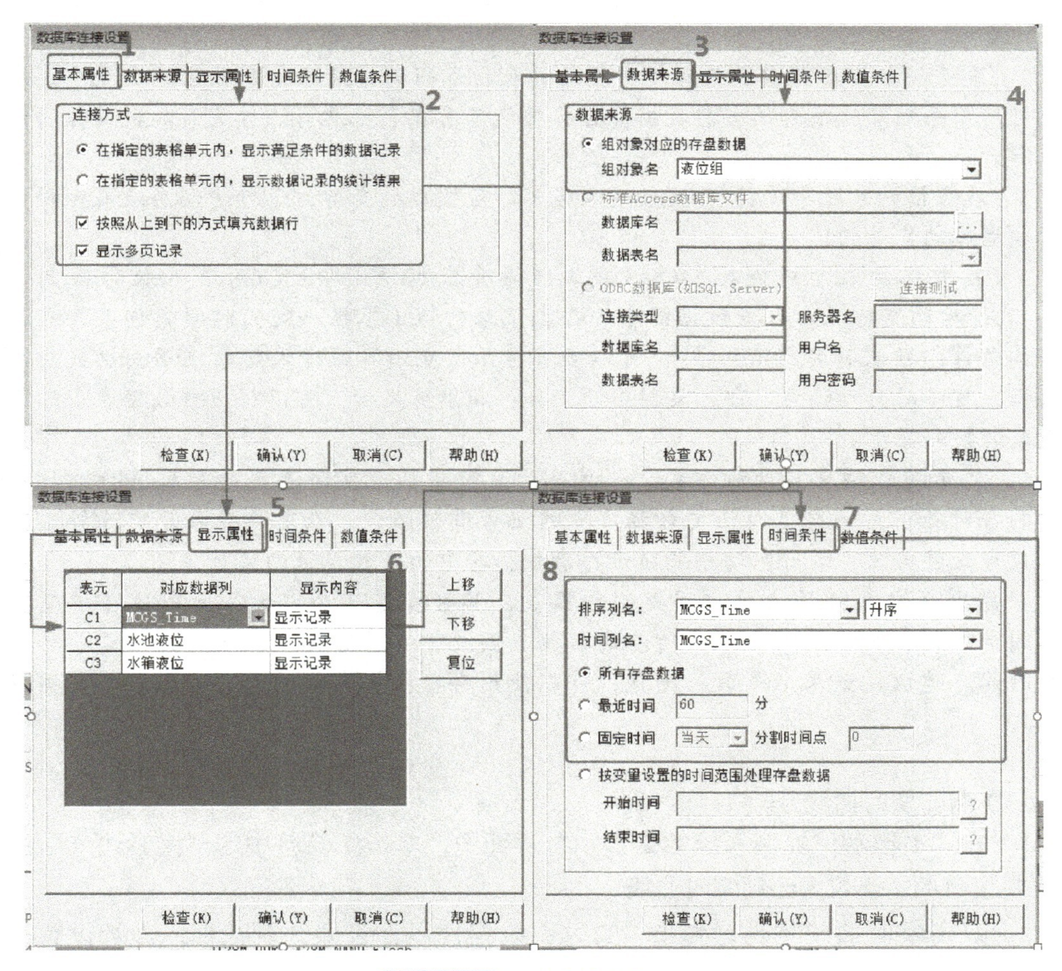

图 4-33　历史表格的设置

5）按F5键或单击“下载”图标进入运行环境后，单击“数据显示界面”按钮，即可打开“水箱水位控制系统数据显示”界面。

历史表格

历史表格构件实现了强大的报表和统计功能。历史表格构件可以显示静态数据、实时数据库的动态数据、历史数据库中的历史记录和统计结果，可以很方便、快捷地完成各种报表的显示、统计和打印。在历史表格构件中内建了数据库查询功能和数据统计功能，可以很轻松地完成各种查询和统计任务。历史表格构件基于“ Windows下的窗口”和“可见即可得”机制，用户可以在窗口上利用历史表格构件强大的格式编辑功能配合MCGS嵌入版的画图功能制作出各种精美的报表。运行时，历史表格构件提供以下几种功能：

1）可以显示和打印用户在组态环境编辑好的表元（表格单元）的内容。此功能一般用于完成报表的表头或其他的固定内容，且此功能只有在表元没有连接变量和数据源的情况下才有效。

2）表元的数据允许在运行环境中编辑并可把编辑的结果输出到相应的变量中。此功能一般用于手动修改报表的当前数据，且此功能只有在表元没有连接变量和数据源的情况下才有效。

3）在表格的表元中连接MCGS嵌入版实时数据库的变量，运行时动态地显示和打印实时数据库的变量的值。

4）在表格的表元中连接MCGS嵌入版存盘数据源（即MCGS嵌入版的历史数据库），运行时动态地显示存盘数据源中的存盘记录的值（根据一定的时间查询条件或者数值查询条件，默认时为所有记录），可以多页显示（显示时通过内建的滚动条切换要显示的数据，打印时自动换页打印，支持多页打印）和单页显示，可以将历史数据表中的字段按行或者按列显示。

5）显示统计结果有两种方式，一种是对表格中其他实时表元的数据进行统计，如表格的合计等；另一种是对历史数据库中的记录进行统计，在表格的表元中连接MCGS嵌入版存盘数据源，运行时动态地显示存盘数据源中的存盘记录的统计结果。

考虑到历史表格的主要作用是制作报表，其数据量不会太大，所以，在组态定义的时间范围内，历史表格会装载所有的数据。因此，如果数据量比较大，就需要等待一定的时间。建议：如果只是数据浏览，可以使用存盘数据浏览构件，它优化了数据装载机制。

（3）制作实时曲线

1）在“水箱水位控制系统数据显示”界面中，单击工具箱中的“实时曲线”图标，在窗口的适当位置绘制实时曲线。

2）双击实时曲线构件，弹出“实时曲线构件属性设置”对话框，进行设置，如图4-34所示。

3）在“标注属性”选项卡中，时间格式选择“HH:MM:SS”，时间单位选择“秒钟”，最小值为“0”，最大值为“200.0”（水池的容量为 200），其他不需要更改。在“画笔属性”选项卡中，曲线 1 对应数据为“水池液位”，颜色为浅绿色，线型为中性；曲线 2 对应数据为“水箱液位”，颜色为浅蓝色，线型为中性。单击“确认”按钮。

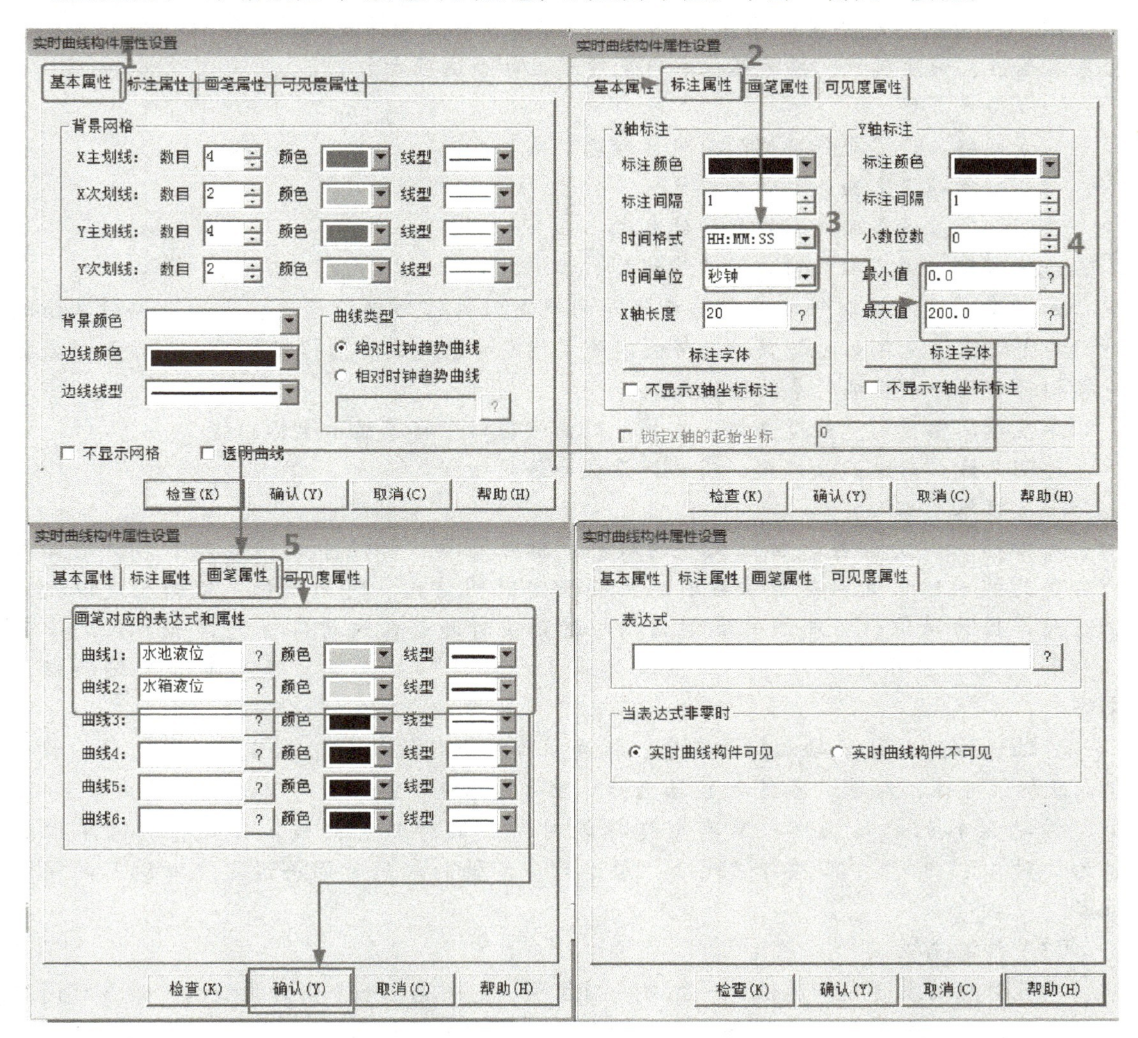

图 4-34　实时曲线的设置

4）按 F5 键或单击“下载“图标▤进入运行环境后，单击“数据显示界面”按钮，即可打开“水箱水位控制系统数据显示”界面。

实时曲线

实时曲线构件是用曲线显示一个或多个数据对象数值的动画图形，像笔绘记录仪一样实时记录数据对象值的变化情况。实时曲线构件可以用绝对时间为横轴标度，此时，构件显示的是数据对象的值与时间的函数关系。实时曲线构件也可以使用相对时钟为横轴标度，此时，必须指定一个表达式来表示相对时钟，构件显示的是数据对象的值相对于此表达式值的函数关系。在相对时钟方式下，可以指定一个数据对象为横轴标度，从而实现记录一个数据对象相对另一个数据对象的变化曲线。

组态时用鼠标双击实时曲线构件，弹出“实时曲线构件属性设置”对话框，其中包括基本属性、标注属性、画笔属性和可见度属性 4 个选项卡。

（1）基本属性

背景网格：设置坐标网格的数目、颜色、线型。

背景颜色：设置曲线的背景颜色。

边线颜色：设置曲线窗口的边线颜色。

边线线型：设置曲线窗口的边线线型。

曲线类型：绝对时钟实时趋势曲线是用绝对时钟作为横轴标度、显示数据对象值随时间的变化曲线；相对时钟实时趋势曲线是用指定的表达式作为横轴标度、显示一个数据对象相对于另一个数据对象的变化曲线。

不显示网格：勾选此复选框，在构件的曲线窗口中将不显示坐标网格。

透明曲线：勾选此复选框，将曲线设置为透明曲线。

（2）标注属性

X 轴标注：设置 X 轴标注文字的颜色、标注间隔、标注字体和 X 轴长度。当曲线的类型为绝对时钟实时趋势曲线时，需要指定时间格式、时间单位，X 轴长度以指定的时间单位为单位；当曲线的类型为相对时钟实时趋势曲线时，指定 X 轴标注的小数位数和 X 轴的最小值。勾选“不显示 X 轴坐标标注”复选框，将不显示 X 轴的标注文字。

Y 轴标注：设置 Y 轴的标注颜色、标注间隔、小数位数和 Y 轴坐标的最大值、最小值以及标注字体；勾选“不显示 Y 轴坐标标注”复选框，将不显示 Y 轴的标注文字。

锁定 X 轴的起始坐标：只有当选择绝对时钟实时趋势曲线，并且将时间单位选取为小时（h）时，才可以勾选此项，勾选后，X 轴的起始时间将设定在所填写的时间位置。

（3）画笔属性

画笔对应的表达式和属性：一条曲线相当于一支画笔，一个实时曲线构件最多可同时显示 6 条曲线。除需要设置每条曲线的颜色和线型以外，还需要设置曲线对应的表达式，该表达式的实时值将作为曲线的 Y 坐标值。可以按表达式的规则建立一个复杂的表达式，也可以只简单地指定一个数据对象作为表达式。

（4）可见度属性

可见度描述实时曲线构件在系统运行中是否可见，由指定的表达式的值决定。

表达式：可以输入一个表达式，用表达式的值来控制构件的可见度。可使用右侧的“?”按钮查找并设置所需的表达式。如不设置任何表达式，则运行时构件始终处于可见状态。

当表达式非零时：指定表达式的值与构件可见度相对应。

（4）制作历史曲线

1）在“水箱水位控制系统数据显示”界面中，单击工具箱中的“历史曲线”图标，在窗口的适当位置绘制历史曲线。

历史曲线的组态方法与实时曲线类似，只是必须对存盘数据进行读取以绘制曲线。因此，当项目需要使用历史曲线功能时，必须对相关数据的存盘属性进行设置。

2）双击历史曲线，弹出“历史曲线构件属性设置”对话框，进行设置，操作过程如图 4-35 所示。

① 在“基本属性”选项卡中，曲线名称输入“水池水箱液位历史曲线”；背景颜色设置为白色。

② 在“存盘数据”选项卡中，选择“组对象对应的存盘数据”为“液位组”（这里只能选组对象，如果没有选择组对象，可查看组对象有没有设置成功）。

③ 在“标注设置”选项卡中，对应的列选择“MCGS_Time”，时间单位选择“分”，时间格式为“时：分：秒”，曲线起始点选择“当前时刻的存盘数据”。

④ 在“曲线标识”选项卡中，勾选“水池液位”，曲线内容选择“水池液位”，曲线线型选择中型，曲线颜色选择浅绿色，最小坐标为“0”，最大坐标为“200”（水池容量为 200），实时刷新为“水箱液位”。设置“水箱液位”的步骤和“水池液位”一样（曲线颜色为浅蓝色）。

⑤ 在“高级属性”选项卡中，勾选“运行时显示曲线翻页操作按钮”“运行时显示曲线放大操作按钮”“运行时显示曲线信息显示窗口”“运行时自动刷新，刷新周期”，周期改为 1s；在 60s 后自动恢复刷新状态。

⑥ 按“确认”按钮即可。

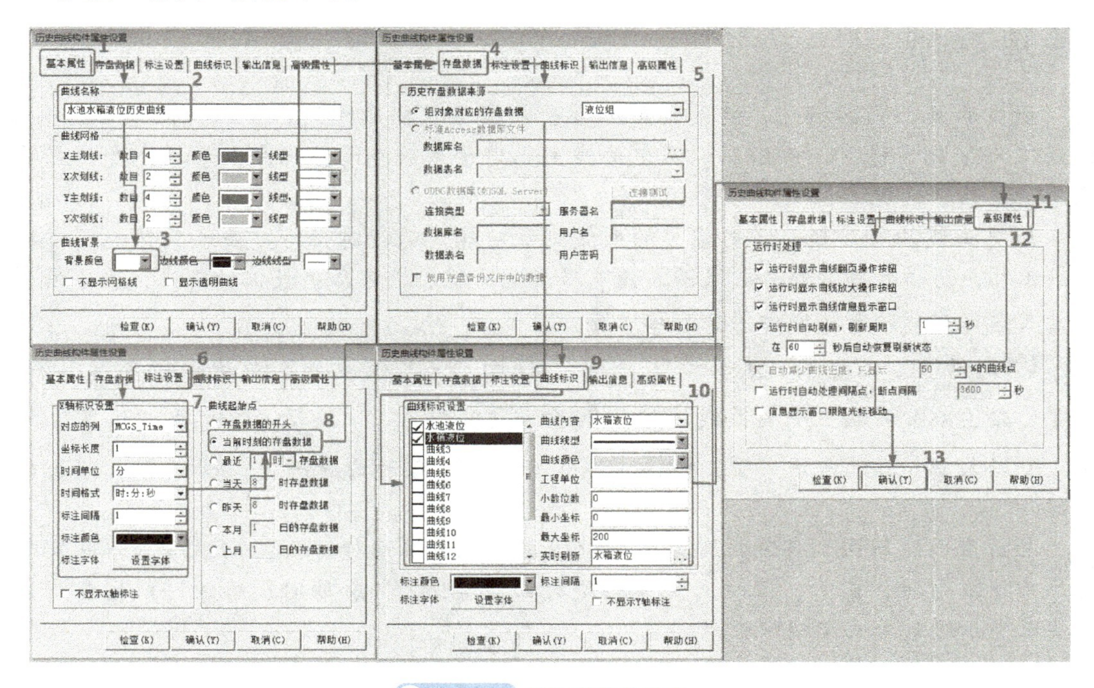

图 4-35　历史曲线的设置

至此便完成了“水箱水位控制系统数据显示”界面的所有组态工作，组态完成的界面效果如图 4-36 所示。

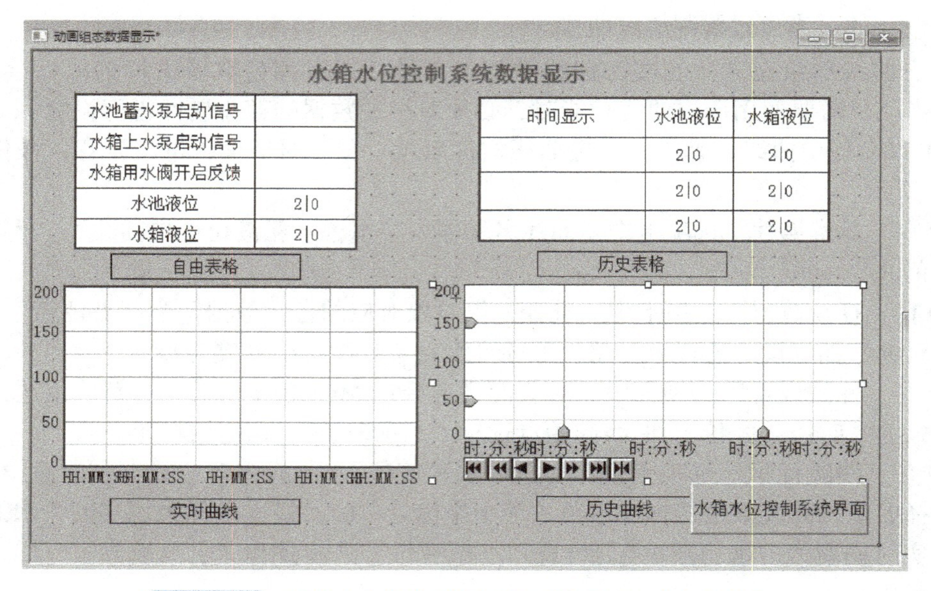

图 4-36 “水箱水位控制系统数据显示”界面组态完成效果

3）按 F5 键或“下载”图标进入运行环境后，单击“数据显示界面”按钮，即可打开“水箱水位控制系统数据显示”界面。

历史曲线

历史曲线，顾名思义，就是将历史存盘数据从数据库中读出，以时间单位为 X 轴、记录值为 Y 轴，进行曲线绘制。历史曲线主要用于事后查看数据分布和状态变化趋势以及总结信号变化规律。

历史曲线构件实现了历史数据的曲线浏览功能。运行时，历史曲线构件能够根据需要画出相应历史数据的趋势效果图，能够很好地体现和描述历史数据的变化，主要用于事后查看数据和状态变化的趋势和总结规律。

向后（X 轴左端）滚动曲线一页，向后（X 轴左端）滚动曲线半页，向后（X 轴左端）滚动一个主画线位置，向前（X 轴右端）滚动一个主画线位置，向前（X 轴右端）滚动曲线半页，向前（X 轴右端）滚动曲线一页，设置曲线起始点时间。

与历史曲线不同，实时曲线是在 MCGS 嵌入版系统运行时，从 MCGS 嵌入版实时数据库中读取数据，同时，以时间为 X 轴进行曲线绘制。X 轴的时间标注可以按照用户组态要求显示绝对时间或相对时间。

数据化处理

按照数据处理时间，MCGS 嵌入版组态软件将数据处理过程分为三个阶段，即数据前处理、实时数据处理以及数据后处理，以满足各种类型的需要，如图 4-37 所示。

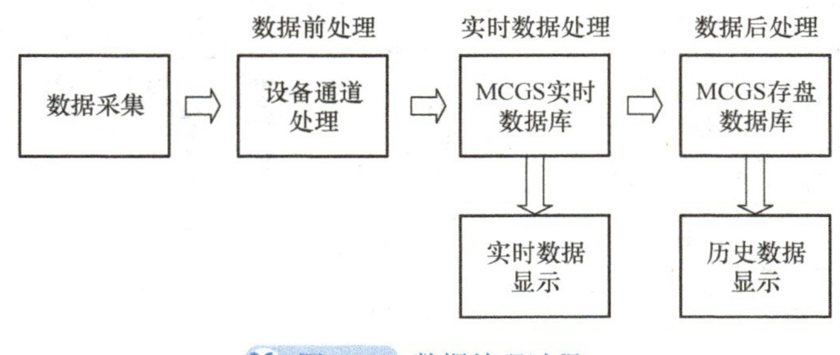

图 4-37　数据处理过程

数据前处理是指数据由硬件设备采集到计算机中，但还没有被送到实时数据库之前的数据处理。在该阶段，数据处理集中体现为各种类型的设备采集通道处理。

实时数据处理是在 MCGS 嵌入版组态软件中对实时数据库中变量的值进行的操作，主要是在运行策略中完成。

数据后处理则是对历史存盘数据进行处理。MCGS 嵌入版组态软件的存盘数据库是原始数据的集合，数据后处理就是对这些原始数据进行查询等操作，以便从中提炼出对用户有用的数据和信息。然后，利用 MCGS 嵌入版组态软件提供的曲线、报表等动画构件将数据形象地显示出来。例如：

1）MCGS 嵌入版历史曲线构件（工具箱中图标为 ）用于实现历史数据的曲线浏览功能。运行时，历史曲线构件可以根据指定的历史数据源，将一段时间内的数据以曲线的形式显示或打印出来，同时，还可以自由地向前、向后翻页或者对曲线进行缩放等操作。

2）MCGS 嵌入版历史表格构件（工具箱中图标为 ）为用户提供了强大的数据报表功能。使用 MCGS 嵌入版历史表格构件，可以显示静态数据、实时数据库中的动态数据、历史数据库中的历史记录，以及对它们的统计结果，可以方便、快捷地完成各种报表的显示和打印功能；在历史表格构件中内建了数据库查询功能和数据统计功能，可以很轻松地完成各种数据查询和统计任务；同时，历史表格构件具有数据修改功能，可以使报表的制作更加完美。

3）MCGS 嵌入版存盘数据浏览构件（工具箱中图标为 ）可以按照指定的时间和数值条件，将满足条件的数据显示在报表中，从而快速地实现简单报表的功能。

同样，组态系统创建完成后，可以利用工业组态虚拟仿真实训软件进行通信联调。运行效果如图 4-38 所示。

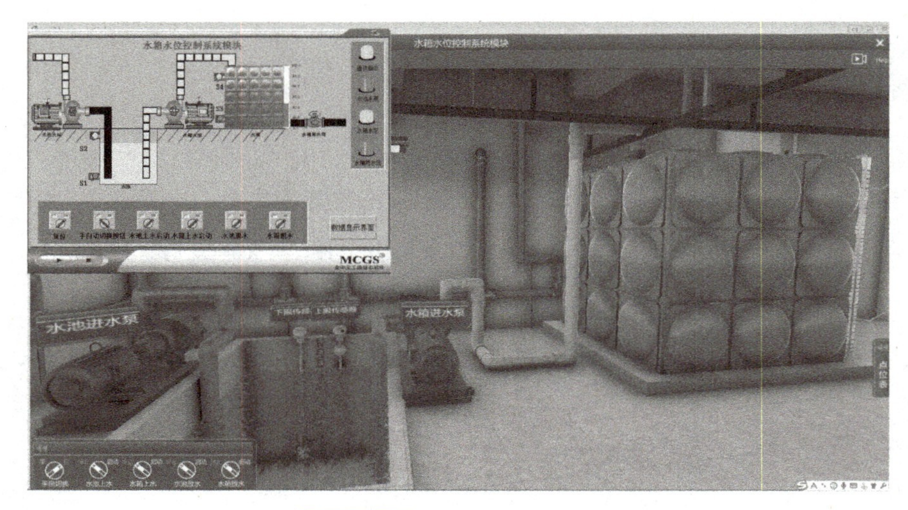

图 4-38 仿真实训运行效果

实训总结

（1）历史回顾

本项目结合水箱水位控制系统工程实例，对 MCGS 嵌入版组态软件的组态过程、动画连接、脚本编写等环节进行了介绍，过程中学习了泵、扇叶、流动块、报警显示、组对象、自由表格、历史表格、实时曲线、历史曲线的动画制作和属性设置。

（2）实践评价

项目 4 评价表

姓名		班级			
评分内容	项目	评分标准	自评	同学评分	教师评分
工程建立	1）正确理解任务要求，构思系统组成	5 分			
	2）顺利创建工程文件，完成存盘	5 分			
用户窗口组态	1）完成用户窗口中构件摆放，设计美观大方	5 分			
	2）正确设置构件属性	5 分			
设备窗口组态	1）正确完成通信驱动选择及 IP 地址设置	5 分			
	2）正确建立通道，完成与数据对象的连接	5 分			
建立实时数据库	1）正确建立工程所需要的变量，建立实时数据库	5 分			
	2）正确定义各种数据对象	10 分			
动画连接	能将用户窗口中图形对象与实时数据库中的数据对象建立相关性连接，并设置相应的动画属性	10 分			

（续）

<table>
<tr><th>评分内容</th><th>项目</th><th>评分标准</th><th>自评</th><th>同学评分</th><th>教师评分</th></tr>
<tr><td rowspan="3">下载与实测</td><td>1）完成应用系统与 PLCSIM 和虚拟工程场景的通信</td><td>5 分</td><td></td><td></td><td></td></tr>
<tr><td>2）正确显示所需要的动画效果。</td><td>5 分</td><td></td><td></td><td></td></tr>
<tr><td>3）操作验证系统，完成既定功能</td><td>10 分</td><td></td><td></td><td></td></tr>
<tr><td>职业素养与安全意识</td><td>工具器材使用符合职业标准，保持工位整洁</td><td>5 分</td><td></td><td></td><td></td></tr>
<tr><td rowspan="2">拓展与提升</td><td>本项目中我通过帮助文件了解到：</td><td>20 分</td><td></td><td></td><td></td></tr>
<tr><td colspan="5"></td></tr>
<tr><td>学生签名</td><td colspan="2"></td><td colspan="3" rowspan="2">总分</td></tr>
<tr><td>教师签名</td><td colspan="2"></td></tr>
</table>

项目5

反应釜监控系统设计

项目背景

反应釜是冶金、化工工业常用的重要设备，过去仅靠人工经验进行操作，往往存在送料、温度、压力等条件变化时不能实施有效控制的问题，使产品质量不稳定甚至出现次品，造成原料浪费，给企业造成经济损失。采用 MCGS 嵌入版组态软件可实现加热反应釜的可视化安全生产监控。

利用 MCGS 组态控制技术，可以将加热反应釜生产过程中的数据在控制室的计算机屏幕上直观地以曲线、图表、直方图、虚拟仪表等形式显示出来，还可以通过计算机鼠标或触摸屏上的按钮对现场的设备实施遥控。在控制室里监视和控制生产过程，能够及时发现和干预各种不安全状况，并且由于操作人员远离现场，可以极大地提高人员和设备的安全系数，所以这种基于组态软件的可视化控制技术是一种很有效的安全生产技术，可用于煤矿、化工生产、铁路沿线容易塌方的地段等现场的监视和控制。尤其是在目前安全生产形势比较严峻的当下，采用 MCGS 组态控制技术更有其现实意义。

学习目标

（1）知识目标

1）了解反应釜的结构和工作原理。

2）了解 PID 控制的基本原理。

3）掌握报警显示的组态方法与作用。

4）了解 MCGS 历史报警的运行机制。

（2）技能目标

1）能完成简单界面及动画设计，能完成数据对象定义及连接。

2）学会完成历史报警组态与查看。

3）学会历史曲线曲线组态与查看。

4）能利用虚拟仿真软件进行控制系统的调试，优化控制系统。

（3）素质目标

了解我国在世界化工史上的重要成就，培养民族自豪感。

知识点

1）PID 调节和温度控制原理。

2）MCGS 嵌入版组态软件中输入框的制作和使用。

3）定时器的使用。

4）报警显示的制作和使用。

项目实操

任务目标

某反应釜控制系统，包括进料电磁阀、制冷电磁阀、排液电磁阀、搅拌电动机，以及一套完整的温度控制系统，利用 MCGS 组态软件，绘制图 5-1 所示的监控界面。

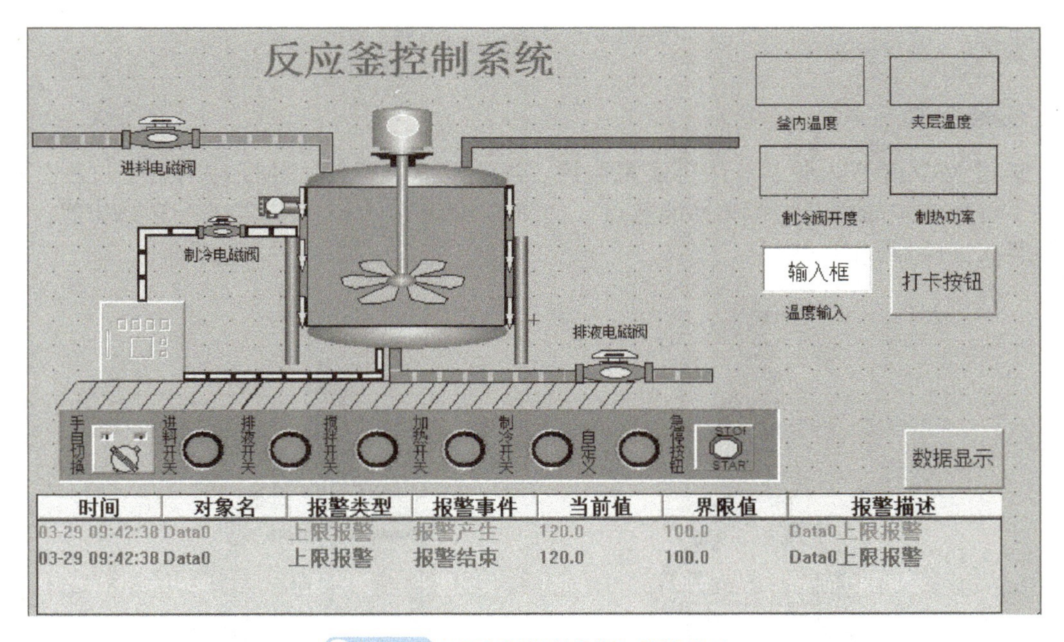

图 5-1 “反应釜控制系统”监控界面

具体实现以下控制要求：

1）监控界面能正确显示反应釜控制系统的动画，以及釜内温度、夹层温度、制冷阀开度、制热功率等数据。

2）界面有温度输入框，输入设定值启动系统，系统温度控制在设定值范围内。

3）界面有手自切换开关，控制系统的手动 / 自动运行状态，以及急停按钮、进料开关、排液开关等，具体见图 5-1。

4）界面有温度报警显示、温度变化曲线等，“数据显示”界面如图 5-2 所示。

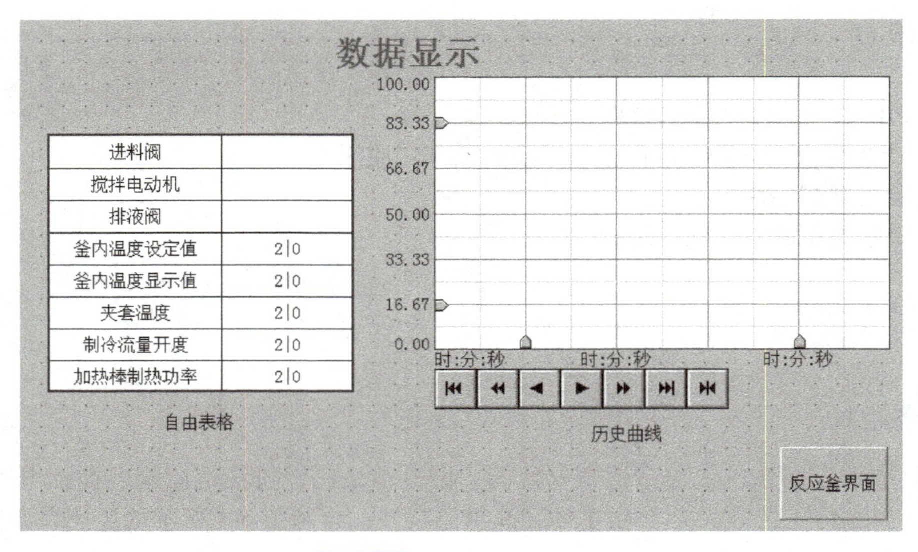

图 5-2 “数据显示”界面

任务分析

通过 MCGS 嵌入版系统组态实现监控、控制反应釜进行加热反应的整个过程。首先需要了解反应釜的内部结构和性能特点。如图 5-3 所示，因为反应器外形和锅相似，所以称为釜式反应器，即反应釜。

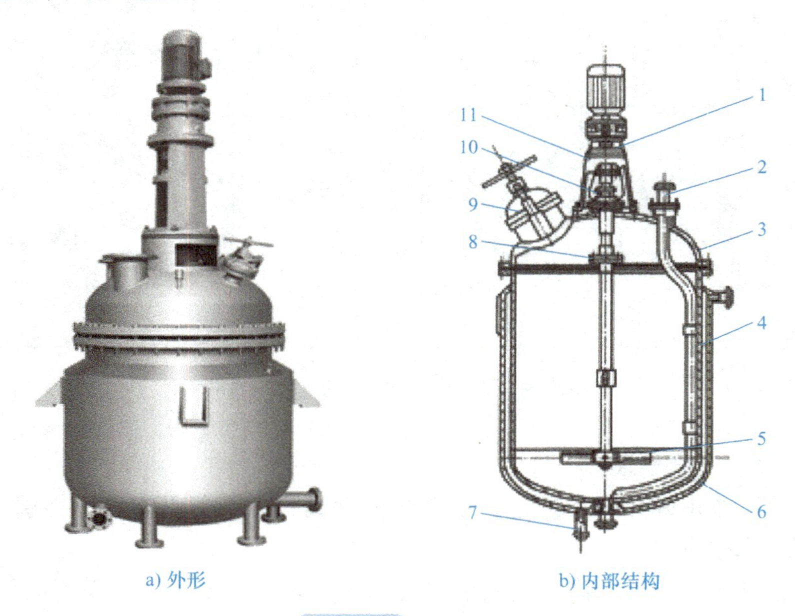

a) 外形　　b) 内部结构

图 5-3 反应釜

1—传动装置　2—工艺接管　3—釜盖　4—釜体　5—搅拌装置　6—夹套　7—蒸汽接管
8—联轴器　9—人孔　10—密封装置　11—减速器支架

（1）内部结构

1）传动装置：用于提供搅拌的动力。

2）工艺接管。

3）釜盖：用于釜体的密封。

4）釜体：用于反应的容器。

5）搅拌装置：推动静止的液料运动，维持搅拌过程所需的流体流动状态，以达到搅拌的目的。

6）夹套：反应釜的传热夹套一般由普通碳钢制成，夹套上设有水蒸气、冷却水或其他加热、冷却介质的进出口。

7）蒸汽接管：水蒸气加热时使用。

8）联轴器：连接搅拌器和传动装置。

9）入孔：液料注入口。

10）密封装置：用于保证工作时形成密封条件，阻止介质向外泄漏的装置，可分为填料箱密封和机械密封。

11）减速器支架：固定减速机构。

（2）性能特点

反应釜具有适用温度和压力范围宽，适应性强，操作弹性大，连续操作时温度、浓度容易控制，产品质量均一等特点，但用于较高转化率工艺要求时，需要较大容积。反应釜通常用于操作条件比较缓和的情况，如常压、温度较低且低于物料沸点的场合。

 扩展知识

我国在化工领域的重要成就

公元前 2000 年，我国已开始熔铸红铜；公元前 1700 年，我国已开始冶铸青铜；胆水浸铜法盛行于两宋时期，是世界上最早的湿法冶金技术（置换法）。

公元 7 世纪，唐朝孙思邈在其所著的《孙真人丹经》中明确提到了“伏硫黄法”，其中最早记载了黑火药的三个组分即硝石、硫磺和木炭粉末。火药于 13 世纪传入阿拉伯，14 世纪才传入欧洲。

世界上最早开发和利用天然气的是我国四川省的临邛（今邛崃）和陕西省的鸿门（今神木）两地。3000 多年前，我们的祖先发现了石油。古书载“泽中有火”即指地下流出石油溢到水面而燃烧。宋朝沈括所著《梦溪笔谈》第一次记载了石油的用途，并预言：“此物必大行于世”。

20 世纪 30 年代，我国化工专家侯德榜提出了联合制碱法，并完成了世界上第一部纯碱工业专著《制碱》。

1965 年，我国首次用人工的方法合成了活性蛋白质结晶牛胰岛素。

反应釜系统的控制，实际上就是温度系统的控制，只有精确地控制温度，整个系统才能稳定运行。温度控制系统主要由调节器、执行机构、被控对象、测量装置四部分组

成，结构如图 5-4 所示。

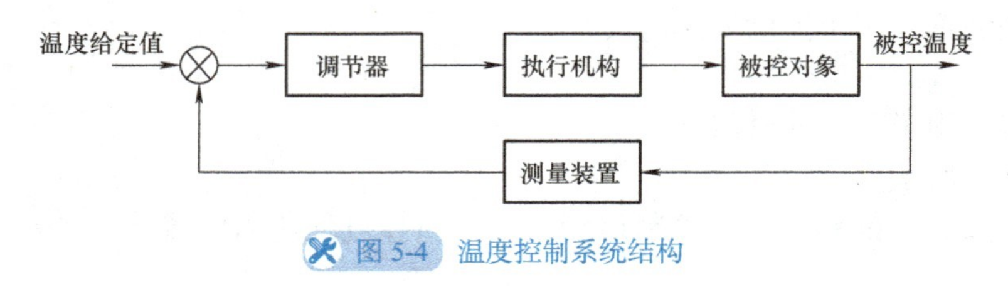

图 5-4 温度控制系统结构

PID 调节和温度控制原理

当通过热电偶采集的被测温度偏离所希望的给定值时，PID 控制可根据测量信号与给定值的偏差进行比例（P）、积分（I）、微分（D）运算，从而输出某个适当的控制信号给执行机构，促使测量值恢复到给定值，达到自动控制的效果。

PID 模块操作非常简洁，只要设定以下 4 个参数就可以对温度进行精确控制：

1）温度设定。

2）P 值。

3）I 值。

4）D 值。

PID 模块的温度控制精度主要受 P、I、D 这 3 个参数的影响。

（1）比例运算（P）

比例控制是建立与设定值（SV）相关的一种运算，并根据偏差求得运算值（控制输出量）。如果当前值（PV）小，运算值为 100%。如果当前值在比例带内，运算值根据偏差比例求得并逐渐减小直到 SV 和 PV 匹配（即直到偏差为 0），此时运算值恢复到先前值（前馈运算）。若出现静差（残余偏差），可用减小 P 的方法减小残余偏差。如果 P 太小，反而会出现振荡。

（2）积分运算（I）

将积分运算与比例运算相结合，随着调节时间延续可减小静差。积分运算的强度用积分时间表示，积分时间相当于从积分运算值达到比例运算值在阶跃偏差响应下的作用所需要的时间。积分时间值越小，积分运算的校正作用越强。但如果积分时间值太小，校正作用太强，会出现振荡。

（3）微分运算（D）

比例运算和积分运算都可以校正控制结果，所以不可避免地会产生响应延时现象，微分运算可弥补这一缺陷。在突发的干扰响应中，微分运算提供很大的运算值，以恢复原始状态。微分运算采用一个正比于偏差变化率（微分系数）的运算值校正控制。微分运算的强度用微分时间表示，微分时间相当于微分运算值达到比例运算值在阶跃偏差响应下的作用所需要的时间。微分时间值越大，微分运算的校正作用越强。

本任务中的 PLC I/O 分配表见表 5-1。

表 5-1　PLC I/O 分配表

输入		输出	
名称	PLC-I	名称	PLC-O
进料阀开启反馈信号	M0.0	进料阀开启信号	Q0.0
进料到位信号	M0.1	搅拌电动机开启信号	Q0.1
进料超限信号	M0.2	排液阀开启信号	Q0.2
搅拌电动机开启反馈	M0.3	加热棒制热功率	QW64
排液阀开启反馈信号	M0.4	制冷流量开度	QW66
手自动信号	M1.0		
进料开关信号	M1.1		
排液开关信号	M1.2		
搅拌开关信号	M1.3		
加热开关信号	M1.4		
制冷开关信号	M1.5		
自定义信号	M1.6		
急停按钮	M1.7		
釜内温度	MW4		
夹套温度	MW6		
反应原料浓度	MW8		
生成物浓度	MW10		
釜内温度显示值	MD12		
釜内温度设定值	MD100		

任务设备

反应釜监控组态系统设备清单见表 5-2。

表 5-2　反应釜监控组态系统设备清单

序号	设备	数量
1	装有 MCGS 嵌入版组态软件的计算机	1
2	装有调试程序的西门子 1200 系列 PLC CPU	1
3	MCGS TPC 系列触摸屏	1
4	同立方工业组态虚拟仿真实训软件	1

任务实操

（1）组态实时数据库对象

根据表 5-3 中的数据对象名称及类型，在实时数据库中完成对变量对象的组态。

反应釜建立实时数据库及组对象存盘

表 5-3　数据对象分配表

对象名称	类型	注释
急停按钮	开关型	急停按钮
计时状态	开关型	定时器的计时状态
加热开关信号	开关型	加热开关按钮
搅拌电动机开启反馈信号	开关型	搅拌电动机是否开启
搅拌电动机开启信号	开关型	搅拌电动机开启
搅拌开关信号	开关型	搅拌开关按钮
进料超限信号	开关型（报警信号）	料罐进料超限信号
进料到位信号	开关型	料罐进料完毕信号
进料阀开启反馈信号	开关型	进料阀是否开启
进料阀开启信号	开关型	进料阀开启
进料开关信号	开关型	进料开关按钮
排液阀开启反馈信号	开关型	排液阀是否开启
排液阀开启信号	开关型	排液阀开启
排液开关信号	开关型	排液开关按钮
设备 0_ 通信状态	开关型	通信状态
手自动信号	开关型	手自切换开关
温度上限	开关型（报警信号）	达到温度上限报警
温度下限	开关型（报警信号）	达到温度下限报警
制冷开关信号	开关型	制冷开关按钮
制冷开启	开关型	制冷开启
制热开启	开关型	制热开启
自定义信号	开关型	自定义按钮
a	数值型	搅拌器桨叶可见度
b	数值型	搅拌器桨叶可见度
c	数值型	搅拌器桨叶角度
打卡按钮	数值型	用于运维人员的监视控制
当前计时值	数值型	定时器当前计时值
反应液	数值型	反应液动画连接变量
反应原料浓度	数值型	原料的浓度数值
反应原料浓度 1	数值型	原料的浓度数值转换
釜内温度	数值型	釜内温度数值
釜内温度设定值	数值型	釜内温度设定值
釜内温度显示值	数值型	釜内温度显示值
复位条件	数值型	定时器复位条件
计时条件	数值型	定时器计时条件
加热棒制热功率	数值型	加热棒制热功率

（续）

对象名称	类型	注释
加热棒制热功率 1	数值型	加热棒制热功率数值转换
夹套温度	数值型	夹套温度
夹套温度 1	数值型	夹套的温度数值转换
生成物浓度	数值型	生成物的浓度
生成物浓度 1	数值型	生成物的浓度数值转换
制冷流量开度	数值型	制冷流量开度
制冷流量开度 1	数值型	制冷流量开度数值转换
报警组	组对象	报警显示相关
数据组	组对象	数据显示相关

（2）组态开关型报警数据对象

1）单击工作台中的“实时数据库”窗口，进入“实时数据库”窗口，窗口中列出了系统内部已建立的数据对象名称。单击工作台右侧的“新增对象”按钮，在窗口的数据对象列表中增加新的数据对象。

2）选中“Data1”数据对象，单击右侧的“对象属性”按钮或双击“Data1”，弹出“数据对象属性设置”对话框，如图 5-5 所示。

3）在“基本属性”选项卡中，对象名称输入“进料超限信号”，对象类型选择“开关”，单击“确认”。按照上述步骤，根据表 5-3，设置其他两个开关型报警数据对象。

4）进入实时数据库，单击工作台右侧的“新增对象”按钮，在窗口的数据对象列表中增加新的数据对象。

5）双击该对象，弹出“数据对象属性设置”对话框。

6）在“基本属性”选项卡中，设置对象名称为“报警组”，对象类型为“组对象”，如图 5-6 所示，单击“确认”。按照上述步骤，再增加“数据组”组对象。

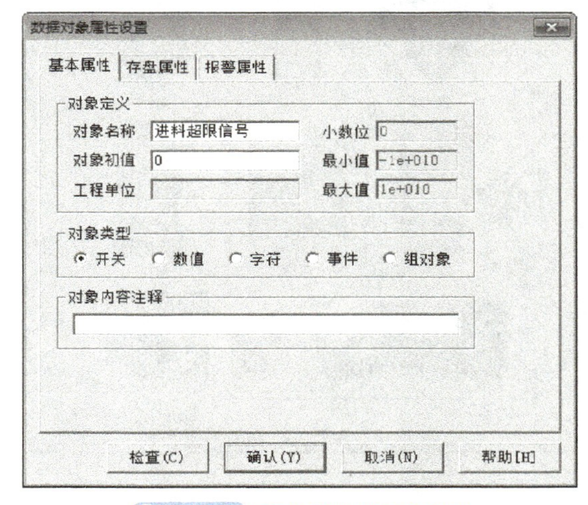

图 5-5　开关型数据对象组态

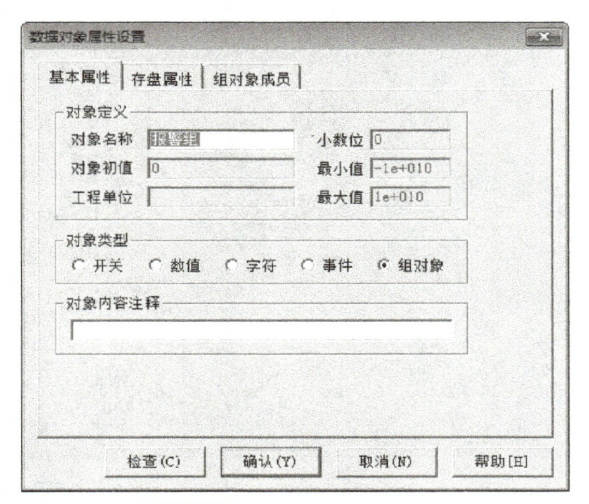

图 5-6　组对象数据对象组态

（3）制作反应釜控制系统窗口画面

1）在用户窗口中新建三个窗口，分别为反应釜控制系统、数据显示界面和提示窗口，如图 5-7 所示。双击创建的反应釜控制系统窗口进入组态界面，编辑界面。

反应釜系统设置组态画面

反应釜控制系统：运行系统监控。

数据显示界面：查看历史报警，反映实时温度曲线显示。

提示窗口：用于报警显示输出。

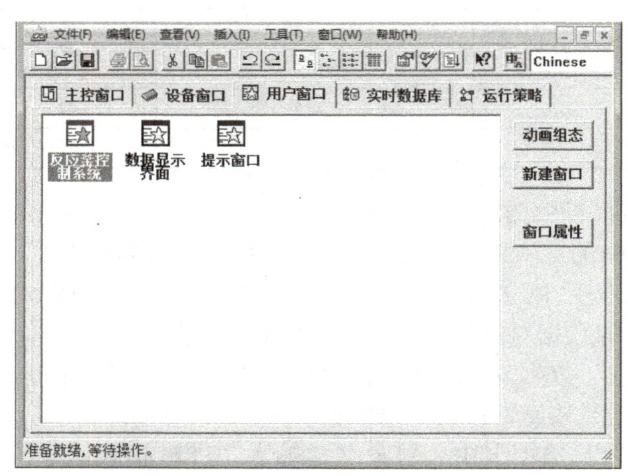

图 5-7 创建新窗口

2）在状态栏单击图标，选择工具箱中“插入元件”图标，弹出“对象元件库管理”对话框，在储藏罐类中选择“罐 53”作为进行化学反应的容器。

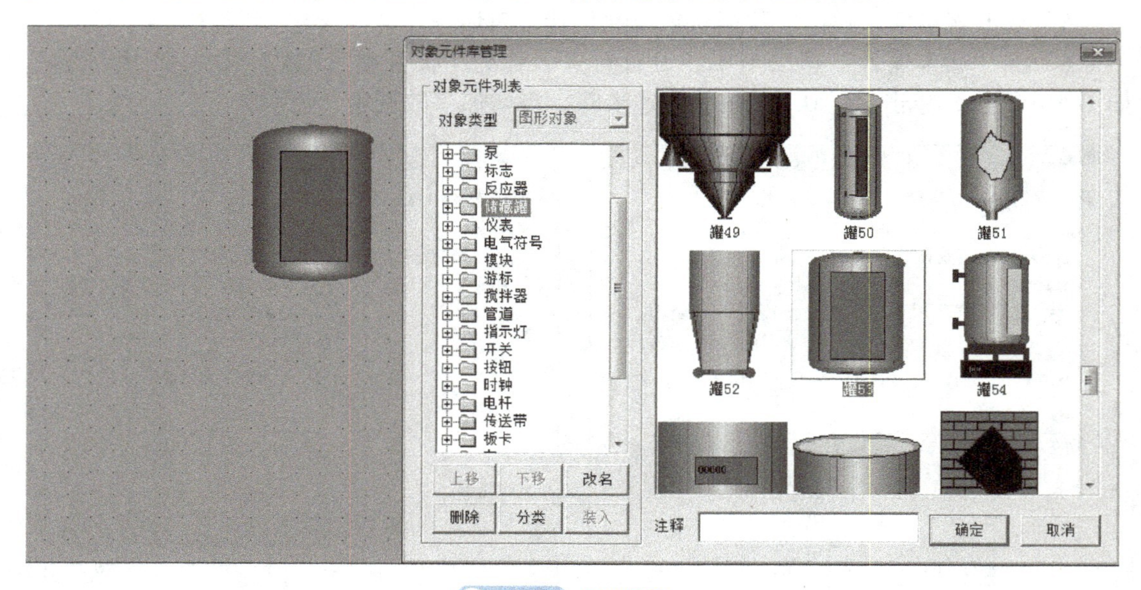

图 5-8 添加罐体

3）选中添加的罐体，单击鼠标右键选择“排列”→“分解单元”，把罐体分解后再重新排列组合（后面的步骤会多次用到“分解单元”命令），如图 5-9 所示。

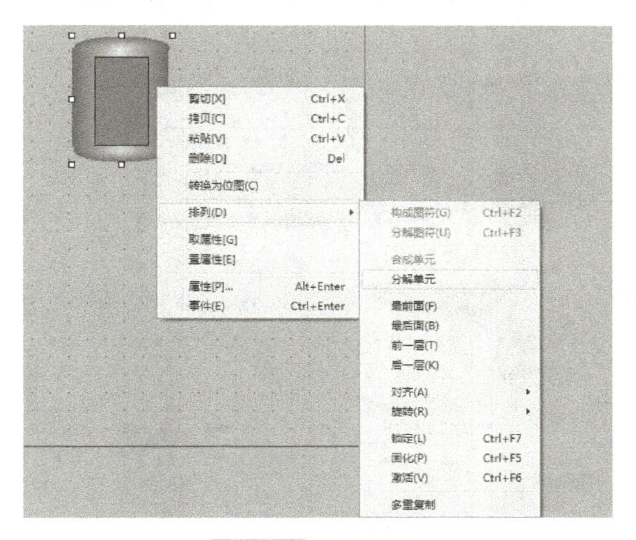

图 5-9　分解罐体

4）分解罐体后调整罐体大小并放到窗口中合适位置，双击罐体弹出“动画组态属性设置”对话框，在“属性设置”选项卡中设置填充颜色为紫色，位置动画连接勾选“大小变化”，在“大小变化”选项卡中，表达式输入“反应液”。参数设置如图 5-10 所示。

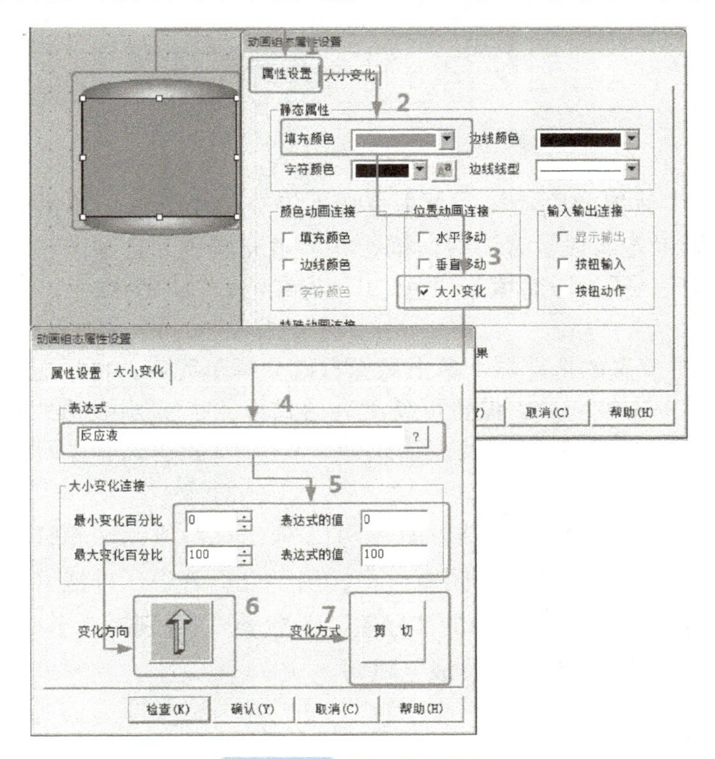

图 5-10　罐体参数设置

5）单击工具箱中的“插入元件”图标，弹出“对象元件库管理”对话框，在电动机类中选择“电动机 30”，在搅拌器类中选择“搅拌器 3”，分别放到罐体上，放置位置如图 5-11 所示。

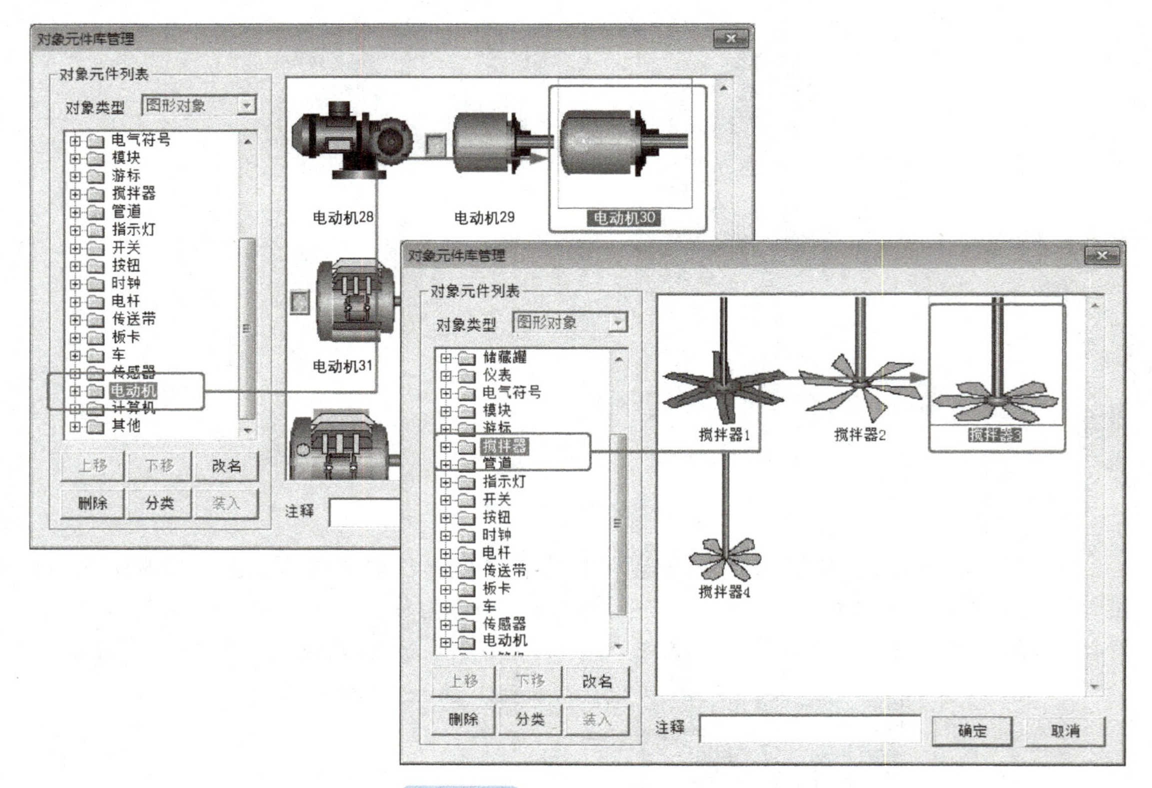

图 5-11　添加电动机和搅拌器

6）选中窗口中放置的电动机，单击鼠标右键分解单元后，单击电动机上的绿色指示灯，弹出“动画组态属性设置”对话框，在“填充颜色”选项卡中，表达式选择“搅拌电动机开启反馈信号”，增加填充颜色“0”为红色，“1”为绿色。具体操作如图 5-12 所示。

7）选中窗口中放置的搅拌器，单击鼠标右键分解单元后，可以看到搅拌器的叶片被分为两组，选择其中一组叶片，设置可见度表达式为“ a”，当表达式非零时选择“对应图符可见”，另一组叶片设置可见度表达式为“ b”，当表达式非零时选择“对应图符可见”。具体操作如图 5-13 所示。

8）单击工具箱中的“插入元件”图标，弹出“对象元件库管理”对话框，在阀类中选择“阀 116”，添加 3 个阀门到窗口中，用于进料管道、排液管道、制冷管道的控制，如图 5-14 所示。单击工具箱中的“标签”图标 A，分别对 3 个阀门进行文字注释，依次为进料电磁阀、制冷电磁阀、排液电磁阀。

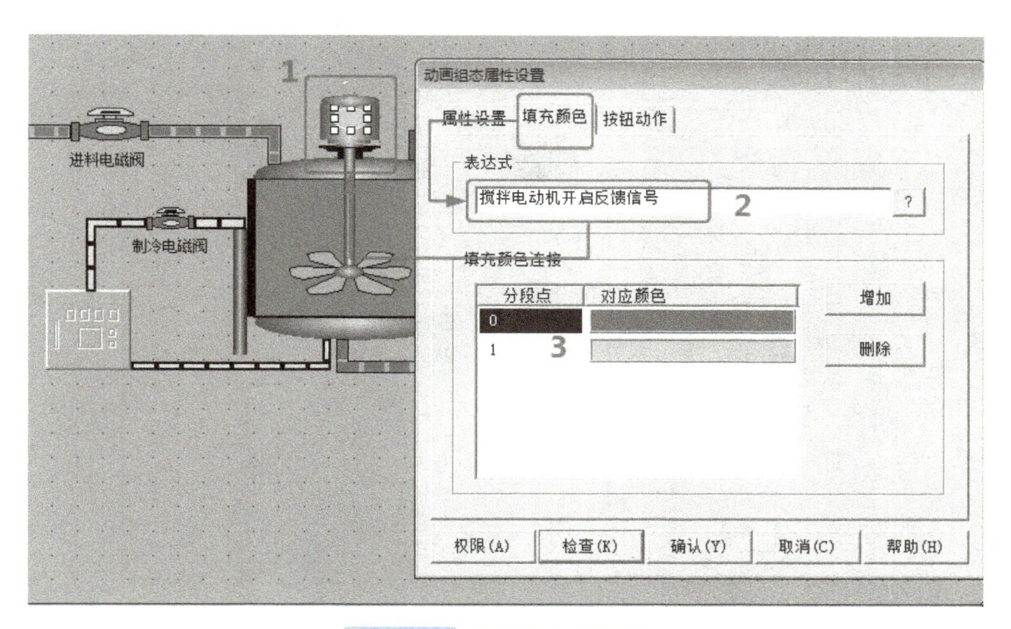

图 5-12 电动机指示灯设置

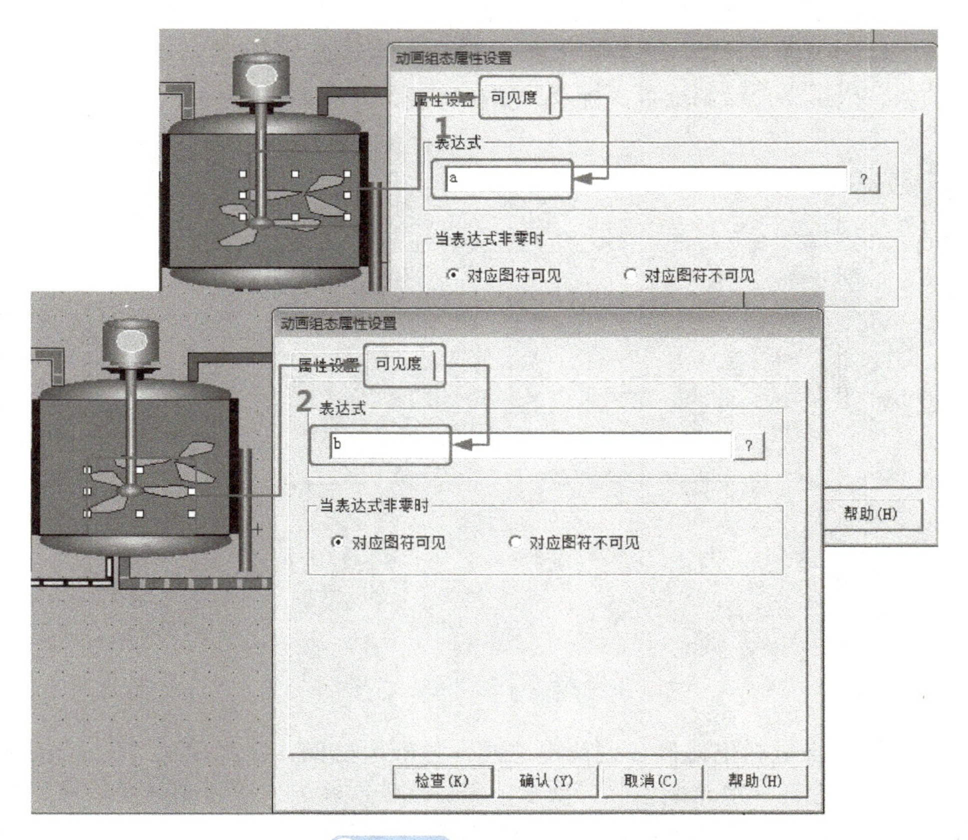

图 5-13 搅拌器叶片设置

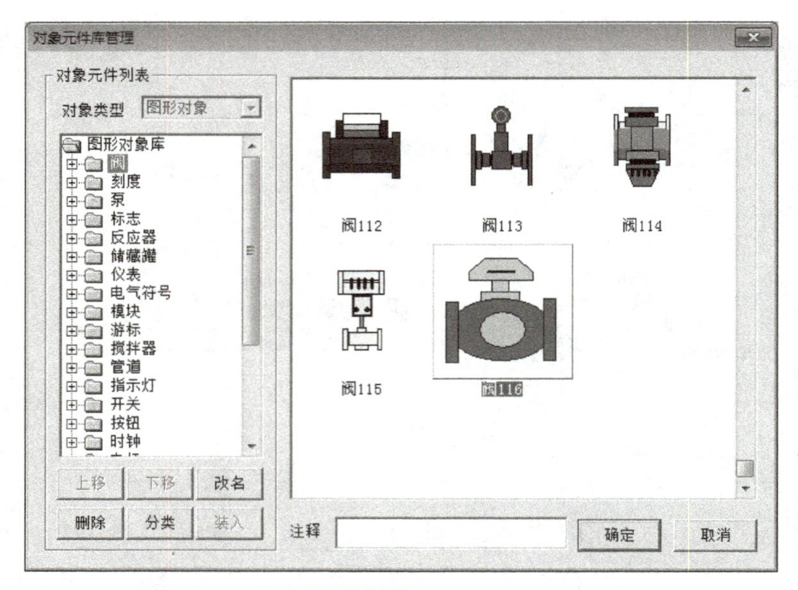

图 5-14 添加阀

9）单击工具箱中的“流动块”图标，鼠标在窗口呈十字光标时，单击需要流动块的位置，移动鼠标，在鼠标光标后形成一道虚线，拖拽一定距离后可以看到会出现直线型的流动块，根据需要绘制进料、排液、制冷管道，如图 5-15 所示。

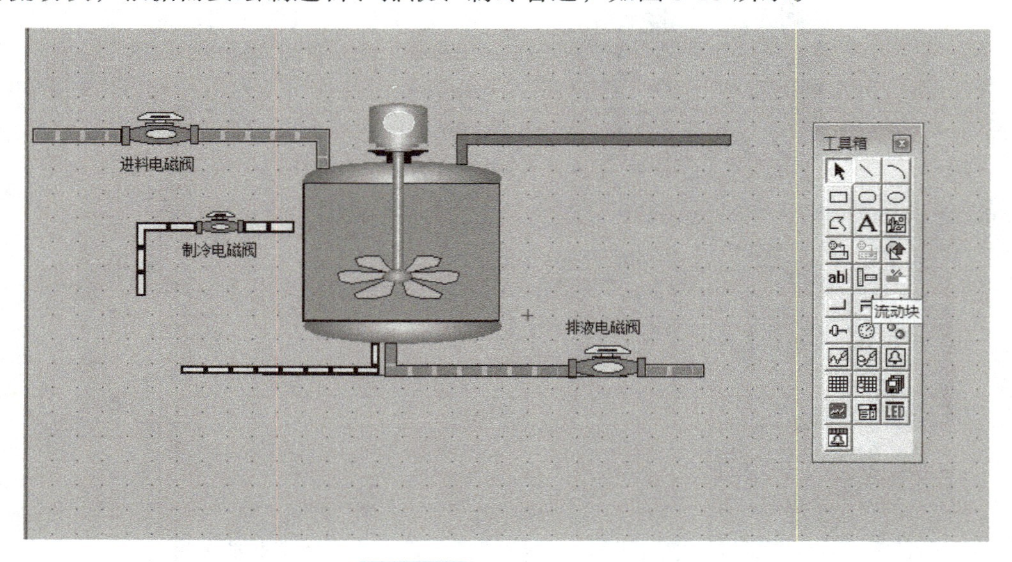

图 5-15 绘制流动块管道

10）分别双击进料电磁阀、制冷电磁阀、排液电磁阀，在弹出的“动画组态属性设置”对话框中，选择“填充颜色”选项卡，表达式依次输入“进料阀开启信号”“制冷开启”和“排液阀开启反馈信号”。填充颜色连接设置相同，填充颜色“0”为红色、“1”为绿色。如图 5-16 所示。

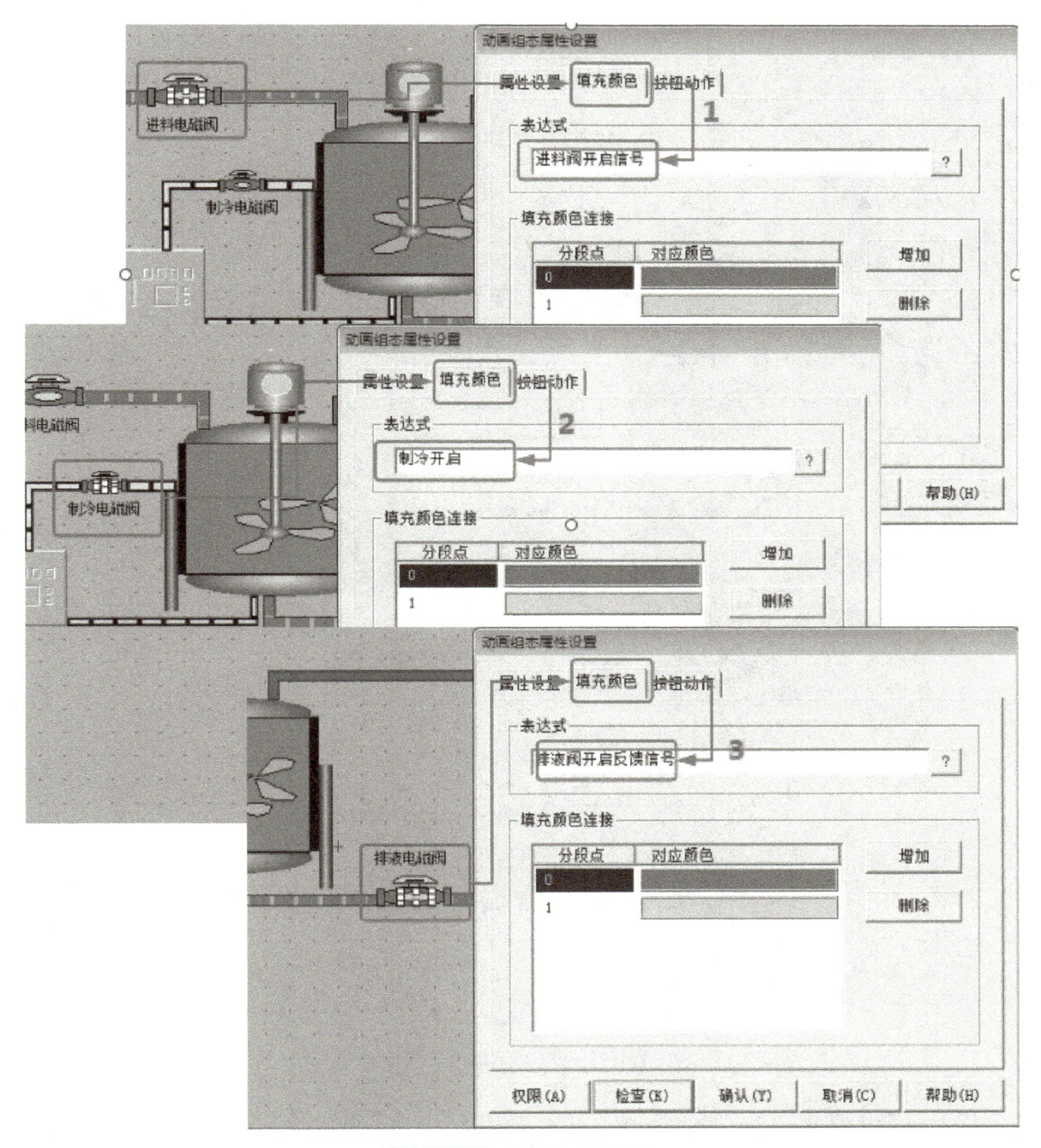

图 5-16 连接阀关联变量

11）分别双击进料电磁阀、制冷电磁阀、排液电磁阀对应的流动块，在弹出的“流动块构件属性设置”对话框中，单击“流动属性”选项卡，单击表达式后的按钮 ? 分别连接“进料阀开启信号”“制冷开启”和“排液阀开启反馈信号”变量，如图 5-17 所示。

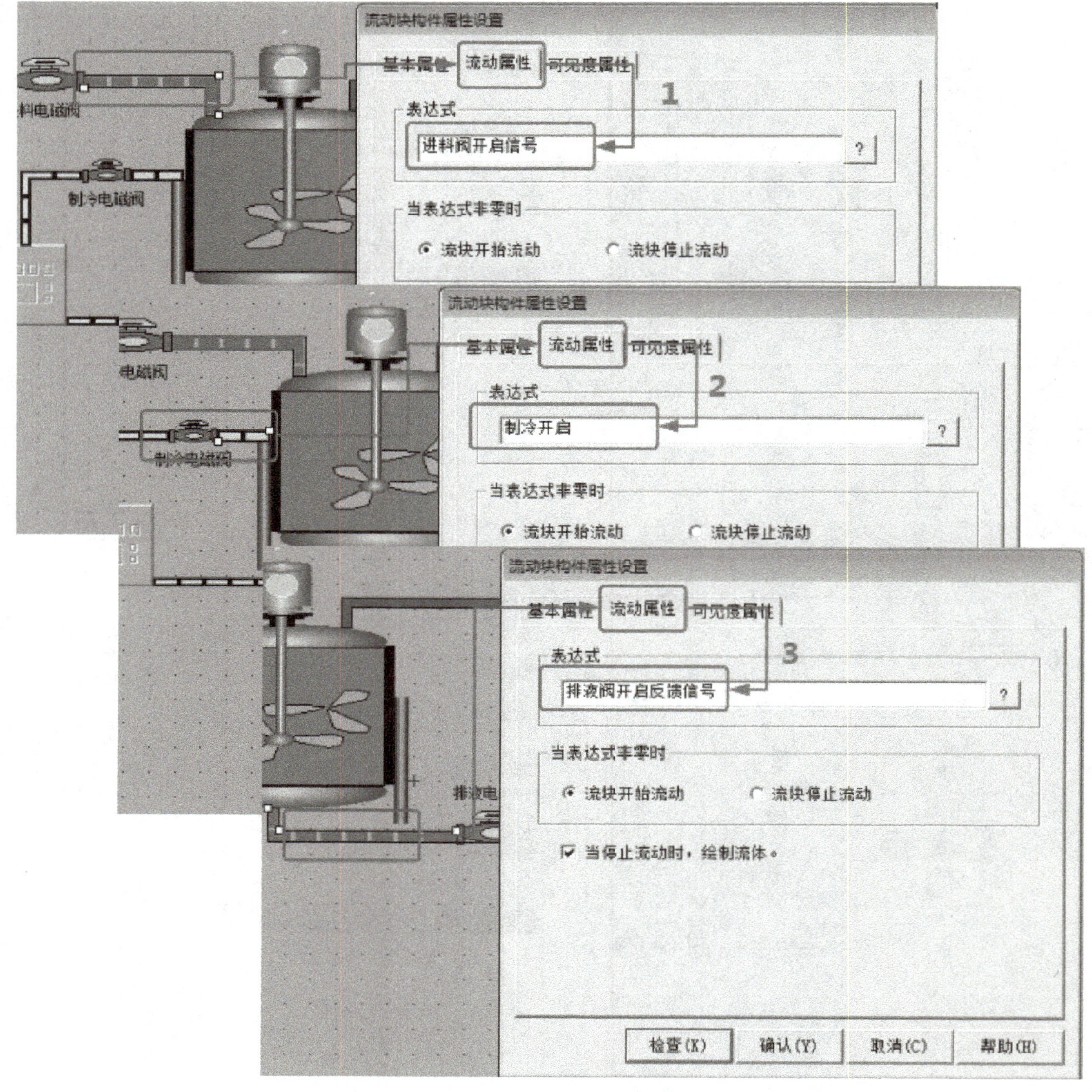

图 5-17 连接流动块关联变量

12）单击工具箱中的“矩形”图标▭，在窗口中绘制两段长条形矩形框，在弹出的“动画组态属性设置”对话框中设置填充颜色为黑色，放到罐体两侧用作罐体的夹层，如图 5-18 所示。

13）单击工具箱中的“矩形”图标▭，在窗口中绘制两段长条形矩形框，在弹出的“动画组态属性设置”对话框中设置填充颜色为红色，勾选特殊动画连接下的“可见度”，单击“可见度”选项卡，连接表达式输入“制热开启”，当表达式非零时勾选“对应图符可见”，模拟加热开启时的效果，如图 5-19 所示。

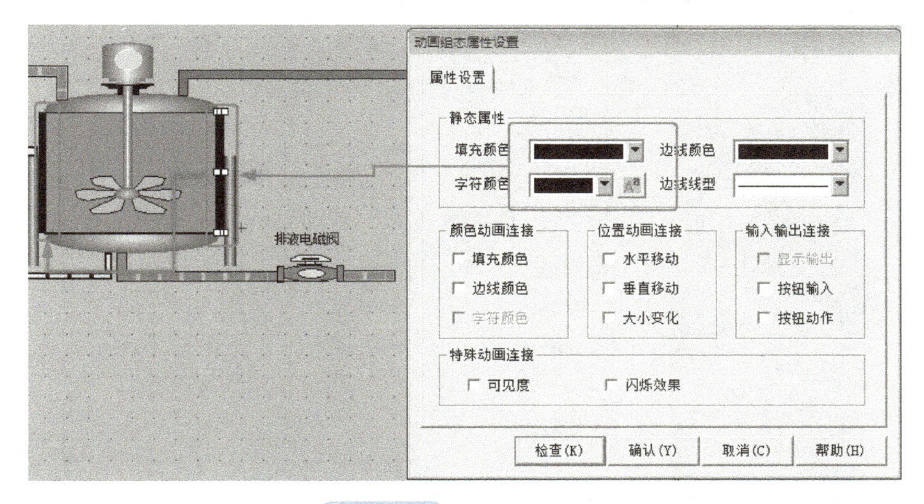

图 5-18　添加罐体夹层

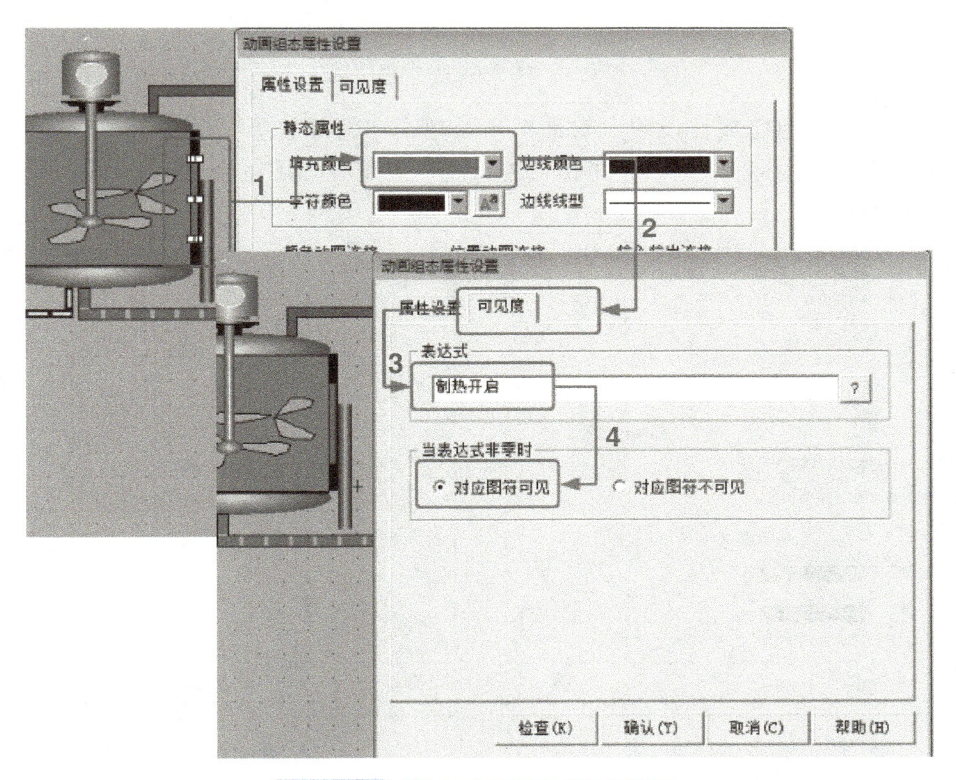

图 5-19　添加红色矩形模拟加热开启

14）分别在罐体的两侧添加箭头，模拟制冷开启时的效果。单击工具箱中的“常用图符”图标中的图标，在窗口中绘制一个长条形的箭头标志，在“动画组态属性设置”对话框中，选择“属性设置”选项卡，设置填充颜色为绿色，特殊动画连接勾选“可见度”“闪烁效果”，如图 5-20 所示。

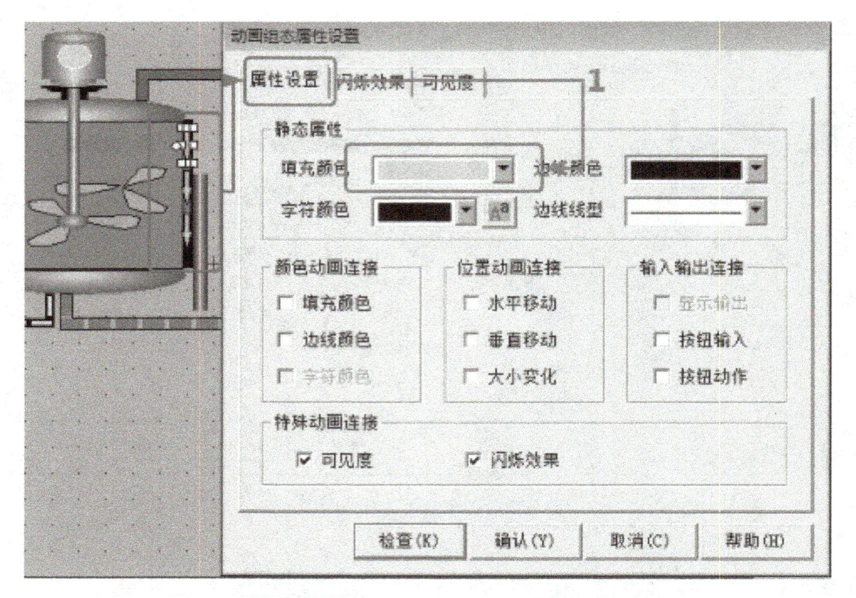

图 5-20 添加箭头模拟制冷开启

15）在“动画组态属性设置”对话框中，单击“闪烁效果”选项卡，连接表达式输入“制冷开启”，如图 5-21 所示；单击“可见度”选项卡，连接表达式输入“制冷开启”，如图 5-22 所示。

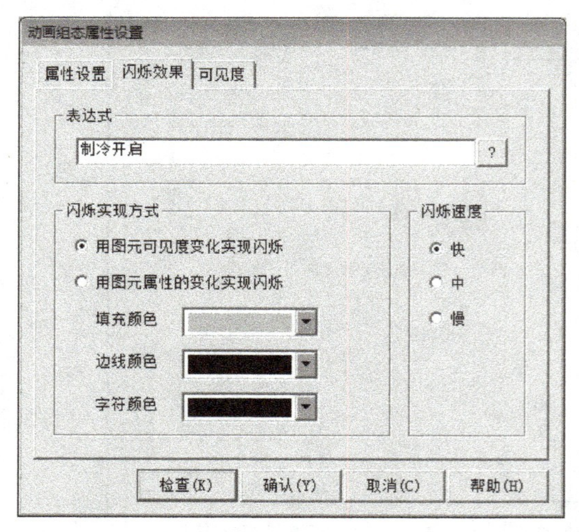

图 5-21 闪烁效果设置

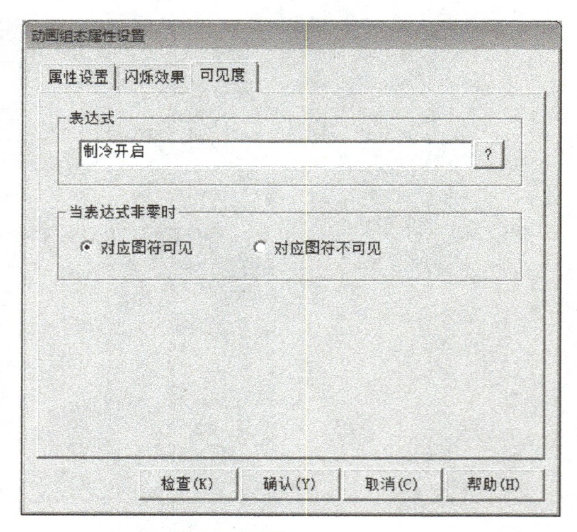

图 5-22 可见度设置

16）在工具箱中单击“常用图符”图标，选择“竖管道”图标，添加两条管道至釜体两侧，如图 5-23 所示。

17）在工具箱中单击“常用符号”图标，选择“凸平面”图标，添加多个凸平面组合成图 5-24 中位置 3 的效果，至此整个反应釜的动画组态结束，整体效果如图 5-24 所示。

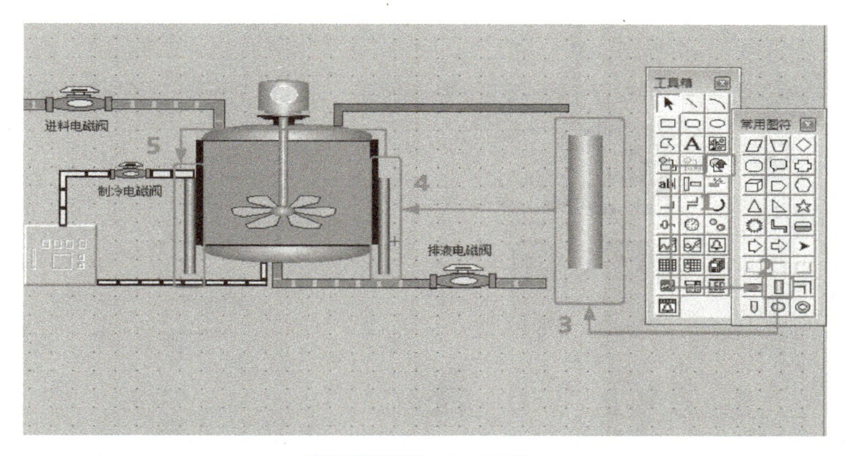

图 5-23　添加管道

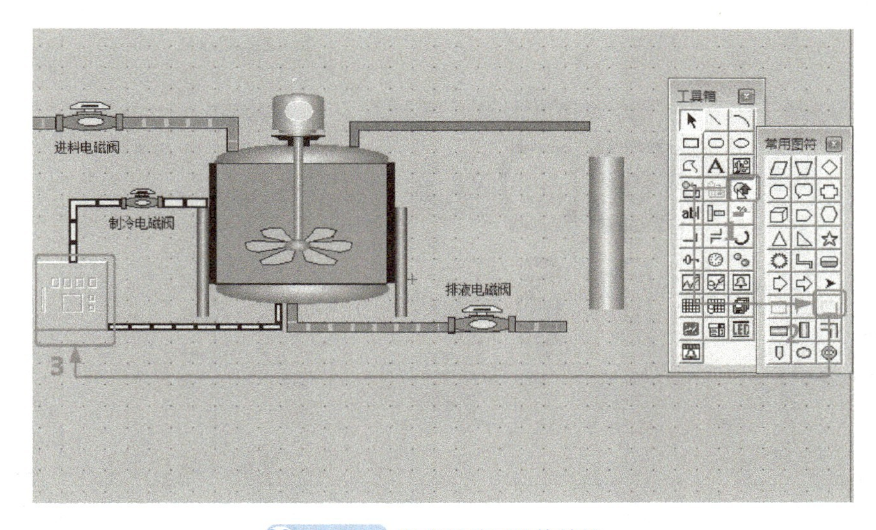

图 5-24　反应釜动画整体效果

（4）控制按钮组态

1）添加旋转开关，控制系统手动与自动运行。单击工具箱中的“插入元件”图标，弹出“对象元件库管理”对话框，在开关类中选择“开关 6”作为系统的手自切换开关。双击添加的开关，在“动画组态属性设置”对话框中单击“按钮动作”选项卡，勾选“数据对象值操作”，选择操作为“取反”，连接变量为“手自动信号”，如图 5-25、图 5-26 所示。

2）添加急停按钮，用于系统的紧急停止。单击工具箱中的“插入元件”图标，弹出“对象元件库管理”对话框，在开关类中选择“开关 9”作为系统紧急停止的急停按钮。双击添加的按钮，在“动画组态属性设置”对话框中单击“按钮动作”选项卡，勾选“数据对象值操作”，选择操作为“取反”，连接变量为“急停按钮”，如图 5-27、图 5-28 所示。

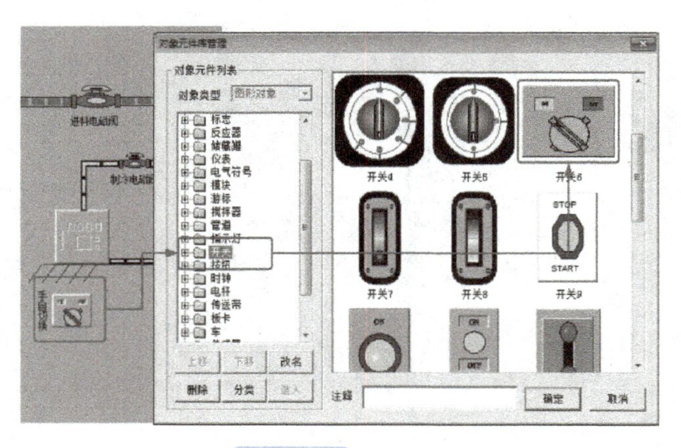

图 5-25 添加旋转开关

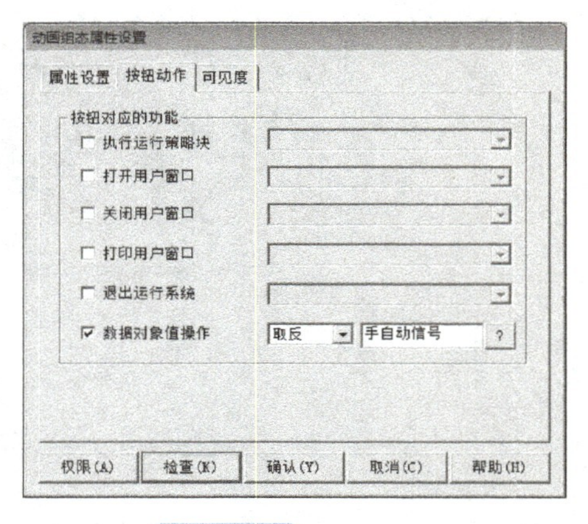

图 5-26 设置按钮动作

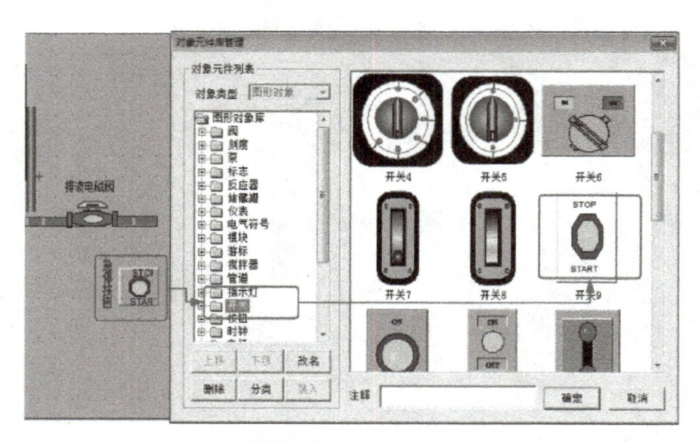

图 5-27 添加急停按钮

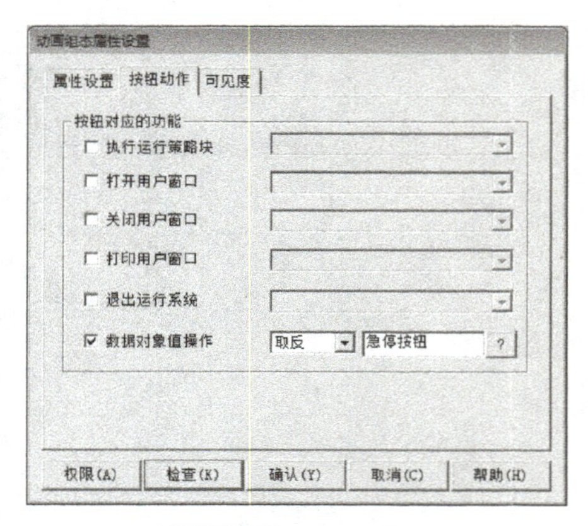

图 5-28 设置按钮动作

3）添加 6 个手动按钮，用于手动控制。单击工具箱中的“插入元件”图标，弹出“对象元件库管理”对话框，在按钮类中选择“按钮 82”作为系统的手动按钮，如图 5-29 所示。双击添加的按钮，在“动画组态属性设置”对话框中单击“按钮动作”选项卡，勾选“数据对象值操作”，选择操作为“取反”，连接变量依次为“进料开关信号”“排液开关信号”“搅拌开关信号”“加热开关信号”“制冷开关信号”和“自定义信号”，如图 5-30 所示。

4）添加标准按钮，用于切换显示窗口。单击工具箱中的图标，在窗口中拖拽鼠标，添加一个按钮，双击添加的按钮，打开“标准按钮构件属性设置”对话框，单击“基本属性”选项卡，文本输入“数据显示”，在“操作属性”选项卡中，抬起功能勾选“打开用户窗口”与“关闭用户窗口”，连接分别为“数据显示界面”和“反应釜控制系统”，如图 5-31 所示。

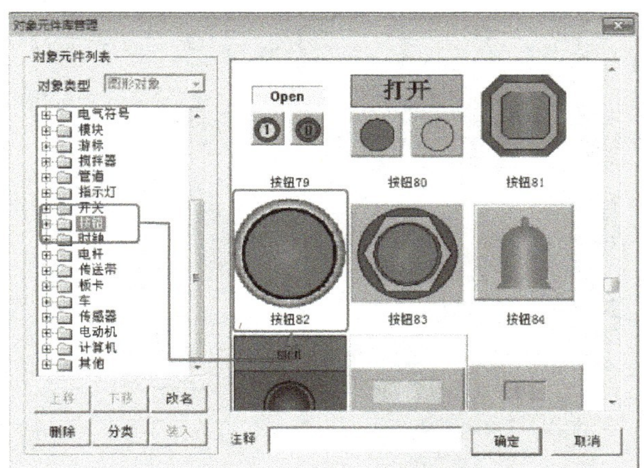

图 5-29　添加按钮

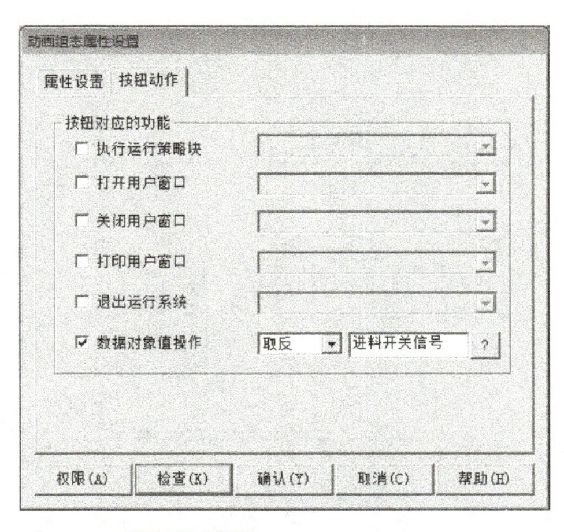

图 5-30　设置按钮动作

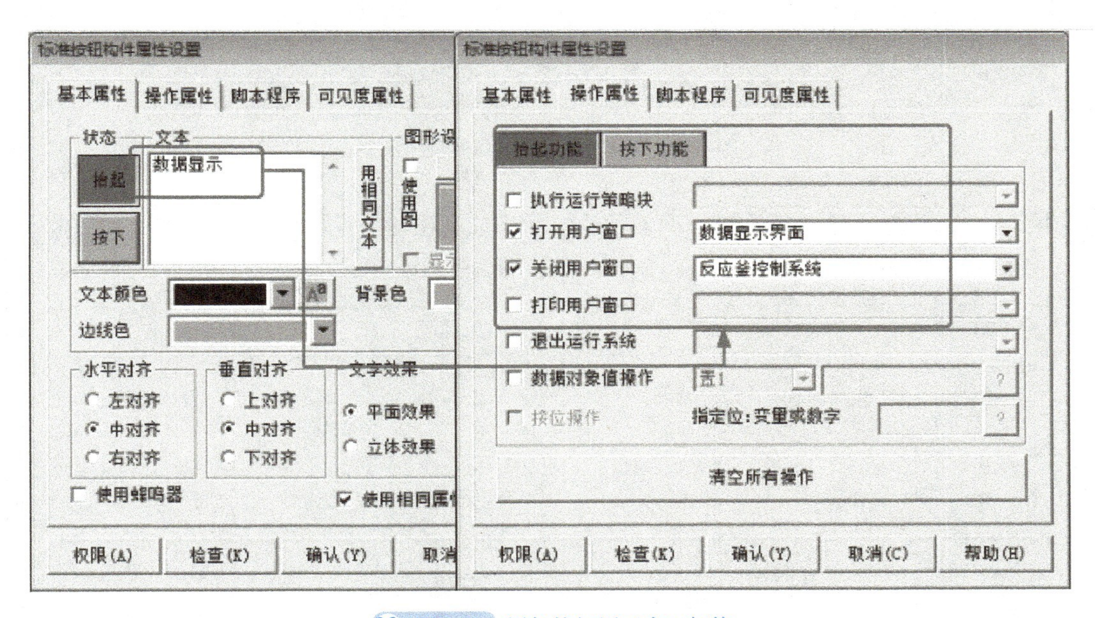

图 5-31　添加按钮用于窗口切换

5）单击工具箱中的“标签”图标**A**，对窗口组态界面进行注释，文本输入“反应釜控制系统”。整体布局如图 5-32 所示。

（5）温度显示与控制组态

1）釜内温度显示与夹层温度显示。单击工具箱中的“标签”图标**A**，在窗口拖拽两个矩形框，勾选输入输出连接下的“显示输出”，单击“显示输出”选项卡，连接表达式输入分别为“釜内温度显示值”“夹套温度 1”。勾选“单位”，在单位框中输入“度”，输出格式勾选“浮点输出”“四舍五入”。小数位数保留 2 位，在窗口示例中可以看到要显示内容的效果。如图 5-33、图 5-34 所示。

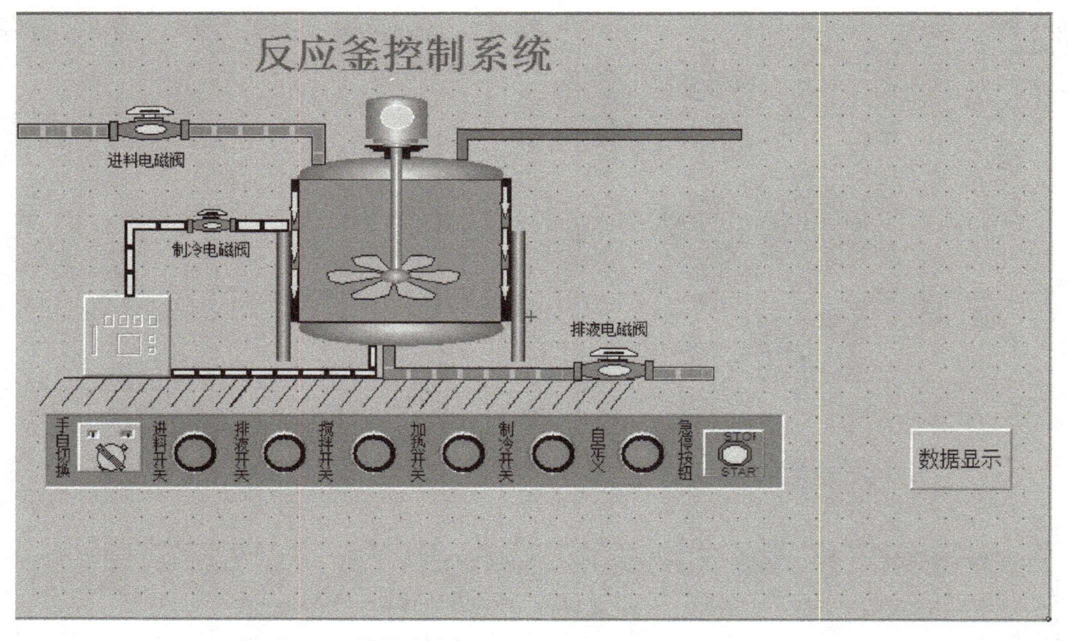

图 5-32 控制按钮组态整体界面

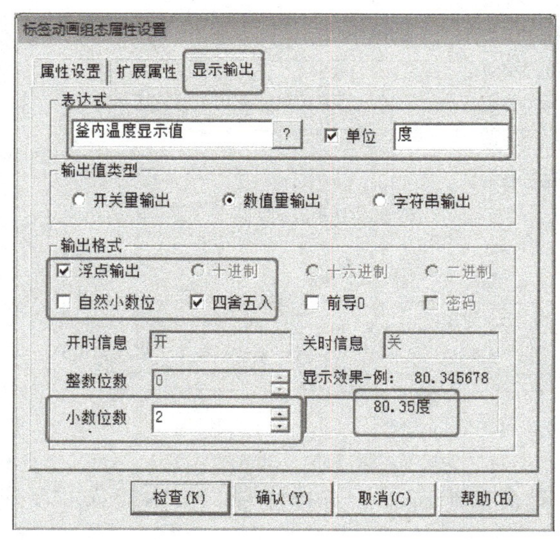

图 5-33 釜内温度显示

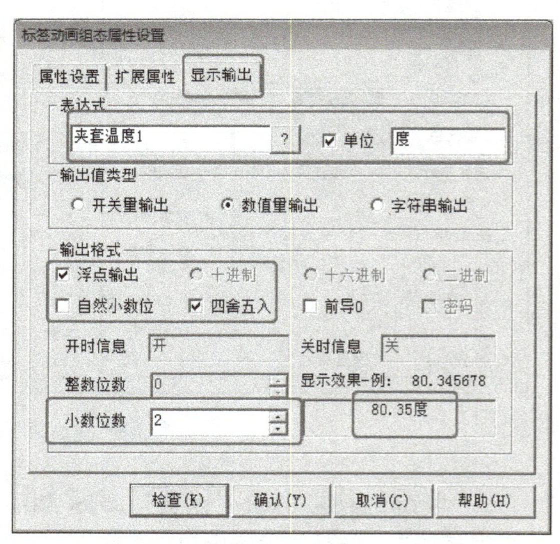

图 5-34 夹套温度显示

2）单击工具箱中的“标签”图标 A，在窗口拖拽两个矩形框，勾选输入输出连接下的“显示输出”，单击“显示输出”选项卡，连接表达式输入分别为“制冷流量开度 1”“加热棒制热功率 1”。勾选“单位”，在单位框中输入“%”，输出格式勾选“浮点输出”“四舍五入”。小数位数保留 2 位，在窗口示例中可以看到要显示内容的效果。如图 5-35、图 5-36 所示。

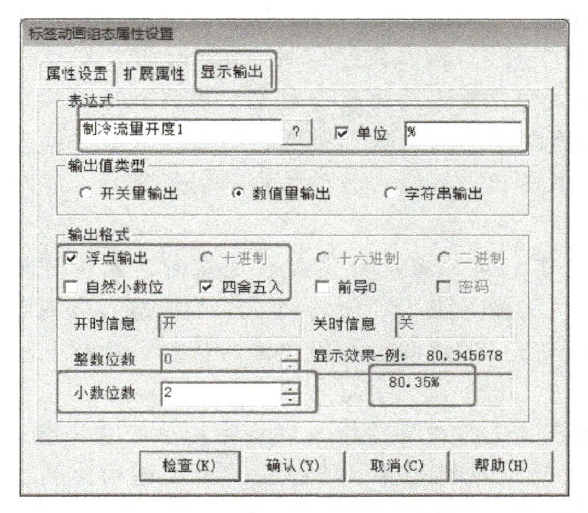

图 5-35 制冷流量开度显示

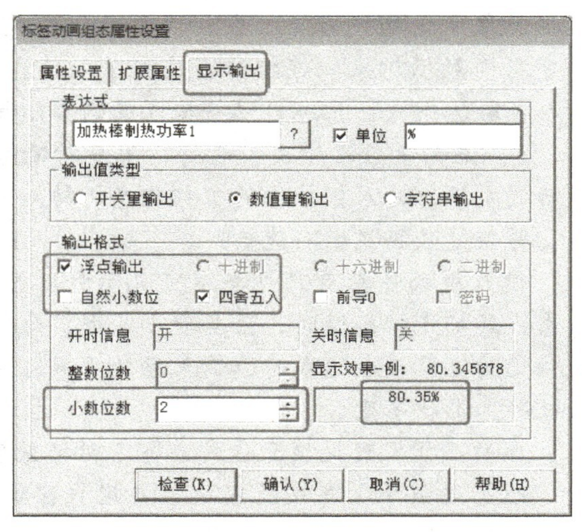

图 5-36 加热棒制热功率显示

3）温度设置输入框。在反应釜控制系统界面，双击工具箱中的“输入框”图标 ab|，在窗口界面上鼠标光标呈十字形，按住鼠标左键画出大小合适的输入框。双击添加的输入框，弹出“输入框构件属性设置”对话框，在“操作属性”选项卡中，单击对应数据对象的名称后的 ? 图标，在“变量选择”对话框中选择“釜内温度设定值”，单击“确认”回到“操作属性”选项卡；勾选“使用单位”，单位为“度”；取消勾选“自然小数位”，小数位数改为“2”，最小值改为“50”，最大值改为“100”；单击“确认”。如图 5-37 所示。

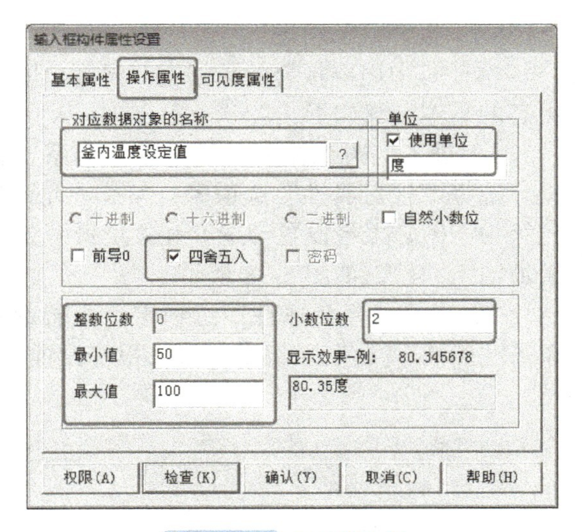

图 5-37 温度输入框

输入框

输入框构件用于接收用户从键盘输入的信息，通过合法性检查之后，将它转换成适当的形式，赋予实时数据库中所连接的数据对象。输入框构件也可以作为数据输出的器件，显示所连接的数据对象的值。形象地说，输入框构件在用户窗口中提供了一个观察和修改实时数据库中数据对象的值的窗口。

当输入框构件处于不激活状态时，作为数据输出用的窗口，将显示所连接的数据对象的值，并与数据对象的变化保持同步。单击输入框构件，或按下设置的快捷键，可使输入框进入激活状态。

当输入框构件处于激活编辑状态时，将中断显示数据，表示用户可以在此框内输入数据对象所需的内容（当该构件和数值型数据对象相连接时，应当输入一组数据，当它和字符型数据对象相连接时，应当输入适当的字符）。输入完毕，按下 Enter 键，则结束输入框激活模式，系统自动将输入的内容赋予该构件所连接的数据对象。用户也可以按下 Esc 键，来结束激活模式，此时，用户所输入的内容将不被赋予所连接的数据对象。结束激活模式后，输入框构件的工作状态将转入不激活状态，输入框构件内的闪烁光标也将消失，并恢复数据显示功能。

输入框构件具有可见与不可见两种状态。当满足指定的可见度表达式时，呈现可见状态，鼠标光标经过时，会呈现手掌形，此时单击输入框，可使它处于激活状态。当不满足指定的可见度表达式时，输入框处于不可见状态，不能向输入框中输入信息，鼠标光标经过时，形状不变。

如果不指定可见度表达式，即不对可见度属性进行设置，输入框构件处于可见状态。

组态过程中，双击已经放置在用户窗口中的输入框构件，将弹出“输入框构件属性设置”对话框。其中包括基本属性、操作属性和可见度属性 3 个选项卡。

（6）报警显示组态

本任务中需要报警的数据有“温度上限”“温度下限”和“进料超限信号”。报警显示组态的具体步骤如下：

1）进入实时数据库，双击数据对象“温度上限”，弹出“数据对象属性设置”对话框，选择“报警属性”选项卡，勾选“允许进行报警处理”，报警设置被激活；报警的优先级为“0”；报警设置勾选“开关量报警”；报警注释输入“温度过高，请立即降温”；报警值输入“1”，如图 5-38 所示。

2）选择“存盘属性”选项卡，报警数值的存盘勾选“自动保存产生的报警信息”，单击“确认”按钮，“温度上限”报警设置完毕，如图 5-39 所示。

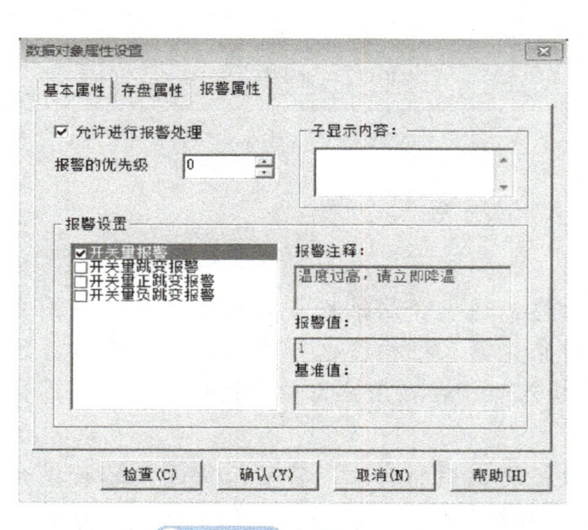

图 5-38 报警属性设置

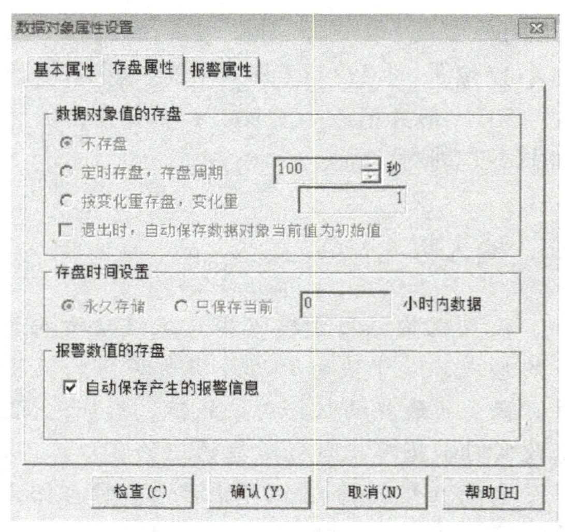

图 5-39 存盘属性设置

3）同理设置“温度下限”“进料超限信号”报警属性。“温度下限”报警注释输入

“温度过低，请立即升温”；“进料超限信号”报警注释输入“进料超限，请停止进料”。如图 5-40 和图 5-41 所示。

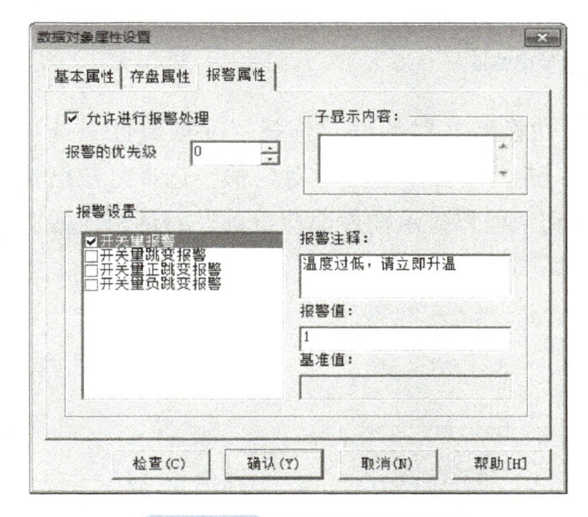

图 5-40　温度下限报警设置

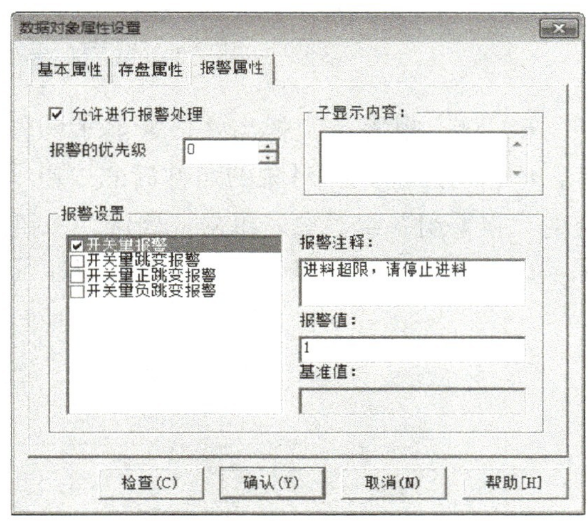

图 5-41　进料超限信号设置

4）设置报警组。进入实时数据库，双击报警组数据对象，弹出“数据对象属性设置”对话框，单击“存盘属性”选项卡，选择“定时存盘，存盘周期”，周期为 5s。后单击“组对象成员”选项卡，可以看到有数据对象列表和组对象成员列表，在左侧数据对象列表中分别选择“温度上限”“温度下限”和“进料超限信号”，单击“增加”按钮即添加到右侧列表中。如图 5-42、图 5-43 所示。

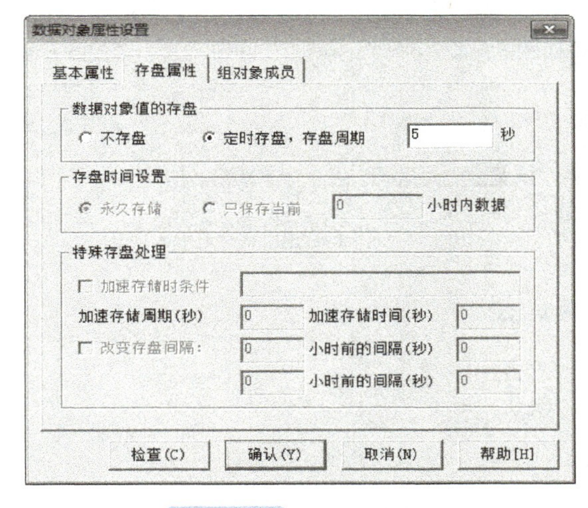

图 5-42　设置存盘时间

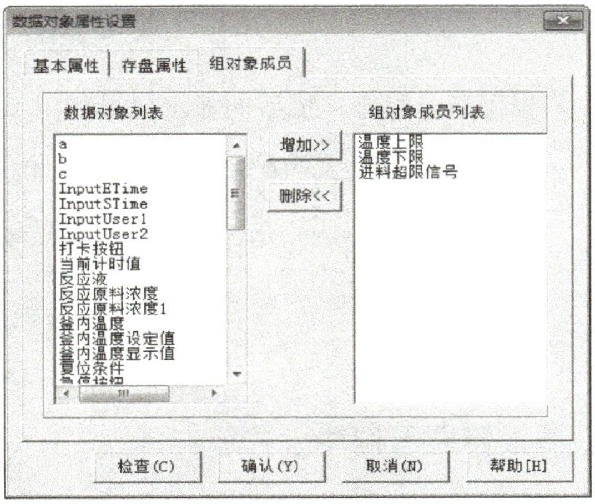

图 5-43　添加组对象成员

5）单击工具箱中的“报警显示”图标，当鼠标光标呈十字形时，在反应釜控制系统界面适当位置单击鼠标左键，拖动鼠标至合适大小，添加报警条，如图 5-44 所示。

时间	对象名	报警类型	报警事件	当前值	界限值	报警描述
03-27 16:38:13	Data0	上限报警	报警产生	120.0	100.0	Data0上限报
03-27 16:38:13	Data0	上限报警	报警结束	120.0	100.0	Data0上限报
03-27 16:38:13	Data0	上限报警	报警应答	120.0	100.0	Data0上限报

图 5-44 添加报警条

6）双击报警条，弹出“报警显示构件属性设置”对话框，选择“基本属性”选项卡，单击对应的数据对象的名称后的按钮 ? ，进入“变量选择”对话框，选择之前已建立的“报警组”组对象。单击“确认”按钮回到“报警显示构件属性设置”对话框，最大记录次数设为“6”，单击“确认”按钮即可。如图 5-45 所示。

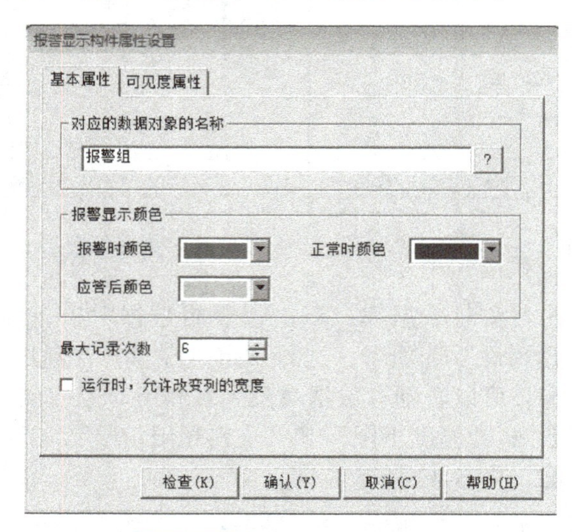

图 5-45 连接报警条变量

报警显示组态完成后的显示效果如图 5-46 所示。

时间	对象名	报警类型	报警事件	当前值	界限值	报警描述
03-27 16:49:30	温度下限	开关量报警	报警产生	开	开	温度过低，请立即升
03-27 16:50:21	进料超限信号	开关量报警	报警产生	开	开	进料超限，请停止进
03-27 16:50:33	进料超限信号	开关量报警	报警结束	关	开	进料超限，请停止进

图 5-46 报警显示效果

报警显示构件

MCGS 嵌入版系统把报警处理作为数据对象的属性，封装在数据对象内，由实时数据库自动处理。当数据对象的值或状态发生改变时，实时数据库判断对应的数据对象是否发生了报警或已产生的报警是否已经结束，并把所产生的报警信息通知给系统的其他部分。

报警显示构件专门用于实现 MCGS 嵌入版系统的报警信息管理、浏览和实时显示。构件直接与 MCGS 嵌入版系统中的报警子系统相连接，将系统产生的报警事件显示给用户。

报警显示构件具有可见与不可见两种显示状态，当指定的可见度表达式被满足时，报警显示构件将呈现可见状态，否则，将处于不可见状态。报警显示构件在可见的状态下，类似一个列表框，将系统产生的报警事件逐条显示出来。报警显示构件显示的报警信息包括报警开始、报警应答和报警结束等。

组态时双击报警显示构件，激活报警显示构件，使其进入编辑状态。在编辑状态下，用户可用鼠标自由改变报警信息显示列的宽度，对不需要的报警信息，将其列宽设置为 0 即可。单击用户窗口的其他地方，可以使报警显示构件处于非激活状态。

注意：报警显示构件永远位于所有其他构件或图形对象的上面，不能对本构件的层次进行操作。在编辑状态下，双击报警显示构件的显示区，弹出“报警显示构件属性设置”对话框。其中包括“基本属性”和“可见度属性”两个选项卡。

（7）数据显示窗口组态

首先进行温度实时数据表格的制作。

1）在用户窗口中新建一个窗口，窗口名称、窗口标题为“数据显示界面”，双击“数据显示界面”窗口，进入动画状态。选择工具箱中的“标签”图标 A，制作 1 个“数据显示”标题及 2 个注释“自由表格”和“历史曲线”。

2）单击工具箱中的“自由表格”图标，在“数据显示界面”窗口中的适当位置绘制一个表格。双击表格进入编辑状态。把鼠标指针移到 A 与 B 或 1 与 2 之间、鼠标指针呈分割线形状时，拖动鼠标至所需表格的大小（同 Excel 表格的编辑方法）。保持编辑状态，这时工具栏中与表格处理相关的工具被激活，通过单击鼠标右键弹出的下拉菜单中的“增加一行”“减少一行”“增加一列”和“减少一列”命令，制作所需的表格。如图 5-47 所示。

3）在 A 列单元格中分别输入“进料阀”“搅拌电动机”“排液阀”“釜内温度设定值”“釜内温度显示值”“夹套温度”“制冷流量开度”和“加热棒制热功率”。在“釜内温度设定值”“釜内温度显示值”“夹套温度”“制冷流量开度”和“加热棒制热功率”对应的 B 列单元格中添加“2|0”（“2|0”中的“2”表示有几位小数，“0”表示有几个空格），因为“进料阀”“搅拌电动机”和“排液阀”都是开关量，只有 0 和 1 的变化，可以不在它们后面添加小数。如图 5-48 所示。

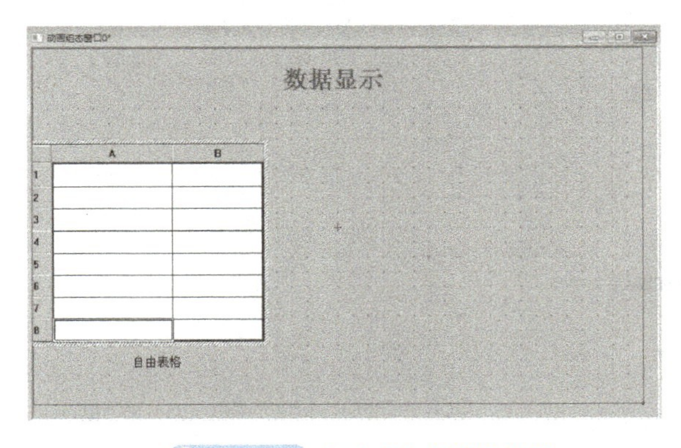

图 5-47　自由表格的编辑效果

进料阀	
搅拌电动机	
排液阀	
釜内温度设定值	2|0
釜内温度显示值	2|0
夹套温度	2|0
制冷流量开度	2|0
加热棒制热功率	2|0

自由表格

图 5-48　表格的设置

4）在编辑状态下，选中“进料阀”所对应的单元格，单击鼠标右键。从下拉菜单中选取“连接”命令，再次单击鼠标右键，弹出“数据对象列表”，双击“进料阀开启信号”，“进料阀”所对应的B列单元格中的数据即为进料阀开启信号“开启”和“关闭”的数据。同理建立其余数据连接，如图5-49、图5-50所示。单击空白处完成连接。

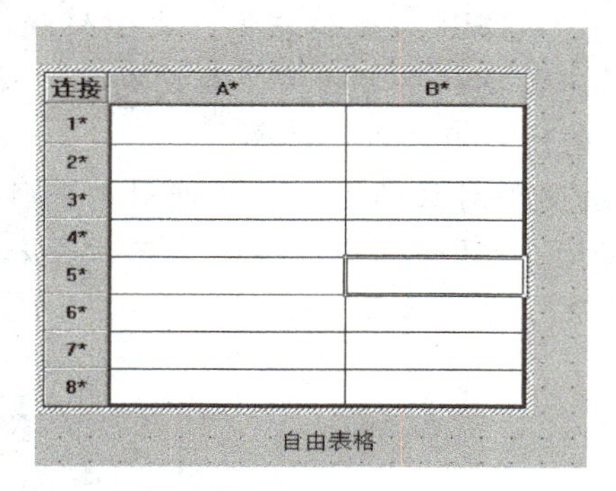

图5-49 自由表格的修改

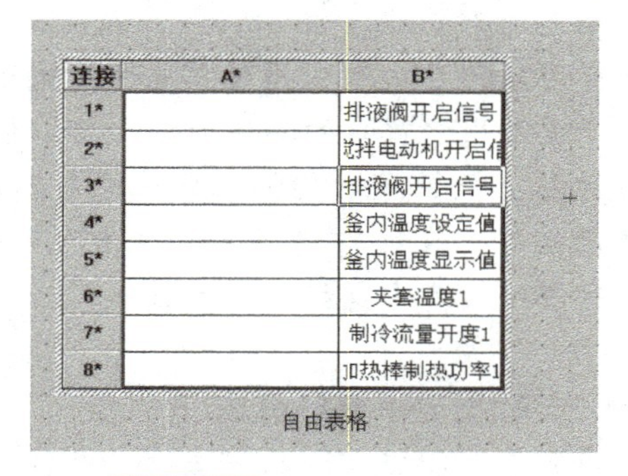

图5-50 自由表格连接数据

同样，还需要对历史曲线构件进行组态以显示温度历史数据。

5）在“数据显示界面”中，单击工具箱中的“历史曲线”图标，在窗口的适当位置绘制历史曲线。

6）双击历史曲线，弹出“历史曲线构件属性设置”对话框，历史曲线的设置见图5-51。

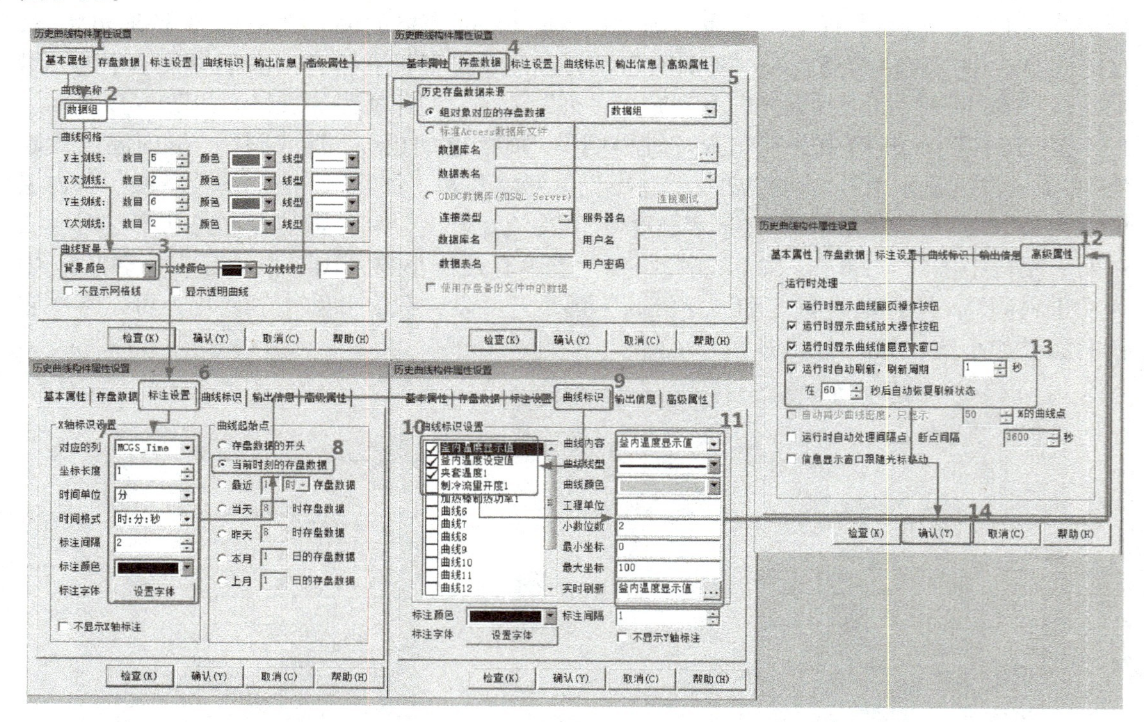

图5-51 历史曲线的设置

① 在“基本属性”选项卡中，曲线名称输入“数据组”，背景颜色设置为白色。

② 在“存盘数据”选项卡中，组对象对应的存盘数据选择“数据组”（这里只能选组对象，如果没有选择对象，需要查看组对象是否设置成功）。

③ 在“标注设置”选项卡中，对应的列选择“MCGS_Time”，时间单位选择“分”，时间格式为“时：分：秒”，曲线起始点选择“当前时刻的存盘数据”。

④ 在“曲线标识”选项卡中，勾选“釜内温度显示值”，曲线内容为“釜内温度显示值”，曲线线型选择中型，曲线颜色为浅绿色，最小坐标为“0”，最大坐标为“100”，实时刷新为“釜内温度显示值”。勾选“釜内温度设定值”“夹套温度 1”时的设置步骤同“釜内温度显示值”（曲线颜色分别为红色、浅蓝色）。

⑤ 在“高级属性”选项卡中，勾选“运行时显示曲线翻页操作按钮”“运行时显示曲线放大操作按钮”“运行时显示曲线信息显示窗口”和“运行时自动刷新，刷新周期”，周期改为 5s，在 60s 后自动恢复刷新状态。

⑥ 单击“确认”按钮即可。

7）按 F5 键或单击“下载”图标进入运行环境后，单击“数据显示”按钮，即可打开“反应釜数据显示”界面。

（8）组态定时器

化工生产属于高危险性行业，工程设备运行期间往往需要人员保持实时在岗，监控设备运行状态。可以在系统中添加一个定时器，每隔一段时间便弹出提示对话框，检测人员在岗情况，以免意外情况的发生。

反应釜定时器组态

1）打开“运行策略”窗口，双击“循环策略”进入循环策略组态窗口，如图 5-52 所示。在项目四中用到了运行策略中的循环策略，并在循环策略下添加脚本程序，这里学习使用定时器。

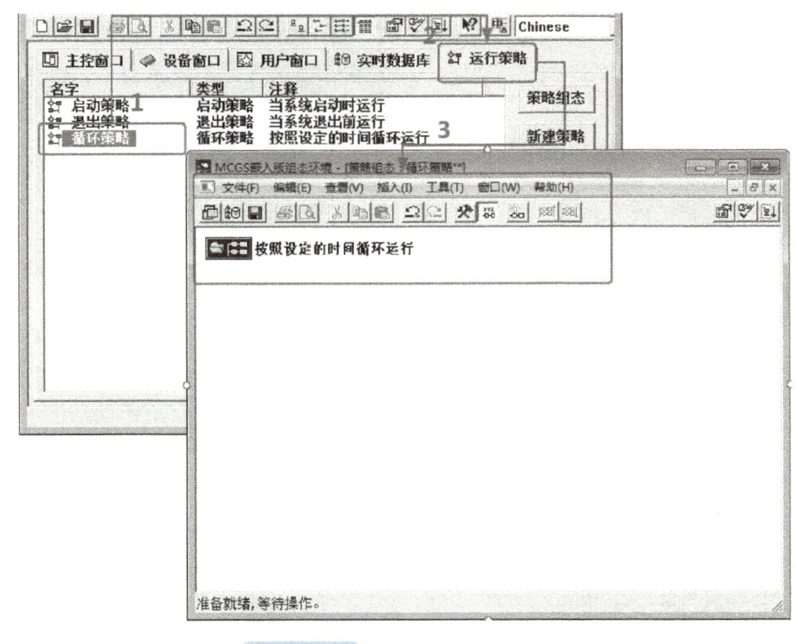

图 5-52　进入循环策略组态

2）在循环策略组态窗口中单击工具栏中的图标，添加新的策略行。单击图标弹出“策略工具箱”窗口，单击“定时器”后移动鼠标到窗口内会有一个小手的标志，将“定时器”移动到策略行空白矩形框内，单击即可添加，如图 5-53 所示。

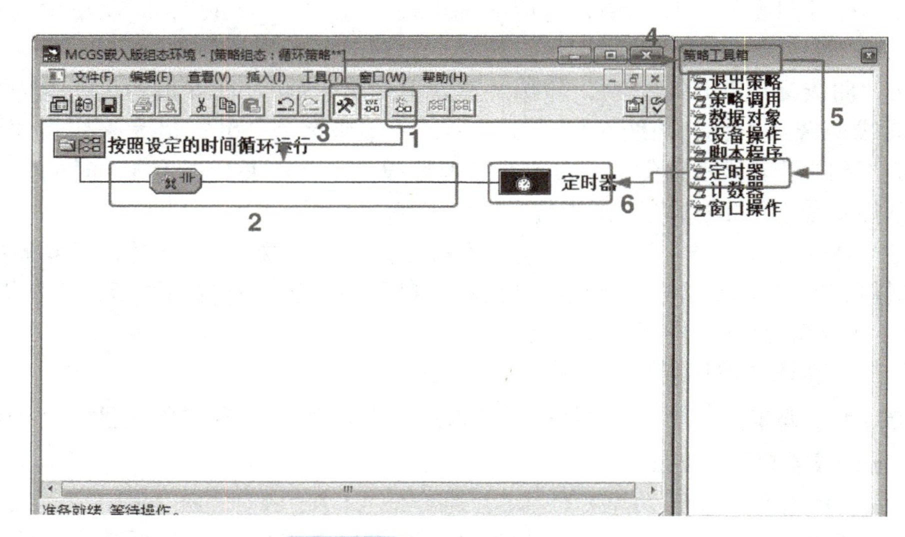

图 5-53 添加定时器到策略行

3）使用定时器之前，需要在循环策略组态窗口中双击图标，弹出“策略属性设置”对话框，修改循环时间，如图 5-54 所示。项目 4 介绍了循环时间的作用，这里设置循环时间为 100ms，即系统每 100ms 执行一次操作。

4）双击刚刚创建的“定时器”图标，弹出“定时器”对话框，修改设定值为“20”，单位默认为秒，单击当前值后面的按钮 ? ，连接之前建立的实时数据库中的“当前计时值”，计时条件连接“计时条件”，复位条件连接“复位条件”，内容注释为“定时器”，如图 5-55 所示。

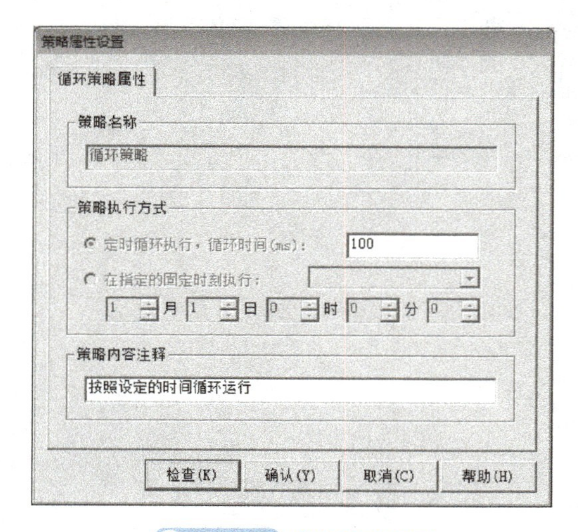

图 5-54 修改循环时间

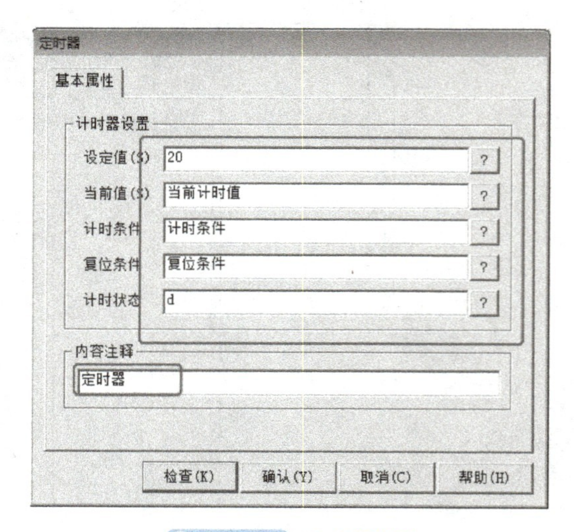

图 5-55 定时器设置

定时器

（1）构件功能

本构件以时间作为条件，当到达设定的时间时，构件的条件成立一次，否则不成立。定时器功能构件通常用于循环策略块的策略行中，作为循环执行功能构件的定时启动条件。定时器功能构件一般应用于需要进行时间控制的功能部件，如定时存盘、定期打印报表、定时给操作员显示提示信息等。

（2）组态设置

定时器功能构件的“基本属性”选项卡如图 5-56 所示。

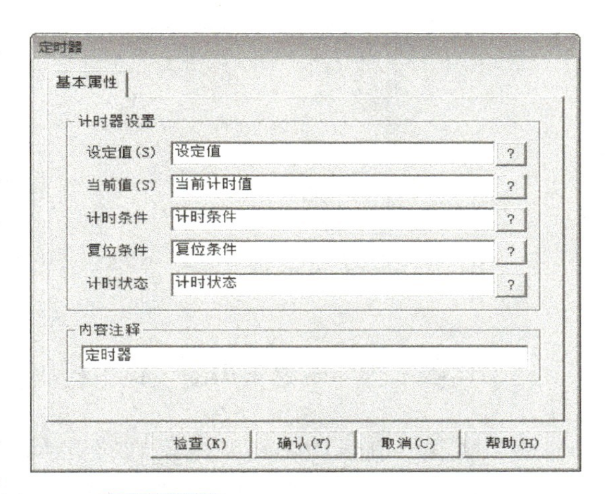

图 5-56　定时器“基本属性”窗口

1）设定值。设定值对应一个表达式，用表达式的值作为定时器的设定值。当定时器的当前值大于等于设定值时，本构件的条件一直满足。定时器的时间单位为秒（s)，也可以设置成小数，以处理 ms 级的时间。如设定值没有建立连接或把设定值设为 0，则构件的条件永远不成立。

2）当前值。当前值和一个数值型的数据对象建立连接，每次运行到本构件时，把定时器的当前值赋给对应的数据对象。如果没有建立连接，则不处理。

3）计时条件。计时条件对应一个表达式，当表达式的值为非零时，定时器进行计时，当表达式的值为零时，定时器停止计时。如果没有建立连接，则认为时间条件永远成立。

4）复位条件。复位条件对应一个表达式，当表达式的值为非零时，对定时器进行复位，使其从 0 开始重新计时，当表达式的值为零时，定时器一直累计计时，到达最大值 65535 后，定时器的当前值一直保持该数，直到复位条件成立。如果复位条件没有建立连接，则认为定时器计时到设定值，构件条件满足一次后，自动复位重新开始计时。

5）计时状态。计时状态和开关型数据对象建立连接，把计时器的计时状态赋给数据对象。当当前值小于设定值时，计时状态为 0，当当前值大于等于设定值时，计时状态为 1。

6）内容注释。该栏内输入对设定的时间条件进行注释说明的文字。

（9）添加脚本程序

以上在循环策略里已经添加了一个策略行用于定时器，下面再添加一个策略行用于脚本程序的控制。

1）在循环策略组态窗口中单击图标，添加新的策略行。单击

图标弹出“策略工具箱”窗口，单击“脚本程序”后移动鼠标到窗口内，出现一个小手的标志，将其移动到策略行空白矩形框内单击即可添加，添加完成后可以看到循环策略中有两个策略行分别用于控制定时器和脚本程序。操作流程可参考图 5-57。

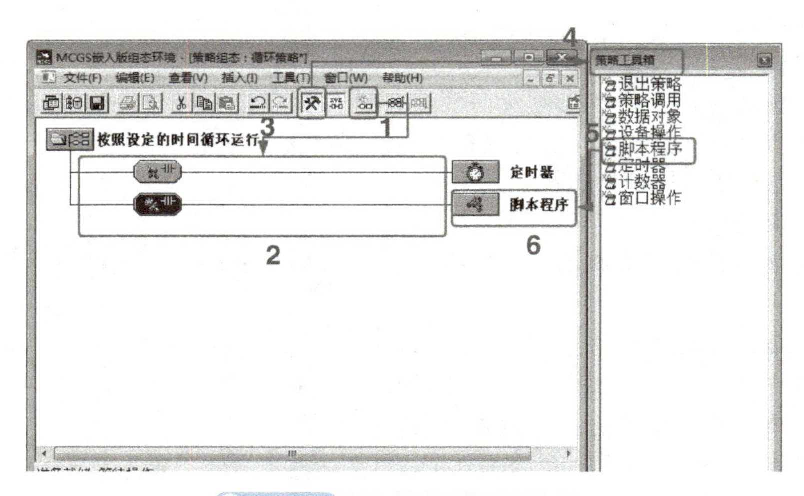

图 5-57 添加脚本程序到策略行

2）在脚本程序策略行中输入以下代码：

```
/* 温度、制热功率、制冷流量的显示换算 */
夹套温度 1=( 夹套温度 /27648)*200
加热棒制热功率 1=( 加热棒制热功率 /27648)*100
制冷流量开度 1=( 制冷流量开度 /27648)*100
/* 定时器的控制 */
    计时条件 =1
if 当前计时值 >=30 then
    当前计时值 =0
    复位条件 =1
else
    复位条件 =0
endif
/* 打卡 */
if 打卡按钮 =1 then
    复位条件 =1
endif
/* 弹出提示窗口 */
if 当前计时值 >20 and 当前计时值 <30  then
    OpenSubWnd( 提示窗口 ,0,0,200,100,0)
else
```

```
    CloseSubWnd(提示窗口)
endif
/*罐体动画显示*/
if 进料阀开启反馈信号=1 then
    反应液=反应液+3
    if 反应液>90 then
        反应液=90
    endif
endif

/*罐体动画显示*/
if 排液阀开启信号=1 then
    反应液=反应液-3
endif
if 反应液<0 then
    反应液=0
endif
if 进料到位信号=1 then
    反应液=90
endif
/*搅拌叶动画*/
if 搅拌电动机开启反馈信号=1 then
    c=c+25
endif
    if c>100 then
        c=0
    endif
    if c>=0 and c<50 then
        a=1
        b=0
    endif
    if c>50 and c<100 then
        a=0
        b=1
    endif
/*温度报警*/
if(釜内温度设定值-釜内温度显示值)>10 then
    温度下限=1
else
```

```
    温度下限=0
endif

if(釜内温度显示值-釜内温度设定值)>10 then
    温度上限=1
else
    温度上限=0
endif
```

项目组态完成后，可以利用博途的PLCSIM仿真器以及工业组态虚拟仿真实训软件进行模拟联调。模拟联调运行情境如图5-58所示。

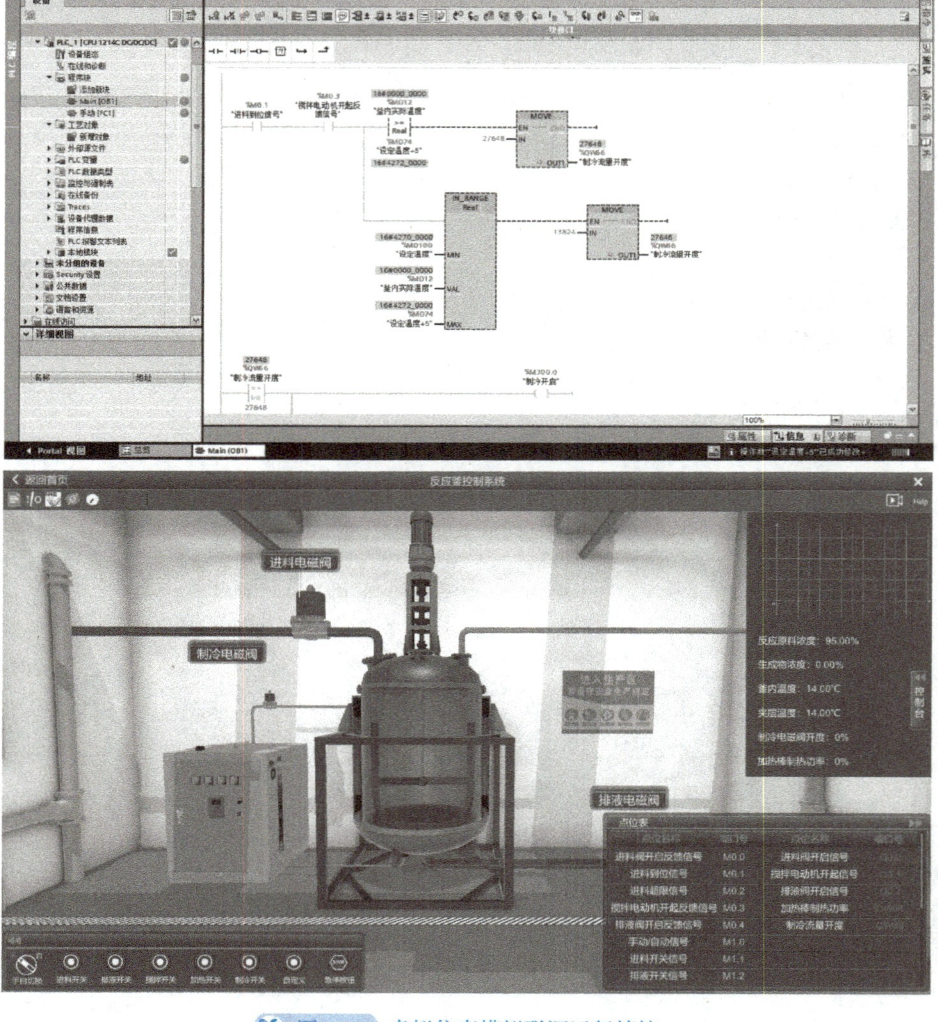

图5-58 虚拟仿真模拟联调运行情境

实训总结

（1）历程回顾

本项目通过反应釜控制系统学习了工业控制中一些复杂、不易理解的工业过程。通过 MCGS 嵌入版组态软件和同立方工业组态虚拟仿真实训软件，完全真实地模拟了反应釜从原料到反应完成生成反应液的一系列控制过程。触摸屏是用户与 PLC 和反应釜双向沟通的桥梁，通过对触摸屏的组态，使运行系统过程可视化，从而能够及时对系统进行响应，确保系统安全、稳定运行。

（2）实践评价

项目 5 评价表

姓名		班级			
评分内容	项目	评分标准	自评	同学评分	教师评分
报警显示与历史曲线	1）能正确在项目中建立报警数据及界面	5 分			
	2）能正确在项目中建立历史曲线	5 分			
用户窗口组态	1）完成用户窗口中构件摆放，设计美观大方	5 分			
	2）正确设置构件属性	10 分			
	3）完成图形构件与数据对象的连接	10 分			
	4）正确编写脚本程序	10 分			
实时数据库组态	正确完成所需实时数据的建立与连接	5 分			
模拟运行调试	1）正确组态工程，报警数据能正确显示，历史曲线能正确显示	10 分			
	2）操作验证系统完成既定功能	15 分			
职业素养与安全意识	工具器材使用符合职业标准，保持工位整洁	5 分			
拓展与提升	本项目中我通过帮助文件了解到：	20 分			
学生签名			总分		
教师签名					

项目 6
基于 MCGS 的面包自动配料系统设计

项目背景

随着科技的进步与生产技术的提高，食品加工产业正逐步从过去的人力手工制作向自动化流水线式生产模式演化。现代化的面包自动配料系统具有生产效率高、品质稳定、成本低廉等优点。由高精度称重控制仪、性能稳定的 PLC 以及组态软件共同组成的面包自动配料系统，可以实现从配方设定、材料搅拌，到面包的出炉等生产全过程的自动化、智能化监控。

学习目标

（1）知识目标

1）了解组合框的制作和使用。

2）掌握配方组态的设计和使用。

3）掌握操作权限设置方法、系统权限管理设置方法。

（2）技能目标

1）学会面包自动配料系统分析及界面构造。

2）学会系统界面设计，能完成数据对象定义及动画连接。

3）能熟练编写简单的脚本程序。

4）学会配方组态、权限设置、系统权限管理设置。

5）学会组合框的制作。

（3）素质目标

了解我国粮食资源的现状，认识《中华人民共和国反食品浪费法》的合理性与必要性。

知识点

1）组合框构件介绍。

2）MCGS 配方管理基本原理。

3）配方功能具体说明。

4）操作权限设置。

项目实操

任务 6.1　基于 MCGS 的面包自动配料系统组态设计

任务目标

某面包店订购了一台面包自动配料机器，电气系统和 PLC 程序都已设计完成。现需要工程技术人员利用 MCGS 嵌入版组态软件设计一套面包自动配料系统界面，以便监控面包制造的过程并进行控制。面包自动配料系统手动、自动界面如图 6-1 所示。

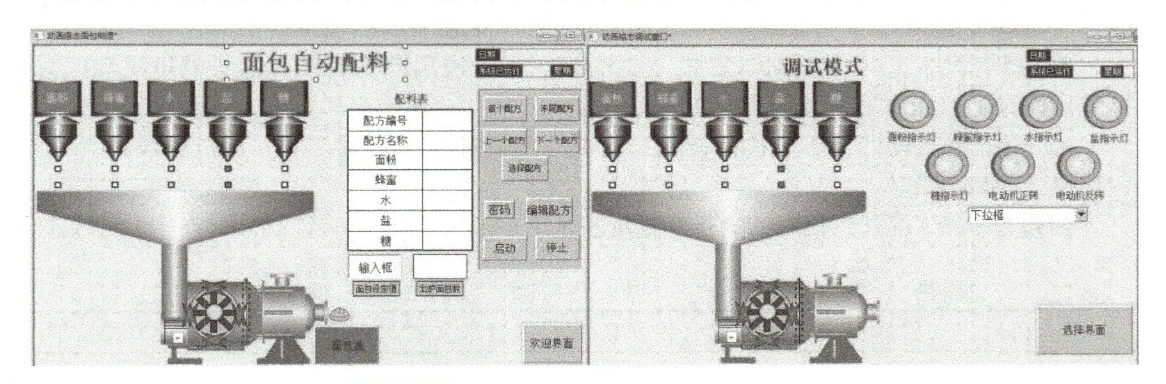

图 6-1　面包自动配料系统手动、自动界面

根据面包店的订购要求，该系统应实现以下效果。

该系统分为自动和手动两种模式，可通过交互界面进行工作状态切换。

（1）自动模式

1）在自动模式下，用户可以在面包生产时监控面包配料（面粉、蜂蜜、水、盐、糖）和电动机的运行状态、生产时的配料表、当天的日期、系统已运行时间等信息。

2）用户可以选择生产的面包配方（甜面包、低糖面包、无糖面包）。有首个配方、末尾配方、上一个配方、下一个配方、选择配方、编辑配方（编辑配方有权限设置，只有管理员可以编辑，员工不能编辑）等选择按钮。

3）用户可以输入要生产的面包数，记录出炉面包数（一次出炉 20 个面包）。当出炉的面包数等于输入的生产面包数时，机器自动停止运行并在界面上弹出提示（手动可以关闭），提醒面包生产完毕。

（2）手动模式（调试模式）

用户可以通过下拉列表框随机选择面粉机器、蜂蜜机器、水机器、盐机器、糖机器、电动机正转、电动机反转。被选择的机器自动运行并且该机器的指示灯亮，5s 后机器停止运行，该机器的指示灯灭，以此来检验各台机器的运行状态，以便发现机器是否损坏。

任务分析

本项目组态过程包括以下内容：

1）界面设计。本任务需要在用户窗口建立“面包制造”“调试窗口”“欢迎界面”和“提示窗口”4个窗口。“面包制造”窗口界面含有5个出料机器图形，1个储存料斗，1台电动机，1个显示配料信息的自由表格，1个输入框，1个位图，多个用来显示时间、出炉面包数、注释的标签，多个按钮。“调试界面”窗口界面含有“面包制造”界面的制造面包图形与显示时间的标签（可以从“面包制造”界面直接复制），7个指示灯，1个组合框，1个按钮。“欢迎界面”窗口界面含有2个标签、2个按钮、1个开关。“提示窗口”窗口界面含有1个提醒标签和2个按钮。

2）动画制作。各图形对象动画效果如下：出料机器通过下方两个小方块是否可见及闪烁来判断机器是否运行；电动机通过横竖扇叶和呈45°倾斜的扇叶交替可见来表示电动机是否运行，通过电动机周围箭头是否可见和闪烁来表示电动机运行的方向（顺时针为反转，逆时针为正转）；通过面包图片的闪烁和是否可见来表示面包出炉。

3）脚本程序。PLC和MCGS的数据交换、电动机扇叶的转动、箭头的可见和闪烁、提醒标志是通过脚本程序实现的。

4）配方组态设计与安全机制设置。完成系统的配方组态设计和安全机制设置，其中包括操作权限设置。

面包自动配料系统与PLC交互变量见表6-1。

表6-1 面包自动配料系统与PLC交互变量

序号	名称	类型	备注
1	面粉设定值	数值型	读写PLC MWUB112
2	蜂蜜设定值	数值型	读写PLC MWUB114
3	水设定值	数值型	读写PLC MWUB116
4	盐设定值	数值型	读写PLC MWUB116
5	糖设定值	数值型	读写PLC MWUB120
6	面包设定值	数值型	读写PLC MWUB122
7	出炉面包数	数值型	读写PLC MWUB124
8	启动	开关型	读取PLC M200.0
9	停止	开关型	读取PLC M200.1
10	手自动开关	开关型	读取PLC M200.3
11	电动机正转	开关型	读取PLC M200.4
12	电动机反转	开关型	读取PLC M200.6
13	面粉进料	开关型	读取PLC M200.6
14	蜂蜜进料	开关型	读取PLC M200.7
15	水进料	开关型	读取PLC M201.0
16	盐进料	开关型	读取PLC M201.1
17	糖进料	开关型	读取PLC M201.2

（续）

序号	名称	类型	备注
18	手动面粉启动	开关型	读取 PLC M500.0
19	手动蜂蜜启动	开关型	读取 PLC M500.1
20	手动水启动	开关型	读取 PLC M500.2
21	手动盐启动	开关型	读取 PLC M500.3
22	手动糖启动	开关型	读取 PLC M500.4
23	手动电动机正转起动	开关型	读取 PLC M610.1
24	手动电动机反转起动	开关型	读取 PLC M620.1
25	手动面粉显示	开关型	读取 PLC M510.0
26	手动蜂蜜显示	开关型	读取 PLC M510.1
27	手动水显示	开关型	读取 PLC M510.2
28	手动盐显示	开关型	读取 PLC M510.3
29	手动糖显示	开关型	读取 PLC M510.4
30	面粉闪烁	开关型	读取 PLC M600.0
31	蜂蜜闪烁	开关型	读取 PLC M600.1
32	水闪烁	开关型	读取 PLC M600.2
33	盐闪烁	开关型	读取 PLC M600.3
34	糖闪烁	开关型	读取 PLC M600.4

任务设备

（1）任务设备清单

面包自动配料系统组态设计任务设备清单见表 6-2。

表 6-2　面包自动配料系统组态设计任务设备清单

序号	设备	数量
1	装有 MCGS 嵌入版组态软件的计算机	1
2	西门子博途 V15 全集成自动化编程软件	1
3	同立方工业组态虚拟仿真实训软件	1

（2）PLC 程序

本实训任务使用的 PLC 程序较为复杂，读者可以登录本书配套资源的网址下载。

任务实操

（1）创建工程

创建基于 TPC7062Ti 型触摸屏的工程项目，背景颜色选用默认的灰色。列宽、行高不变。

（2）建立设备组态

对 S7-1200 PLC 进行硬件通信组态，操作步骤不再详述。

（3）创建用户窗口

首先制作启动时的欢迎界面。欢迎界面虽然不能实现具体的监控功能，但可以使系统更加人性化，优化使用感受。

1）在用户窗口中单击“新建窗口”按钮，建立“窗口 0”，选中“窗口 0”，单击“窗口属性”按钮或单击鼠标右键选择“属性”，进入“用户窗口属性设置”对话框。选择“基本属性”选项卡，窗口名称输入“欢迎界面”，窗口标题输入“欢迎界面”，其他不变，单击“确认”按钮，如图 6-2 所示。同理创建“面包制造”窗口、“调试窗口”窗口和“提示窗口”窗口。“面包制造”和“调试窗口”的窗口背景改为淡蓝色。

2）在用户窗口中，选中“欢迎界面”窗口，单击鼠标右键，选择下拉菜单中的“设置为启动窗口（U）”命令，将该窗口设置为运行时自动加载的窗口，如图 6-3 所示。

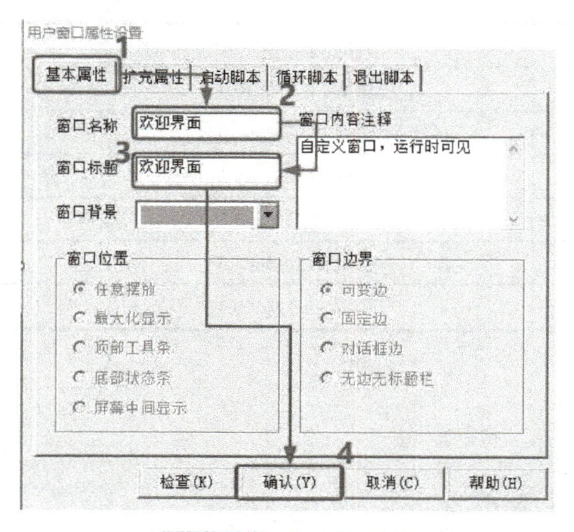

图 6-2 欢迎界面设置

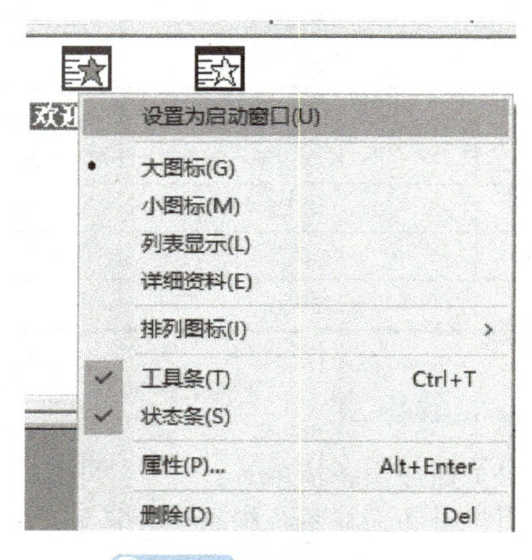

图 6-3 启动窗口的设置

（4）编辑欢迎界面

1）选中“欢迎界面”窗口图标，单击“动画组态”按钮，或双击“欢迎界面”窗口图标，进入动画制作窗口，如图 6-4 所示。

2）制作按钮。单击工具箱中的“标准按钮”图标，当鼠标的光标在窗口中呈十字形时，移动鼠标至合适的位置，按住鼠标左键画出一个适当大小的长方形按钮。双击按钮，进入“标准按钮构件属性设置”对话框，选择“基本属性”选项卡，在文本里输入“面包制造”；选择“脚本程序”选项卡，在按下脚本中输入脚本程序，如图 6-5 所示。同理制作“手动调试”按钮，脚本程序中的“用户窗口 . 面包制造 .open()”改为“用户窗口 . 调试窗口 .open()”，其他不变。MCGS 嵌入版系统对象和函数列表以树结构的形式列出了工程中所有的窗口、策略、设备、变量、系统支持的各种方法、属性以及各种函数，以供用户快速查找和使用。如可以在用户窗口树中，选定一个窗口“窗口 0”，单击鼠标右键，选择下拉菜单中

的“方法”→“Open 函数”，双击，则 MCGS 嵌入版系统自动在脚本程序编辑框中添加一行语句“用户窗口 . 窗口 0.open()”，通过这行语句，就可以完成窗口打开工作。

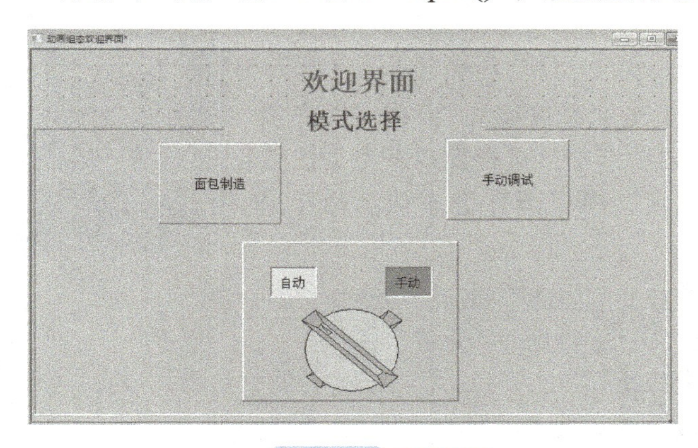

图 6-4　欢迎界面

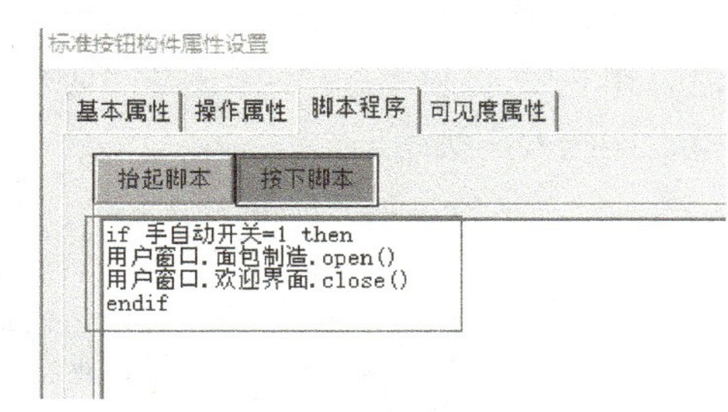

图 6-5　按钮脚本程序的编写

3）制作选择开关。单击工具箱中的“插入元件”图标，弹出“对象元件库管理”对话框。在开关类中选择“开关 6”，单击“确定”，如图 6-6 所示。开关后面的背景使用“常用符号”图标里的“凹平面”图标设置，单击图标，调整凹平面大小，包裹开关和按钮，单击鼠标右键，在下拉菜单中选择“排列”→“最后面”。

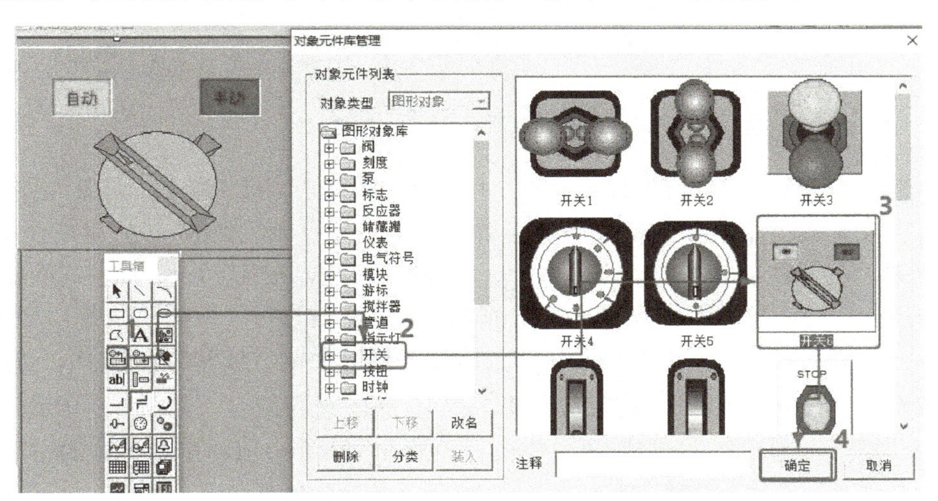

图 6-6　开关的选择

4）制作文字框。单击工具箱中的“标签”图标，鼠标光标呈十字形，在窗口顶端中心位置拖拽鼠标，根据需要拖拽出一个一定大小的矩形框。在光标闪烁位置输入文字“欢迎界面”，按 Enter 键或单击窗口任意位置，文字输入完毕。选中文字框，鼠标双击文字框，在“标签动画组态属性设置”对话框中，单击“字符字体”图标，设置文字字体为“宋体”，字形为“粗体”，大小为“一号”，单击“确定”按钮返回属性设置，填充颜色选择“没有填充”，边线颜色选择“没有边线”，字符颜色选择蓝色，单击“确认”。

同理设置“模式选择”文字框，设置文字字体为“宋体”，字形为“粗体”，大小为“二号”，单击“确定”按钮返回属性设置，填充颜色选择银色，边线颜色选择“没有边线”，字符颜色选择藏青色。

（5）编辑面包制造窗口

MCGS 面包自动配料调试窗口

1）选中“面包制造”窗口图标，单击“窗口属性”，在“用户窗口属性设置”对话框中的“基本属性”选项卡中，选择窗口背景为浅蓝色。单击“动画组态”或双击“面包制造”窗口图标进入动画制作窗口，如图 6-7 所示。

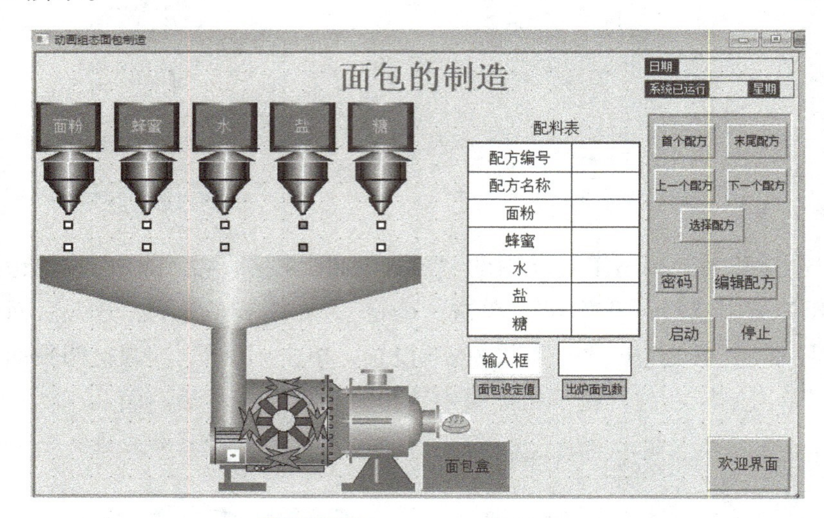

图 6-7 面包制造窗口界面

2）制作出料机器。单击工具箱中的“插入元件”图标，弹出“对象元件库管理”对话框。在反应器类中选择“反应器 1”，在储存罐类中选择“罐 5”。选中反应器 1，单击鼠标右键，在下拉菜单中选择“排列”→“分解图符”，按住 Ctrl 键选中与图中出料机器相比多出的图符，单击 Delete 键删除（或单击鼠标右键选择“删除”命令）。选中罐 5，单击“翻转”图标，使罐 5 翻转 180°。单击工具箱中的“标签”图标，颜色选择青色，文本框中输入“面粉”，把反应器 1、罐 5、标签进行组合，如图 6-8 所示。单击工具箱中的“矩形”图标，制作两个矩形框，放在图 6-8 中面粉出料机器的正下方。复制粘贴 4 个同样的结构，依次把标签修改为蜂蜜、水、盐和糖。

3）制作储存料斗。单击工具箱中的“插入元件”图标，弹出“对象元件库管理”对话框，在储存罐类中选择“罐 56”。在动画组态中选中罐 56，单击右键，在弹出的下拉菜单中选择“排列”→“分解单元”，去掉上面的浅蓝色图形后，再次选中罐 56 并单击鼠标右键，在弹出的下拉菜单中选择“排列”→“分解图符”，去掉上面的灰色椭圆图后，再次选中罐 56，调整大小。单击工具箱中的“常用图符”图标中的“竖管道”图标，调整大小，把“罐 56”和“竖管道”放在界面中合适的位置，如图 6-9 所示。

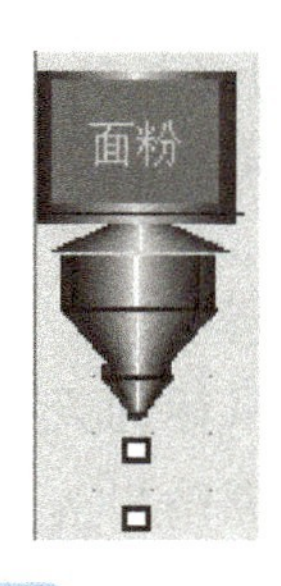

图 6-8 制作面粉出料机器

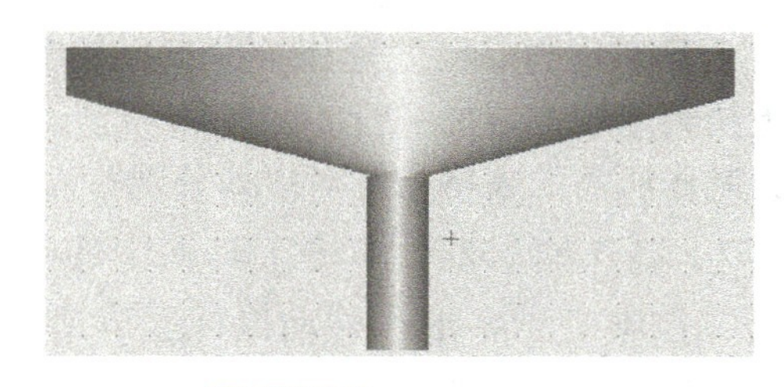

图 6-9 制作储存料斗

4）制作电动机。单击工具箱中的“插入元件”图标，弹出“对象元件库管理”对话框，在泵类中选择“泵 5”。用工具箱中的“折线”图标和“矩形”图标画出一个与水平线夹角为 45° 的矩形和一个水平矩形，利用复制（Ctrl+C）、粘贴（Ctrl+V）、旋转（“左旋 90°”图标、“右旋 90°”图标）、Y 翻转（“Y 翻转”图标）命令制作“米”字形。单击“椭圆”图标，当鼠标的光标在窗口中呈十字形时，移动鼠标至合适的位置，按住鼠标左键画一个大小合适的圆形，双击圆形，在“动画组态属性设置”对话框中设置填充颜色为绿色。从“常用图符”中选择“三角箭头”图标，绘制第一个箭头，放置在电动机图形的外圆上，作为顺时针反转的指示。根据最终效果，还要在其底部绘制一个相反指向的箭头。可以用图标来完成电动机顺时针旋转时水平与竖直两对箭头的制作。将所作图形按照图 6-10 所示摆放，至此便完成了电动机外形的整体制作。

5）制作面包和面包盒。单击工具箱中的“位图”图标，当鼠标光标在窗口中呈十字形时，移动鼠标至合适的位置，按住鼠标左键画出一个大小合适的长方形位图，鼠标放在位图上，单击鼠标右键，在下拉菜单中选择“装载位图”，找到之前已下载的面包图片，单击“打开”，面包制作完成。面包盒通过“常用图符”中的“凸平面”图标绘制，画出合适大小，设置颜色为藏青色，单击工具箱中的“标签”图标，在凸平面上输入“面包盒”，如图 6-11 所示。

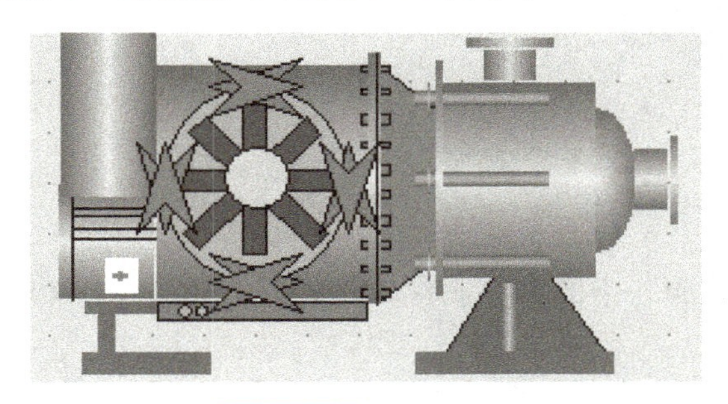

图 6-10 制作电动机

图 6-11 制作面包与面包盒

6）制作自由表格。单击工具箱中的“自由表格”图标，在面包制造窗口中适当位置绘制一个表格。双击表格进入编辑状态。把鼠标指针移到 A 与 B 或 1 与 2 之间，鼠标指针呈分割线形时，拖动鼠标至所需表格的大小（同 Excel 表格的编辑方法），保持编辑状态，这时工具栏中与表格处理相关的工具被激活，单击鼠标右键，通过弹出的下拉菜单中“增加一行”“减少一行”“增加一列”和“减少一列”命令，制作所需的表格，在对应列分别写入对应名称，如图 6-12 所示。

MCGS 面包自动配料画面组态

7）制作输入框。单击工具箱中的“输入框”图标 abl，鼠标的光标在窗口中呈十字形，移动鼠标至合适的位置，按住鼠标左键画出一个大小合适的输入框。

8）制作显示框。单击工具箱中的“标签”图标 A，鼠标的光标呈十字形，在窗口顶端中心位置拖拽鼠标，根据需要拖拽出一个一定大小的矩形框。双击矩形框，在弹出的“标签动画组态属性设置”对话框中选择“属性设置”选项卡，勾选“显示输出”。显示框效果如图 6-13 所示。

MCGS 面包自动配料系统时间详细讲解及模拟演示

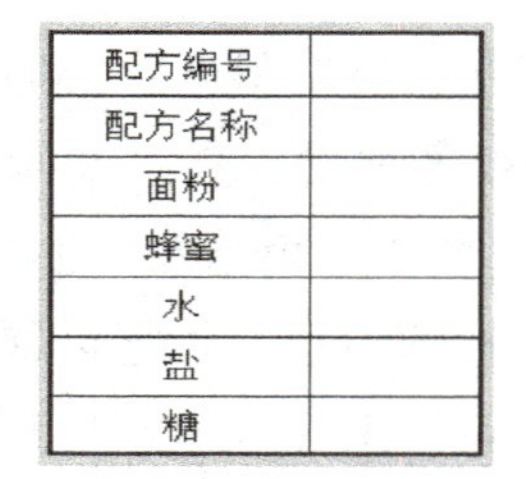

配方编号	
配方名称	
面粉	
蜂蜜	
水	
盐	
糖	

图 6-12 自由表格的制作

图 6-13 显示框的制作

9）制作按钮。与“欢迎界面”中的按钮制作同理，如图 6-14 所示。

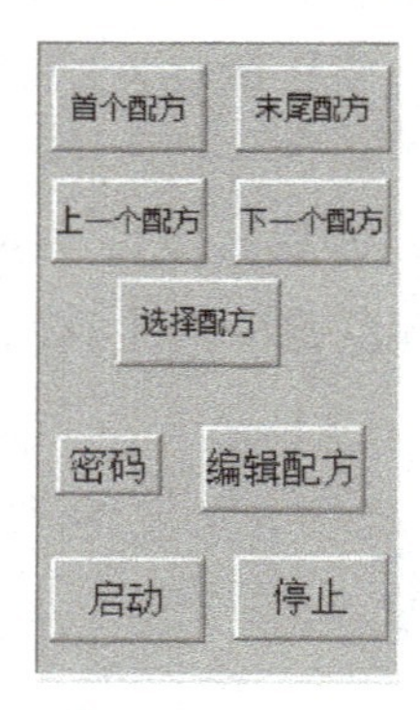

图 6-14 按钮的制作

10）制作标签。标签制作方法与“欢迎界面”中的标签制作方法相同。

（6）编辑调试窗口

1）整体复制“面包制造”窗口中的面包制造过程图形。

2）制作灯。单击工具箱中的“插入元件”图标，弹出“对象元件库管理”对话框，在指示灯类中选择“指示灯 3”，单击“确定”。复制粘贴 7 个同样的指示灯，并用文本框在指示灯下面进行注释，如图 6-15、图 6-16 所示。

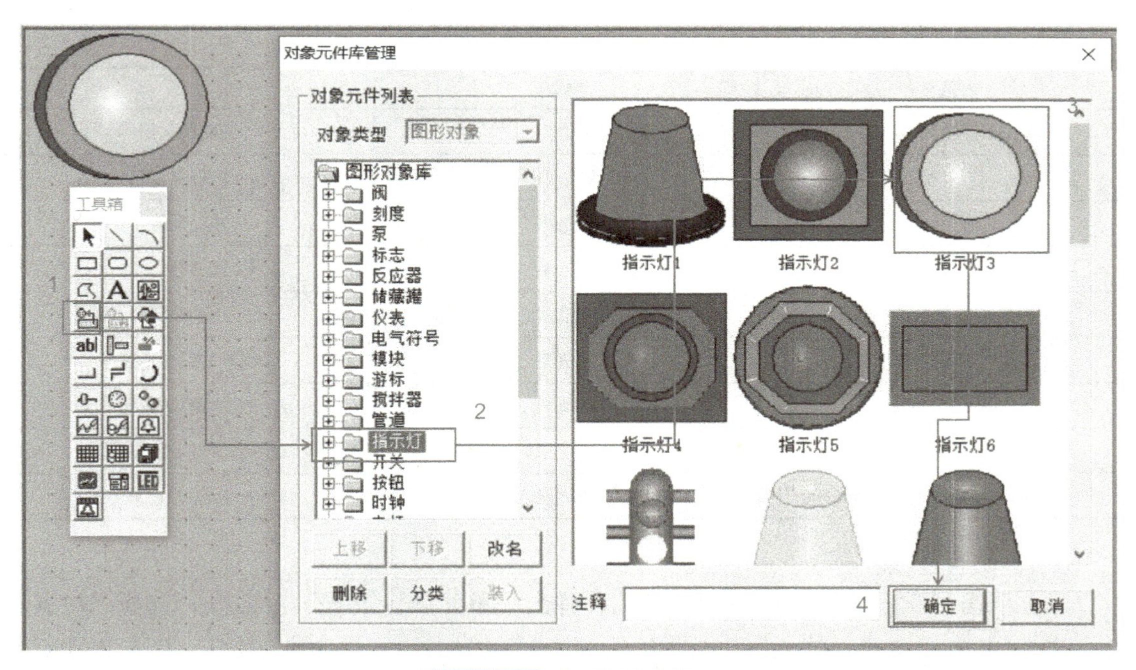

图 6-15　指示灯的选择

3）制作组合框。单击工具箱中的“组合框”图标，鼠标光标在窗口中呈十字形，移动鼠标至合适的位置，按住鼠标左键画出一个大小合适的组合框。组合框周围有一圈波浪虚线，虚线的范围是组合框值显示的范围，如图 6-17 所示。注意：虚线范围不可过小，否则在模拟运行时，组合框显示不出值。

图 6-16　指示灯的制作　　图 6-17　组合框的制作

（7）建立 MCGS 实时数据

根据表 6-1、表 6-3 的变量名称与类型，在实时数据库中完成对数据对象的新增和设置。

表 6-3　面包配料系统内部变量

对象名称	类型	注释
配方编号	数值型	显示配方编号
配方名称	字符型	显示配方名称

（续）

对象名称	类型	注释
面粉	数值型	面粉的数值
蜂蜜	数值型	蜂蜜的数值
水	数值型	水的数值
盐	数值型	盐的数值
糖	数值型	糖的数值
旋转角度	数值型	扇叶的旋转角度
显示横转方向	数值型	显示电动机横转方向箭头
显示纵转方向	数值型	显示电动机纵转方向箭头
a	数值型	组合框 ID 关联

（8）动画连接

1）双击“欢迎界面”窗口中的开关，弹出“单元属性设置”对话框，选择“数据对象”选项卡中的“按钮输入”，右侧出现“浏览”按钮 ? 。单击按钮 ? ，双击数据对象列表中的“手自动开关”。使用同样的方法将“可见度”对应的数据对象设置为“手自动开关”。如图 6-18 所示。单击“确认”按钮，手自动开关设置完毕。

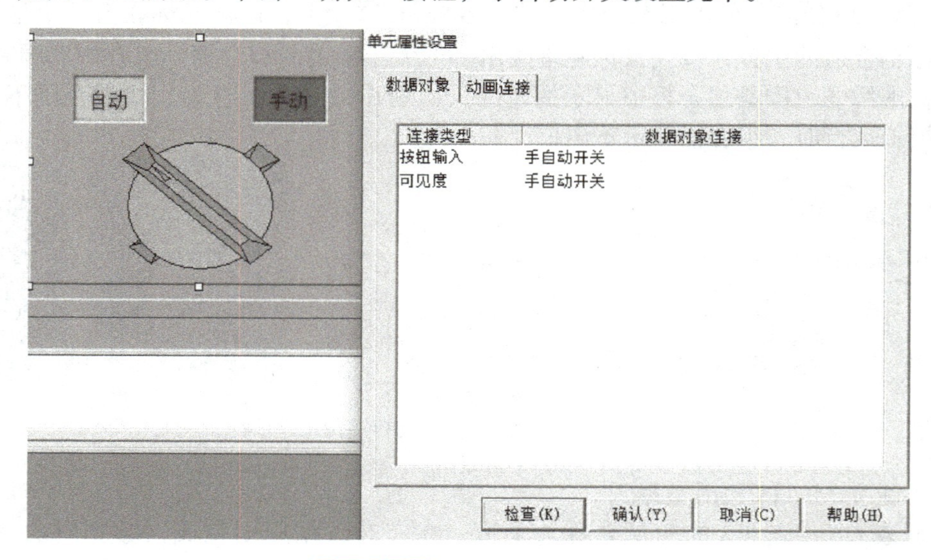

图 6-18 开关变量的连接

2）双击“面包制造”窗口中“日期”后面的标签，在弹出的“标签动画组态属性设置”对话框中，选择“属性设置”选项卡，输入输出连接勾选“显示输出”，此时会发现“标签动画组态属性设置”对话框上面出现“显示输出”选项卡，单击“显示输出”选项卡，表达式输入“$Date+""+$time”，输出值类型选择“字符串输出”，如图 6-19 所示，单击“确认”按钮结束。使用同样的方法，在“系统已运行”后面的标签表达式输入

“$RunTime”，输入值类型选择“数值量输出”，取消勾选“自然小数位”，小数位数选择“0”。“星期”后面的标签和“系统已运行”设置相同，只是表达式输入“$Week”。如图 6-19 所示，至此日期时间动画连接完成。

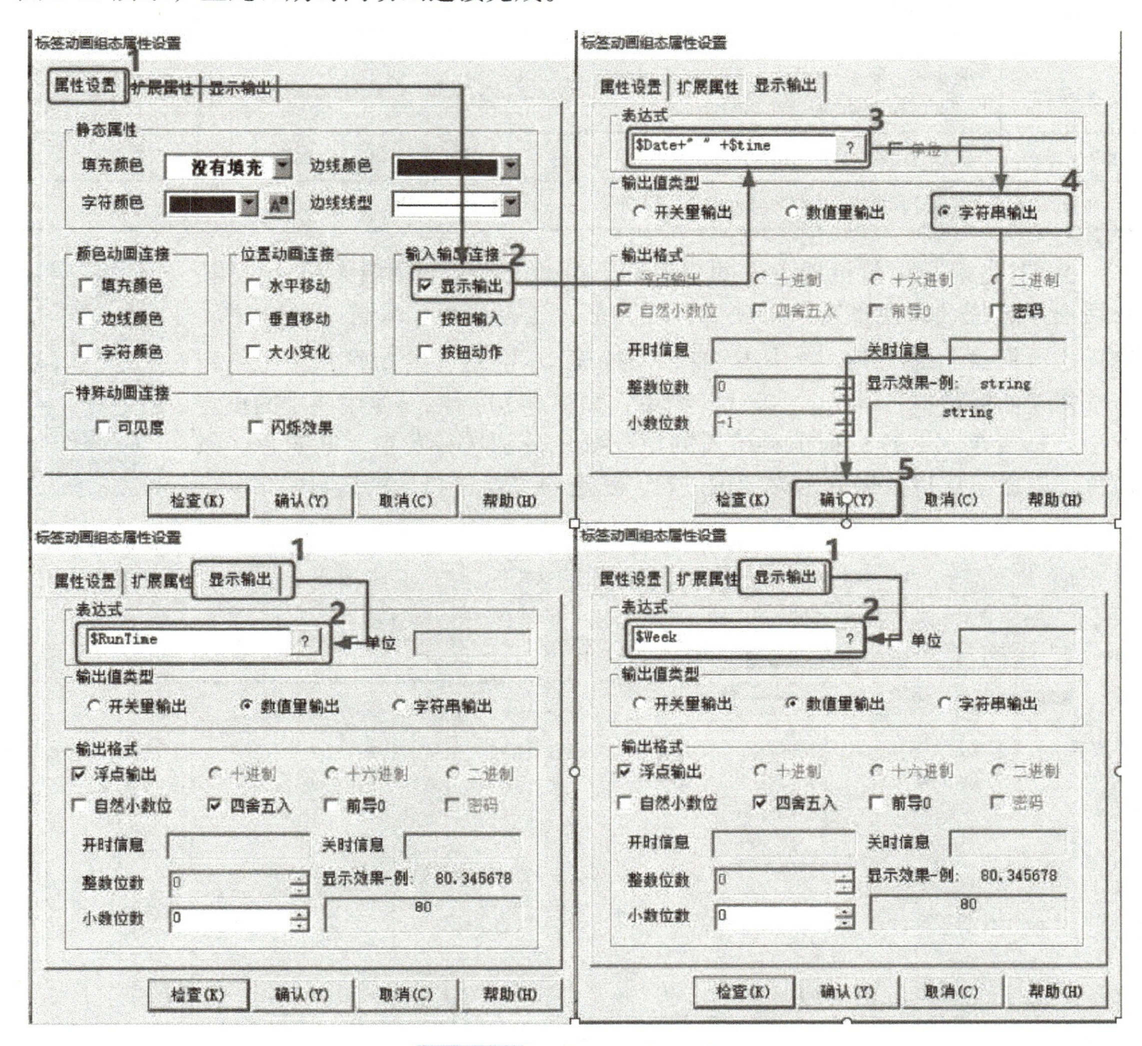

图 6-19　日期时间动画连接

系统变量详解

MCGS 嵌入版系统内部定义了一些数据对象，称为 MCGS 嵌入版系统变量。在进行组态时，可直接使用这些系统变量。为了和用户自定义的数据对象相区别，系统变量的名称一律以“$”符号开头。MCGS 嵌入版系统变量多数用于读取系统内部设定的参数，它们只有值的属性，没有最大值、最小值及报警属性。表 6-4 列出了部分系统变量的意义和用法。感兴趣的读者可以参考 MCGS 嵌入版系统手册详细了解。

表 6-4　部分系统变量的意义和用法

变量	对象意义	对象类型	读写属性
$Date	读取当前时间："日期"，字符串格式为：年－月－日，年用 4 位数表示，月、日用 2 位数表示，如 1997-01-09	字符型	只读
$Time	读取当前时间："时刻"，字符串格式为：时 : 分 : 秒，时、分、秒均用 2 位数表示，如 20:12:39	字符型	只读
$RunTime	读取应用系统启动后所运行的秒数	数值型	只读
$Week	读取计算机系统内部的当前时间："星期"（1～7）	数值型	只读

3）双击面粉出料机器下方的矩形框，在弹出的"动画组态属性设置"对话框中选择"属性设置"选项卡，填充颜色选择白色，勾选"可见度"。选择"可见度"选项卡，单击表达式后的按钮 ? ，在"变量选择"对话框中选择"面粉进料"，单击"确认"结束，如图 6-20 所示。使用同样的设置方法，蜂蜜、水、盐、糖出料机器的填充颜色分别选择黄色、浅蓝色、橄榄色、白色，连接数据分别为蜂蜜进料、水进料、盐进料、糖进料。

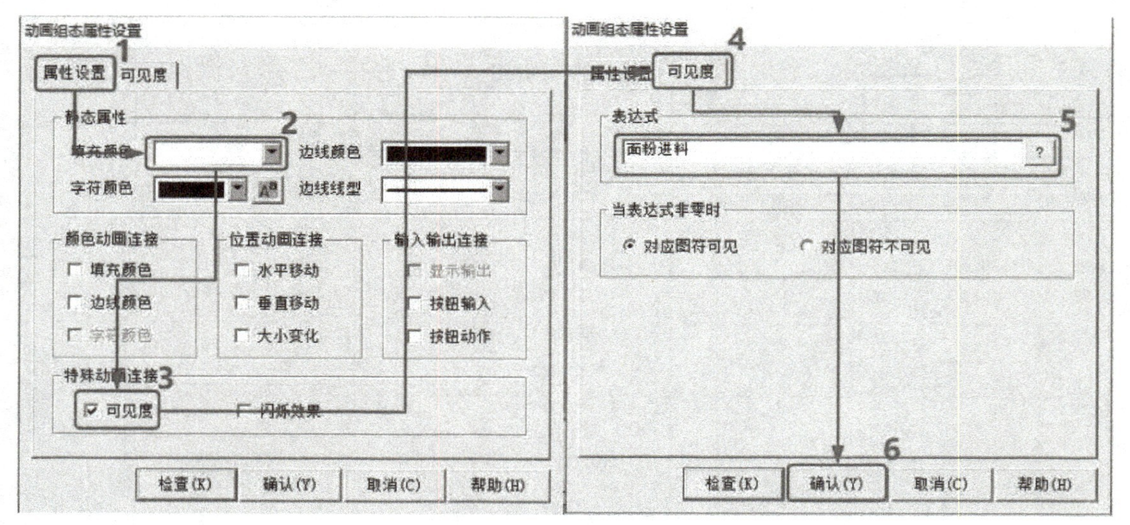

图 6-20　面粉进料显示

4）双击电动机上的横转箭头，弹出"动画组态属性设置"对话框，在"属性设置"选项卡中，填充颜色选择红色，勾选"可见度""闪烁效果"，选择"可见度"选项卡，表达式为"显示横转方向 and 电动机正转"，如图 6-21 所示。同理，"闪烁效果"选项卡中，表达式也为"显示横转方向 and 电动机正转"。

5）表达式中包含两个变量，"显示横转方向"与"电动机正转"，中间使用" and "连接起来。对于开关量来说，这里" and "的含义是逻辑与，即只有" and "前后值都为 1 时最终结果才为 1。

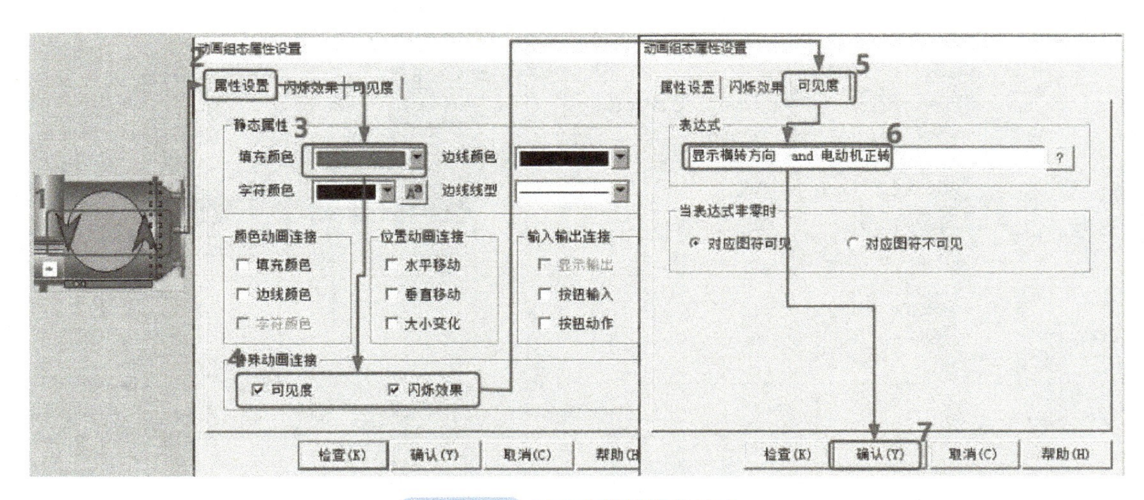

图 6-21　电动机横转箭头显示

6）综上所述，只有“显示横转方向”为 1 并且“电动机正转”为 1，电动机横转箭头才是可见并闪烁的。其余时候，横转箭头都是不可见的。因此，在策略行中脚本可以写为（也可以在“用户窗口属性设置”里写入脚本，但考虑到调试窗口界面也需要电动机，因此选择在策略行写入脚本）：

```
显示横转方向 =1- 显示横转方向
显示纵转方向 =1- 显示纵转方向
```

7）当策略行的循环时间设为 100ms 时，假设初始状态为“显示横转方向 =0”“显示纵转方向 =0”，那么第一个循环周期状态为“显示横转方向 =1”“显示纵转方向 =0”；第二个循环周期状态为“显示横转方向 =0”“显示纵转方向 =1”。状态往复循环，这样横转箭头和纵转箭头就可以交替循环。同理可得，电动机纵转箭头表达式为“显示纵转方向 and 电动机正转”，其余设置与电动机横转箭头相同。代表电动机反转的一组箭头的设置，除表达式中将电动机正转改为电动机反转，其余设置和代表电动机正转的一组箭头一样。

8）双击电动机扇叶，在“动画组态属性设置”对话框“属性设置”选项卡中，填充颜色选择浅绿色，勾选“填充颜色”。选择“填充颜色”选项卡，表达式为“电动机正转 or 电动机反转”，0 为红色，1 为浅绿色，表示只要电动机正转或者电动机反转有一个为 1，灯都会呈现浅绿色，单击“确认”结束。如图 6-22 所示。

9）单击图形✳中的横向矩形框，弹出“动画组态属性设置”对话框，在“可见度”选项卡中，表达式选择“旋转角度 >=0 and 旋转角度 <5”，当表达式非零式选择“对应图符可见”，如图 6-23 所示。竖向矩形框和横向矩形框的设置方法相同。同理，斜向矩形框的表达式为“旋转角度 >=5 and 旋转角度 <10”。

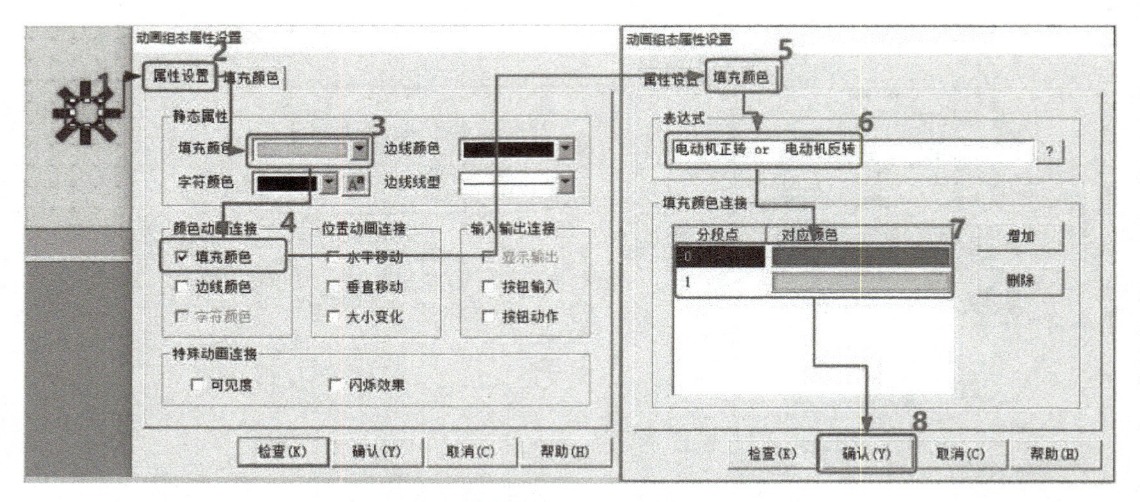

图 6-22 电动机运行显示

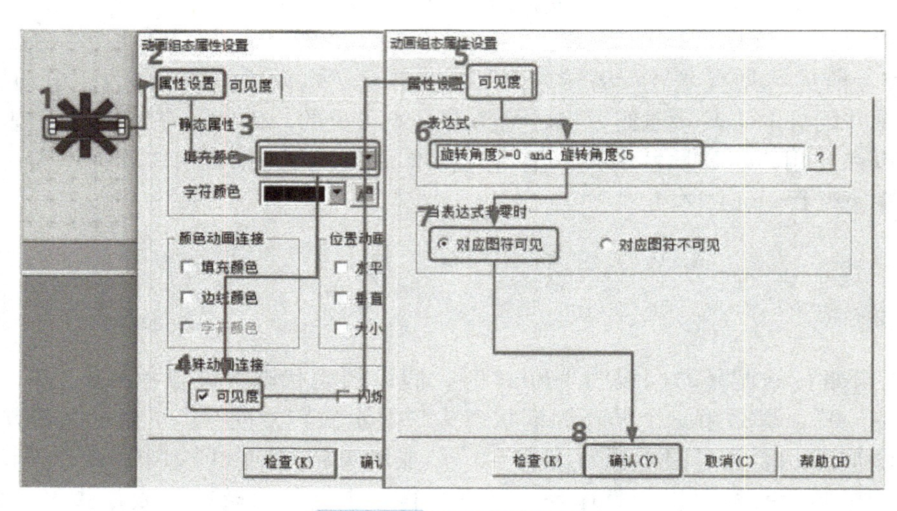

图 6-23 扇叶旋转显示

这里扇叶的旋转效果是用制作的横竖和斜向矩形框交替显示实现的，交替时间越短，显示旋转效果越好。只有电动机正转或者反转时，扇叶才会交替可见，以模拟扇叶的真实运动效果。其他情况下电动机扇叶只呈现一种状态。脚本程序如下：

```
if 电动机正转 =1 or 电动机反转 =1 then
    旋转角度 = 旋转角度 +1
    if 旋转角度 >10 then
        旋转角度 =0
    endif
endif
```

10）双击自由表格，当自由表格为编辑状态时，单击鼠标右键，在弹出的下拉菜单

中单击“连接”，选中 B 列中第一行表格，单击鼠标右键，在弹出的“变量选择”对话框中选择“配方编号”，单击“确认”。按照同样的方法依次设置以下各行，选择变量“配方名称”“面粉”“蜂蜜”“水”“盐”“糖”，如图 6-24 所示。

连接	A*	B*
1*		配方编号
2*		配方名称
3*		面粉
4*		蜂蜜
5*		水
6*		盐
7*		糖

图 6-24　自由表格数据连接

11）双击输入框，在弹出的“输入框构件属性设置”对话框中选择“操作属性”选项卡，对应数据对象的名称选择“面包设定值”，勾选“使用单位”，单位为“个”，取消勾选“自然小数位”，最小值选择“0”，小数位数选择“0”，单击“确认”结束，如图 6-25 所示。

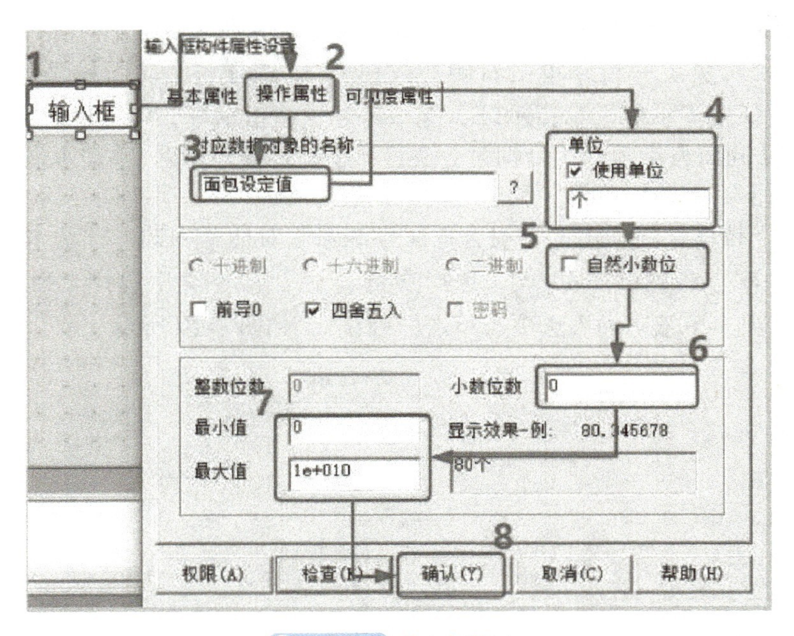

图 6-25　输入框设置

12）双击显示出炉面包数的“显示输出”，在弹出的“标签动画组态属性设置”对话框中选择“属性设置”选项卡，填充颜色选择白色。选择“显示输出”选项卡，表达式选择“出炉面包数”，勾选“单位”，单位为“个”，输出值类型为“数值量输出”，取消勾选“浮点输出”“自然小数位”，小数位数选择“0”，单击“确认”结束。如图 6-26 所示。

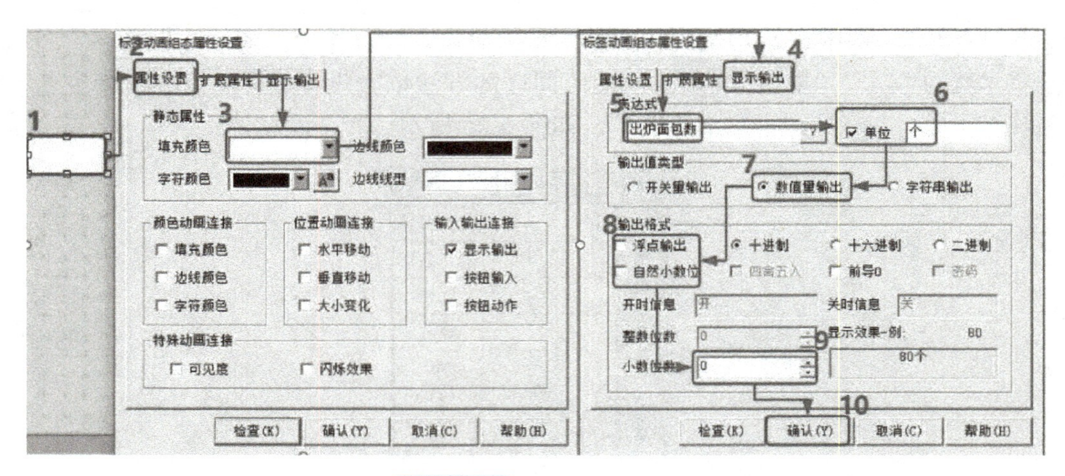

图 6-26 标签显示设置

13）双击“启动”按钮，在弹出的“标准按钮构件属性设置”对话框中选择“操作属性”选项卡，勾选“数据对象值操作”并在对应的按键操作选择栏里选中“按 1 松 0”，单击右侧的按钮 ? ，选择“启动”变量，单击“确认”结束。同理，“停止”按钮选择“停止”变量，其余不变。

14）双击调试窗口里的指示灯，在弹出的“单元属性设置”对话框中选择“数据对象”选项卡，在可见度一行，单击右侧的按钮 ? ，选择“手动面粉显示”变量，单击“确认”结束。蜂蜜指示灯、水指示灯、盐指示灯、糖指示灯、电动机正转和电动机反转指示灯设置方法同面粉指示灯，分别对应变量“手动蜂蜜显示”“手动水显示”“手动盐显示”“手动糖显示”“电动机正转”和“电动机反转”。

15）双击下拉框，在弹出的“组合框属性编辑”对话框中选择“基本属性”选项卡，单击“ID 号关联”右侧的图标 ... ，选择变量“a”，构件类型选择“列表组合框”，在“选项设置”选项卡里依次输入选项，单击“确认”，如图 6-27 所示。

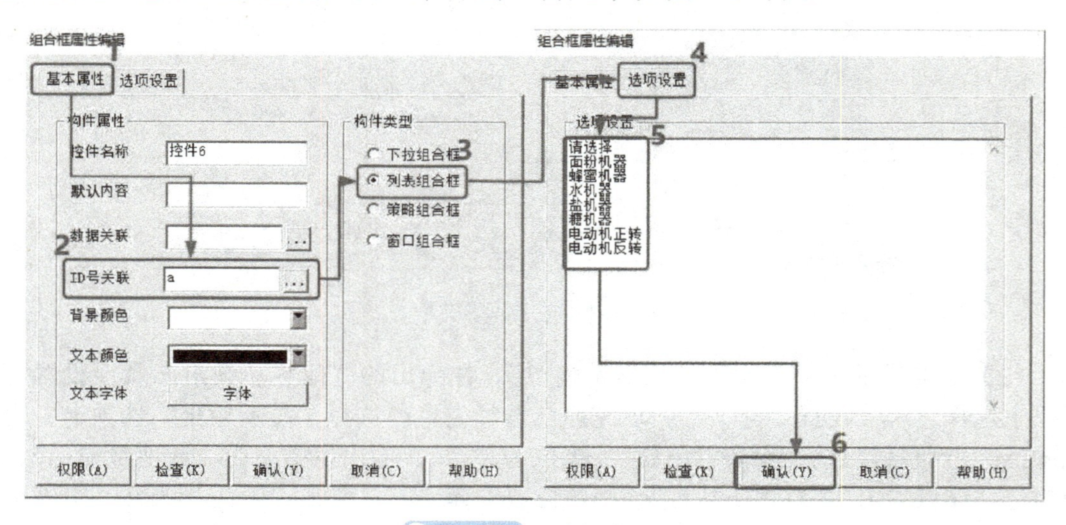

图 6-27 组合框设置

16）双击调试窗口空白处，弹出“用户窗口属性设置”对话框，选择“退出脚本”选项卡，写入脚本“a=0”，如图 6-28 所示。每次退出调试窗口时，a 为 0。这样可以防止手动程序影响其他界面运行。

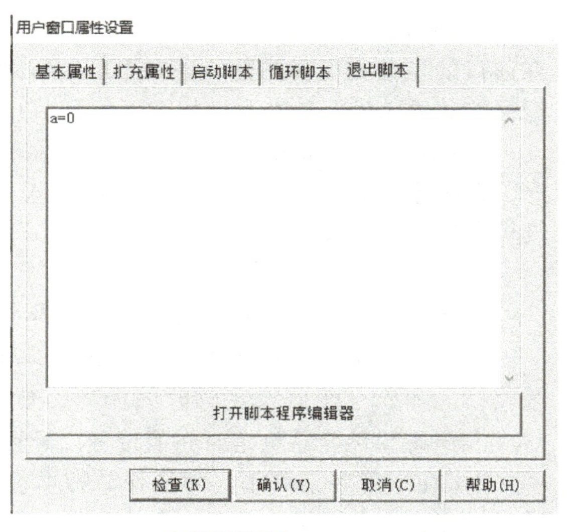

图 6-28　退出脚本

组合框构件

用户对系统的操作中往往会遇到大量数据选择的情况，在个人计算机领域，微软公司提供的下拉列表构件给用户提供了方便操作，而应用在工控机领域的 MCGS 嵌入版组态软件，组合框构件也应运而生。MCGS 嵌入版组态软件的组合框构件包括了四种类型，即下拉组合框、列表组合框、策略组合框和窗口组合框。不同类型的组合框有不同的处理策略。

下拉组合框：提供用户编辑和选择功能。

列表组合框：提供用户选择功能。

策略组合框：提供用户选择执行策略。

窗口组合框：提供用户打开用户窗口、快速显示用户窗口功能。

组合框构件基本属性设置包括：

控件名称：设置组合框构件的名称。

默认内容：设置构件的默认内容。

数据关联：选择或者输出到实时数据库变量的名称。

ID 号关联：对应选项设置中的每一行，从 0 开始。

背景颜色：设置组合框构件编辑框部分的背景颜色。

文本颜色：设置组合框构件编辑框部分的文字颜色。

文本字体：设置组合框构件文本的文字大小。

构件类型：设置组合框构件的类型，如下拉组合框、列表组合框等。

（9）提醒显示

1）当出炉的面包数等于输入的生产面包数时，机器自动停止运行并在界面上弹出“面包制造完成”（手动可以关闭），提醒面包生产完毕。

2）双击“报警窗口”，在“报警窗口”里添加一个“标签”，双击“标签”图标 **A**，在弹出的“标签动画组态属性设置”对话框中选择“扩展属性”选项卡，写入“面包制造完成”，在“属性设置”选项卡中，字体选择“宋体”，字形选择“粗体”，大小选择“小二”，字符颜色填充选择红色，填充颜色选择黄色，如图 6-29 所示。

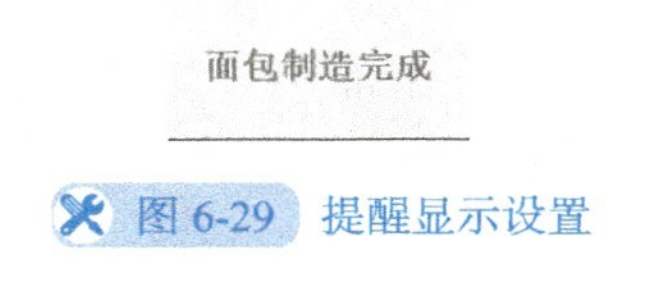

图 6-29　提醒显示设置

3）将标签移到窗口坐标“X=0，Y=0”位置，标签“宽=100，高=200”。这里标签在窗口的坐标和自身的宽、高在 !OpenSubWnd 中要被用到，因此坐标参数最好设置容易记忆的数值（坐标值在窗口的右下角显示）。

4）添加一个标注按钮组件，在“标准按钮构件属性设置”对话框中选择“脚本程序”选项卡，在“按下脚本”文本框输入 !CloseSubWnd（提示窗口），并在“基本属性”选项卡中输入“关闭”，单击“确认”结束。

（10）添加脚本程序

为了实现既定的控制功能，需要将脚本程序添加到循环策略。

1）进入循环策略组态窗口，单击工具栏中的“新增策略行”按钮，增加一条新的策略行。单击“按照设定的时间循环运行”图标，时间设为 200ms（刚开始接触 MCGS 组态软件容易忽略时间值设置，导致在仿真时达不到理想的效果）。

2）在“策略工具箱”中选择“脚本程序”，鼠标移动到新增策略行末端的方块，此时光标变为小手形状，单击该方块，脚本程序被加到该策略。

3）双击“脚本程序”策略行末端的方块“脚本程序”图标，出现脚本程序编辑窗口，在窗口输入以下脚本程序：

```
/* 用来对应 PLC 变量，使改变的配方数据随时传到 PLC 中 */
面粉设定值 = 面粉
蜂蜜设定值 = 蜂蜜
水设定值 = 水
盐设定值 = 盐
糖设定值 = 糖
/* 用来显示电动机箭头、电动机扇叶 */
显示横转方向 =1- 显示横转方向
显示纵转方向 =1- 显示横转方向
if 电动机正转 =1 or 电动机反转 =1 then
    旋转角度 = 旋转角度 +1
    if 旋转角度 >10 then
        旋转角度 =0
    endif
endif
```

4）再次单击工具栏中的“新增策略行”按钮，增加一条新的策略行。双击图标，弹出“表达式条件”对话框，表达式输入“出炉面包数 = 面包设定值”，在条件设置中勾选“表达式产生正跳变时条件成立一次”，单击“确认”结束。只有满足出炉面包数等于面包设定值时，这行策略行后面的脚本才被扫描一次。在脚本窗口中写入以下脚本：

```
!OpenSubWnd(提示窗口,0,0,200,100,0)
```

扩展知识

我国的粮食问题与《中华人民共和国反食品浪费法》

党和国家一向十分重视粮食问题。我国有 14 多亿人口，是粮食生产与消费大国。我国的粮食状况如何，粮食生产潜力有多大，粮食能不能养活自己，如何发展粮食生产，都是人们普遍关心的问题。

2020 年 9 月，全国人大常委会启动了为期一个多月的珍惜粮食、反对浪费专题调研，旨在加快建立法治化长效机制，为全社会确立餐饮消费、日常食物消费的基本行为准则。2020 年 12 月 22 日，《中华人民共和国反食品浪费法》草案提请十三届全国人大常委会初次审议。

2021 年 4 月 29 日，第十三届全国人民代表大会常务委员会第二十八次会议通过《中华人民共和国反食品浪费法》，自公布之日起施行。

《中华人民共和国反食品浪费法》是为了防止食品浪费，保障国家粮食安全，弘扬中华民族传统美德，践行社会主义核心价值观，节约资源，保护环境，促进经济社会可持续发展，根据宪法制定的法律。以立法的高度严抓食品浪费问题也足见问题之严峻，政府之决心。

任务 6.2 配方组态及权限控制

任务目标

组态一个配方处理，在运行环境中可以根据不同的要求来改变产品配料的比例关系，生产不同种类的产品。在“编辑配方”按钮中设置权限，只有负责人才能在运行环境中进行编辑和修改配方。配方组态设置如图 6-30 所示。

应用系统具体实现以下功能：

1）运行时，通过“首个配方”“末尾配方”“上一个配方”“下一个配方”“选择配方”等按钮来改变配料表中的参数，生产不同种类的面包。

2）在运行环境中，只有负责人才有权限编辑和修改配方。

配料表

配方编号	0
配方名称	甜面包
面粉	80
蜂蜜	10
水	30
盐	10
糖	80

配料表

配方编号	1
配方名称	低糖面包
面粉	80
蜂蜜	0
水	30
盐	5
糖	30

配料表

配方编号	2
配方名称	无糖面包
面粉	80
蜂蜜	0
水	30
盐	5
糖	5

配方编辑

配方编号	0	1	2
配方名称	甜面包	低糖面包	无糖面包
面粉	80	80	80
蜂蜜	10	0	0
水	30	30	30
盐	10	5	5
糖	80	30	5

首个配方 末尾配方 上一个配方 下一个配方 选择配方 密码 编辑配方

图 6-30 配方组态设置

配方用来描述生产一件产品所用的不同配料之间的比例关系，是生产过程中一些变量对应的参数设定值的集合。如面包厂生产面包时有一个配料配方。此配方列出了所有要用来生产面包的配料（如水、面粉、糖、盐、蜂蜜等)，而不同口味的面包配料用量不同。如甜面包会使用更多的糖，而低糖面包则使用更少的糖。在 MCGS 嵌入版配方构件中，所有配料的列表就是一个配方组，而每种口味的面包原料用量则是一个配方。可以把配方组想象成一张表格，表格的每一列就是一种原料，而每一行就是一个配方，单元格的数据则表示每种原料的具体用量。

任务分析

1）建立配方组态设计。即通过配方组态窗口输入配方所要求的成员变量及其参数值。

2）在运行环境操作配方。在运行环境中通过脚本函数打开对话框来选择配方。

3）设置工程权限，在运行环境中只有负责人才有权限选择“编辑配方”按钮，编辑配方。员工没有权限选择“编辑配方”按钮。

任务设备

配方组态及权限控制任务设备清单见表 6-5。

表 6-5　配方组态及权限控制任务设备清单

序号	设备	数量
1	装有 MCGS 嵌入版组态软件的计算机	1

任务实操

（1）建立配方组态

1）选择“工具（T)”→“配方组态设计”菜单命令，进入配方组态窗口，配方组态设计选择如图 6-31 所示。

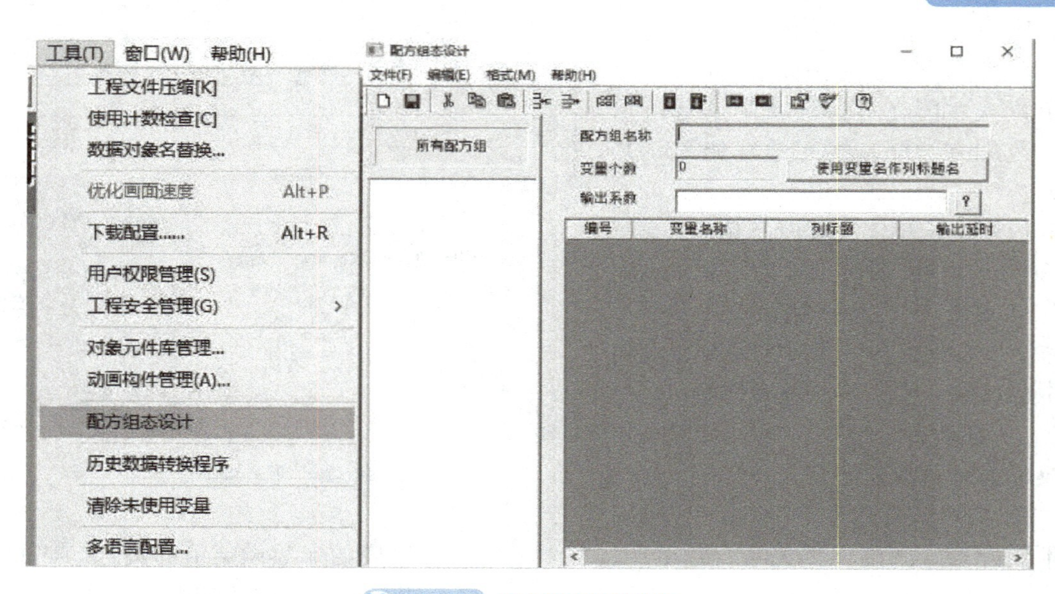

图 6-31　配方组态设计选择

2）在“配方组态设计”窗口，选择“文件（F）”→“新增配方组”→“配方组 0”菜单命令，单击鼠标右键，选择下拉菜单中的“配方组更改名字”，在“配方组更改名字”对话框中输入新名字为“面包制造”，单击“OK”完成操作，如图 6-32 所示。

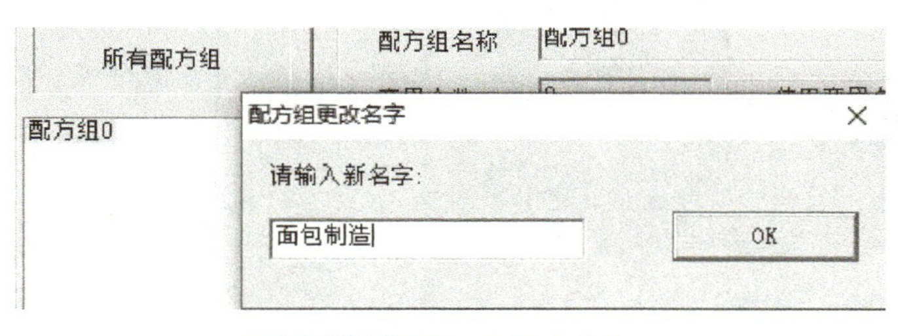

图 6-32　配方组更改名字

3）选中配方组后，界面右侧会显示配方组的信息和成员变量列表，每个成员变量就是成员变量列表窗口中的一行。通过“格式（M）”下拉菜单中的命令或者工具栏中的图标，可以完成配方组成员变量的添加、删除、复制、移动等操作。要为成员变量设置对应的数据对象，可以选中成员变量单元格，在单元格上单击鼠标右键，通过“实时数据选择”窗口选择成员变量对应的数据对象或按 F2 键或单击输入数据对象名称。单击“多重复制单选对选”图标，增加 5 个变量。配方组成员变量更改如图 6-33 所示。

4）单击变量名称，单击鼠标右键，在弹出的“变量选择”对话框中选择之前在实时数据库中建立的变量“面粉”，单击“确认”。同上述步骤，把“蜂蜜”“水”“盐”“糖”变量分别加入配方组态中。选择“使用变量名作列标题名”添加列标题。如图 6-34 所示。

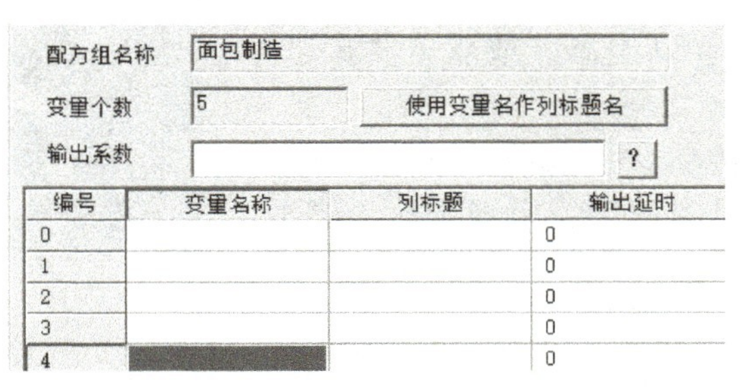

图 6-33　配方组成员变量更改

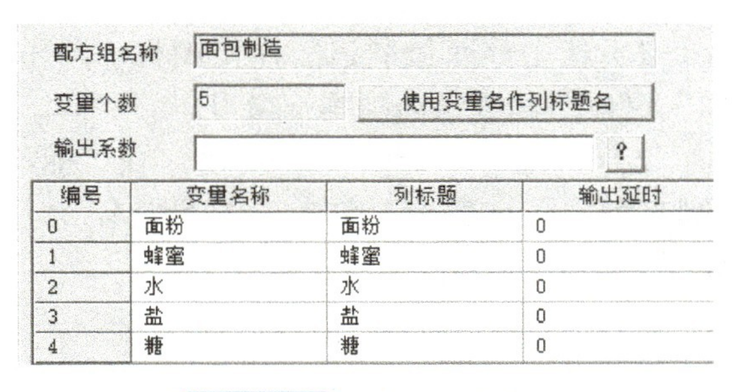

图 6-34　配方组添加变量

5）配方组设置完成后就可以录入配方数据。在界面左侧配方组列表中双击需要修改的配方组或者单击“编辑”图标或选择下拉菜单中的“编辑配方”命令，打开“配方修改”窗口。在配方列表中，每一列就是一个配方，用户可以添加多个配方，并为每个配方设置不同的变量值。如图 6-35 所示。

6）在退出“配方组态设计”窗口时，会弹出“要保存对配方组的修改吗?”，单击“是”建立配方组态，如图 6-36 所示。

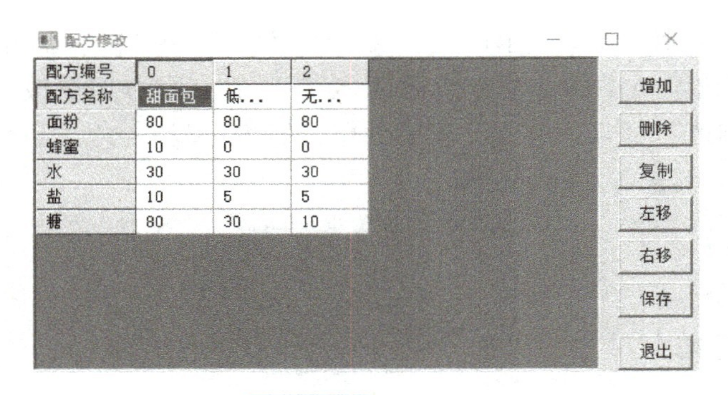

图 6-35 配方修改

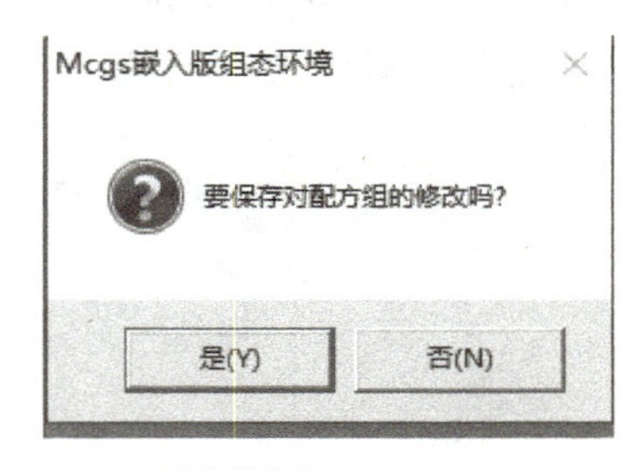

图 6-36 配方组保存

 MCGS 配方管理基本原理

MCGS 配方构件采用数据库处理方式，可以在一个用户工程中同时建立和保存多种配方，每种配方的配方成员和配方记录可以任意修改，各个配方成员的参数可以在开发和运行环境修改，可随时指定配方数据库中的记录为当前的配方记录，把当前配方记录的配方参数装载到 MCGS 实时数据库的对应变量中，也可把 MCGS 实时数据库的变量值保存到当前配方记录中，同时，提供对当前配方记录的保存、删除、锁定、解锁等功能。

MCGS 配方构件由三个部分组成，分别是配方组态设计、配方操作和配方编辑，选择“工具”→“配方组态设计”菜单命令，可以进入配方组态设计；在运行策略中可以组态“配方操作”；在运行环境可以进行“配方编辑”。

（2）动态编辑配方

1）选中“面包制造”窗口图标，单击“动画组态”或双击“欢迎界面”窗口图标进入动画制作窗口。

2）双击“首个配方”按钮，在“标准按钮构件属性设置”中选择“脚本程序”选项卡，单击“按下脚本”，在脚本程序编辑器中写入脚本，如图 6-37 所示。

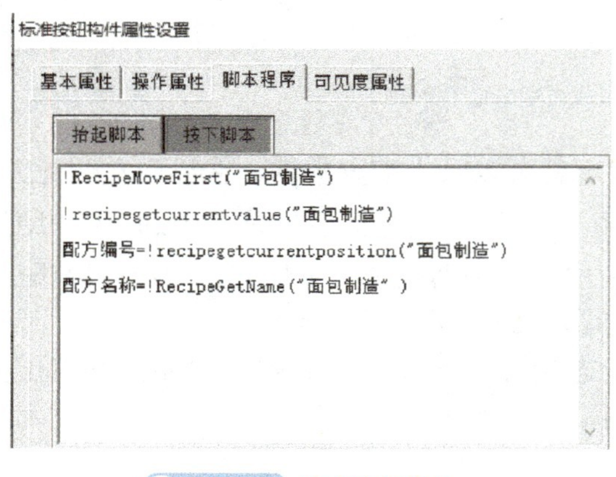

图 6-37 配方按钮脚本

3）参考“首个配方”按钮的操作，写入“末尾配方”“上一个配方”“下一个配方”“选择配方”和“编辑配方”的脚本。只需把“首个配方”脚本里的第一行脚本“ !RecipeMoveFirst（" 面包制造 ")”分别改为“ !RecipeMoveLast（" 面包制造 ")”“ !RecipeMovePrev（" 面包制造 ")”“ !RecipeMoveNext（" 面包制造 ")”“ !RecipeLoadByDialog（" 面包制造 "，" 配方加载 ")”“ !RecipeModifyByDialog（" 面包制造 ")”，其他脚本不需要改变，即可实现在运行环境中通过按钮来选择、编辑配方。

4）双击“面包制造”界面空白处，弹出“用户窗口属性设置”对话框，选择“启动脚本”选项卡，把“首个配方”按钮里的脚本程序复制到“启动脚本”，这样每次选择“面包制造”界面时，配方自动选择首个配方，有效地防止了人为疏忽忘记选择配方。

这里用到了多个关于配方的脚本函数，见表 6-6。

表 6-6　关于配方的脚本函数

函数	函数意义	实例
!RecipeMoveFirst	指定配方组的第一个配方记录设置为当前配方	ret=!RecipeMoveFirst(" 面包 ")
!RecipeMoveLast	指定配方组的最后一个配方记录设置为当前配方	ret=!RecipeMoveLast(" 面包 ")
!RecipeMovePrev	指定配方组当前配方记录的前一个配方记录设置为当前配方	ret=!RecipeMovePrev(" 面包 ")
!RecipeMoveNext	指定配方组当前配方记录的下一个配方记录设置为当前配方	ret=!RecipeMoveNext(" 面包 ")
!RecipeLoadByDialog	弹出“配方选择”对话框，让用户选择要装入的配方，正确选择后配方变量的值会输出到对应数据对象上	ret=!RecipeLoadByDialog(" 面包 "，" 配方加载 ")
!RecipeModifyByDialog	通过“配方编辑”对话框，让用户在运行环境中编辑配方	ret=!RecipeModifyByDialog(" 面包 ")
!recipegetcurrentposition	获取配方组 strRecipeName 中当前配方的位置	ret=!RecipeGetCurrentPosition(" 面包 ")
!RecipeGetName	得到指定配方组当前配方的名称	ret=!RecipeGetName(" 面包 ")，ret 等于配方名称或空字符串
!recipegetcurrentvalue	获取配方组 strRecipeName 中当前配方的配方值，将配方值更新到绑定变量或对应的参数组对象上	ret=!RecipeGetCurrentValue(" 面包 ")

“帮助”里面还有很多操作配方组态的函数，有兴趣的读者可以按 F1 键进入“帮助”查看。

配方功能具体说明

（1）配方组和配方

在 MCGS 嵌入版配方构件中，每个配方组就是一张表格，每个配方就是表格中的一行，而表格的每一列就是配方组的一个成员变量。

（2）配方组名称

配方组的名称应能够清楚反映配方的实际用途，如面包配方组就是各种面包的配方。

（3）变量个数

变量个数是配方组成员变量的数量，也就是配方中的原料总数。如本任务的配方就有5种原料，那么对应的配方组就应该有5个成员变量。

（4）输出系数

输出系数会从整体上影响配方中所有变量的输出值。在输出变量值时，每个成员变量的值会乘以输出系数以后再输出。如果输入系数为空，那么就会跳过这个操作，其等效于将输出系数设置为1。输出系数除了可以设置成固定常数外，也可以设置成数据对象。这样就可以通过改变输出系数对应的数据对象来控制配方组成员变量的最终输出值。

（5）变量名称

变量名称实际上是数据对象的名称。如面包配方中“糖”这个原料对应的数据对象可能称作“原料—糖”。

（6）列标题

每一列的标题并不会对输出值造成任何影响，只是为了便于用户查看和编辑配方，因此设置成有意义的名字即可。

（7）输出延时

输出延时参数会影响成员变量的值复制到数据对象时的等待时间，单位是秒（s）。如“糖”的输出延时是100s，那么在运行环境下装载配方时，“糖”的变量值会在100s以后才复制到对应的数据对象中去。如果使用脚本函数装载配方，那么要注意有一个脚本函数在输出值时是不会受到输出延时参数影响的，详细情况可查阅脚本参考部分的内容。

（3）设置用户权限管理

1）选择“工具”→“用户权限管理”命令，打开“用户管理器”对话框，如图6-38所示。默认定义的用户名、用户组名分别为“负责人”“管理员组”。

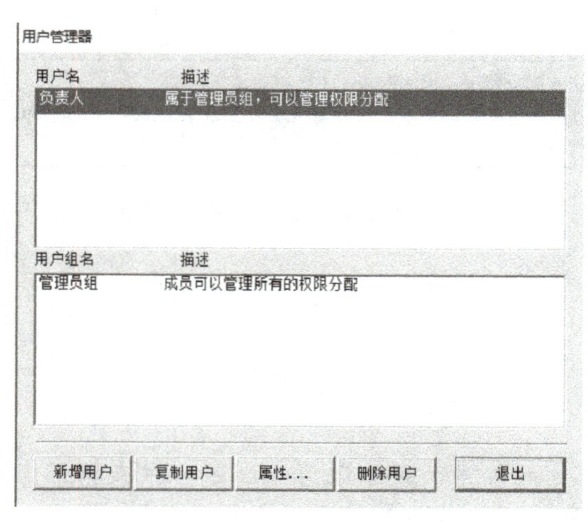

图6-38 “用户管理器”对话框

2）新增用户组。选中“管理员组”，单击“属性…”按钮打开“用户组属性设置”对话框，用户组名称输入“员工组”，用户组描述中输入“成员只可以管理员工的权限分配”，如图 6-39 所示。

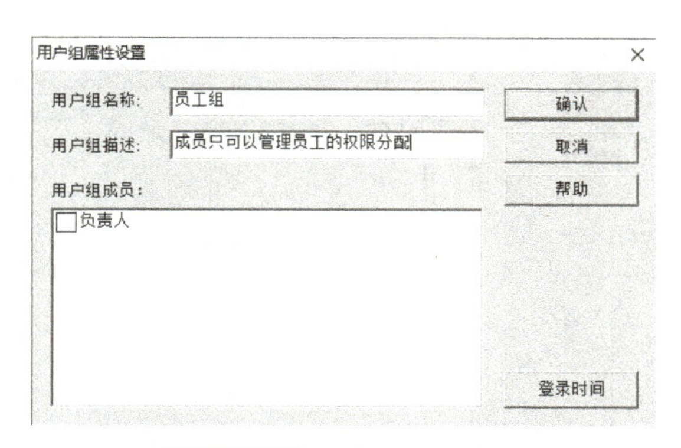

图 6-39　用户组属性设置

3）选中“负责人”用户，单击“属性…”按钮，在“用户属性设置”对话框中，用户密码输入“123”，确认密码输入“123”，隶属用户组勾选“管理员组”，不勾选“员工组”。单击“确认”结束，如图 6-40 所示。

4）再次选中“负责人”用户，单击“新增用户”按钮，在弹出的“用户属性设置”对话框中，用户名称输入“员工”，用户描述输入“员工”，隶属用户组不勾选“管理员组”，勾选“员工组”，单击“确认”结束，如图 6-41 所示。

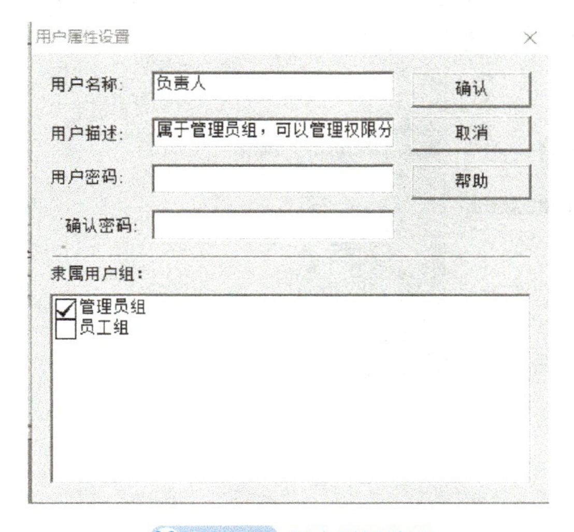

图 6-40　用户属性设置

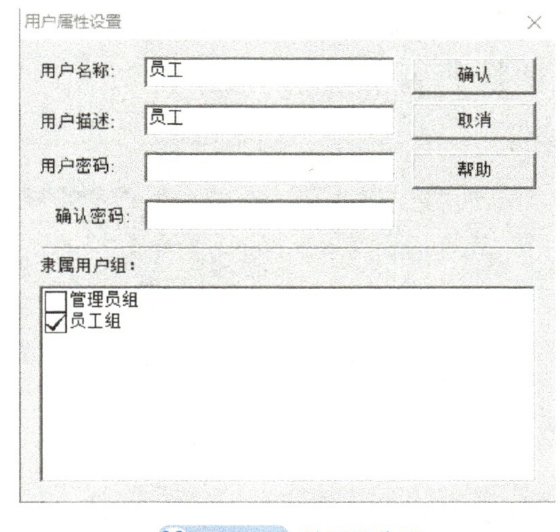

图 6-41　员工组分配

5）双击“面包制造”界面中的“编辑配方”按钮，在“标准按钮构件属性设置”对话框中单击“权限”按钮，在弹出的“用户权限设置”对话框中勾选“管理员组”，单击“确认”结束，如图 6-42 所示。

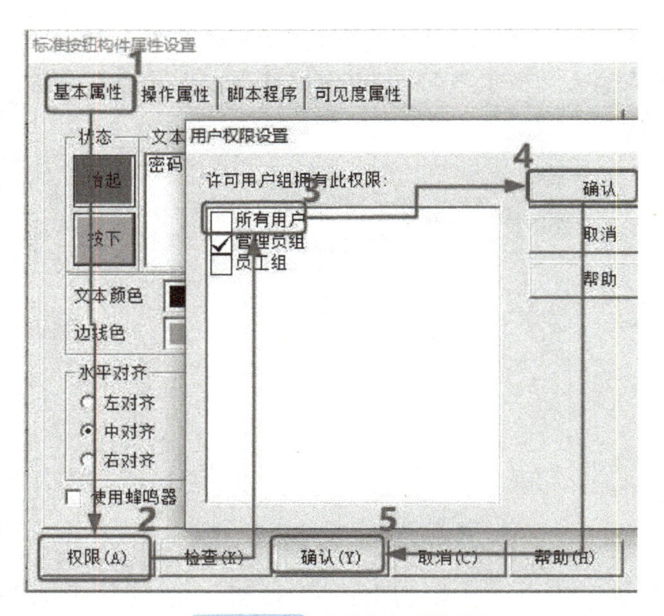

图 6-42 标准按钮权限设置

6）双击“密码”按钮，在“标准按钮构件属性设置”对话框中选择“脚本程序”选项卡中的“按下脚本”，在脚本程序编辑器中写入“ !LogOn()”函数（用来弹出“用户登录”窗口），单击“确认”。

至此便完成了“密码”按钮的操作权限组态。在单击“密码”按钮后，系统将弹出“用户登录”窗口，只有拥有足够权限的使用者才能进行后续操作。“用户登录”窗口如图 6-43 所示。

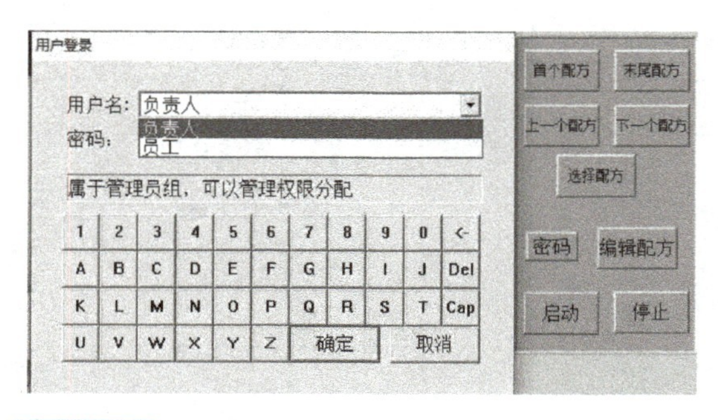

图 6-43 单击“密码”按钮弹出“用户登录”窗口

实训总结

（1）历程回顾

本项目结合基于 MCGS 的面包自动配料系统工程实例，介绍了 MCGS 嵌入版组态软件的组态过程、动画连接、脚本编写等环节，学习了组合框的制作和使用、配方组态设计、配方操作和配方编辑等操作。

（2）实践评价

项目 6 评价表

姓名		班级			
评分内容	项目	评分标准	自评	同学评分	教师评分
工程建立	1）正确理解任务需求，构思系统组成	5 分			
	2）顺利创建工程文件，完成存盘	5 分			
用户窗口组态	1）完成用户窗口中构件摆放，设计美观大方	5 分			
	2）正确设置构件属性	5 分			
设备窗口组态	1）正确完成通信驱动选择及 IP 地址设置	5 分			
	2）正确建立通道，完成与数据对象的连接	5 分			
建立实时数据库	1）正确建立工程所需要的变量，建立实时数据库	5 分			
	2）正确定义各种数据对象	10 分			
动画连接	能将用户窗口中图形对象与实时数据库中的数据对象建立相关性连接，并设置相应的动画属性	10 分			
下载与实测	1）完成应用系统与 PLCSIM 和虚拟工程场景的通信	5 分			
	2）正确显示所需要的动画效果	5 分			
	3）操作验证系统完成既定功能	10 分			
职业素养与安全意识	工具器材使用符合职业标准，保持工位整洁	5 分			
拓展与提升	本项目中我通过帮助文件了解到：	20 分			
学生签名			总分		
教师签名					

项目 7

基于位置控制的仓储监控系统设计

项目背景

随着社会的发展、时代的进步，现代企业已经越来越普遍地实行自动化管理，而自动化立体仓库则是其中尤其重要的一部分。自动化立体仓库能够按照用户的需求，自动准确地送入或者取出相应的货物，尤其是一些比较大的、危险的物品存取也可以不用人工来进行。自动化立体仓库因为其效率高，能更好地节约人力、物力，被广泛应用在物流企业管理中。自动化立体仓库主要由自动控制系统、高层的货架、堆垛机和其他设备组成。

本项目基于 MCGS 嵌入版组态软件设计 4 层 12 仓位自动化立体仓库。使用 PLC 作为自动控制系统的中心。

学习目标

（1）知识目标

1）理解 MCGS 的多语言配置原理。

2）理解 MCGS 中复杂动画效果的实现方法。

3）理解 MCGS 软件和外部通信的原理。

4）了解运行策略的概念以及组态方法。

5）掌握复杂动画设计的基本方法。

（2）技能目标

1）学会复杂动画的设计，能利用数据对象和脚本程序控制图元。

2）学会脚本程序编辑器的操作。

3）能熟练完成 PLC I/O 点位分配以及实时数据库变量连接。

4）会利用虚拟仿真软件进行应用系统调试，优化控制逻辑。

（3）素质目标

检索资料，了解我国智能仓储与物流领域的现状与发展趋势，开拓就业视野，提升职业兴趣。

知识点

1）MCGS 嵌入版组态软件多语言功能。

2）MCGS 嵌入版组态软件多语言运行，运行时显示说明。
3）MCGS 嵌入版组态软件设备窗口采集通道，通信状态的意义。
4）MCGS 的 PLC 数据类型与 MCGS 数据类型的对应关系。

项目实操

任务 7.1　设计位置控制监控界面组态

任务目标

建立工程文件后，在 MSGS 组态环境中设计一个自动化立体仓库的人机交互界面，界面中主要包括仓库的 X 轴、Y 轴、堆垛机叉手、12 个仓位和控制按钮等图形对象。另外，界面中还要有必要的文字注释。

根据项目的整体规划，对图形对象进行动画设计，使之能以动画形式实时反映现场的运行情况。根据控制要求编写控制程序。组态界面如图 7-1 所示。

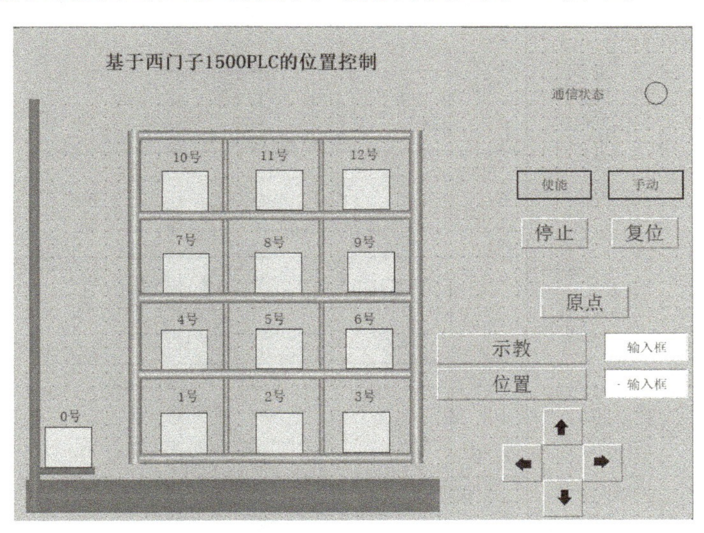

图 7-1　总体组态界面

任务分析

（1）自动化立体仓库简介

自动化立体仓库是机械、电气一体化的产品。自动化立体仓库主要由三大系统组成：货物存储系统、货物存取和传送系统、控制和管理系统。货物存储系统由立体仓库货架的货箱和托盘组成，按照层、列、行组合而成。而货物存取和传送系统承担着货物存取和出入仓库的功能，由有轨或无轨堆垛机、出入库传送机和装卸机械组成。自动化立体仓库根据不同的需求采取不同的控制方法：部分仓库只对存取堆垛机、出入库输送设备的单台

PLC 控制，各部分之间不联系；有的仓库对各单台设备进行联网控制；更加高级的自动化立体仓库采用分离控制、集中控制和分布式控制，即由管理计算机、中央控制计算机和堆垛机、出入库输送设备等直接控制的 PLC 组成的控制系统。

自动化立体仓库的具体参数示例见表 7-1。

表 7-1 自动化立体仓库的具体参数示例

出 / 入货柜台最重物品 /kg	20
每个仓位的高度 /cm	4.5
仓位的上下距离 /cm	0.5
仓位的平行距离 /cm	0.5
仓位的体积 /m^3	4
PLC 电源	DC 24V
堆垛机电源	AC 220V，50Hz

（2）立体仓库系统的功能

立体仓库模型如图 7-2 所示。

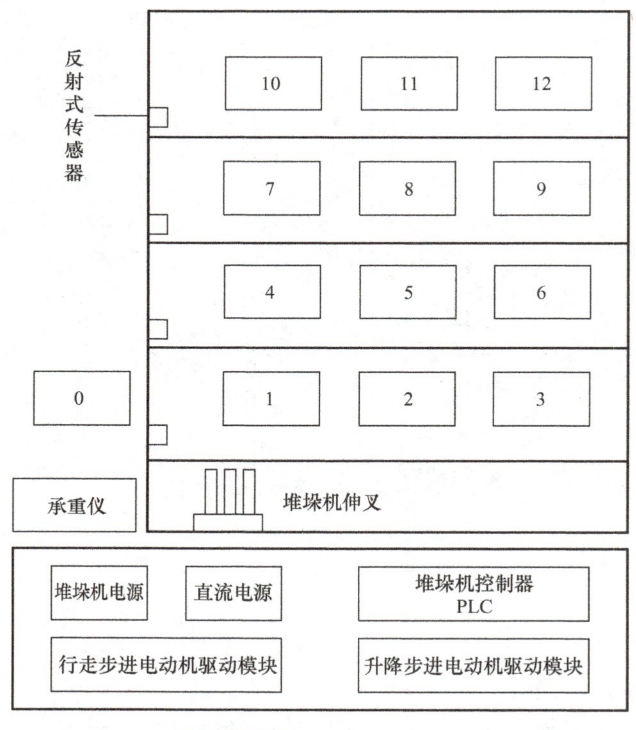

图 7-2 立体仓库模型

本任务设计的立体仓库需要满足以下功能：

1）堆垛机的运动由步进电动机驱动。

2）堆垛机必须有三个自由度，即可以实现上下、左右、前后运动。

3）堆垛机的前进（或者后退）运动和上（下）运动可同时进行。

4）堆垛机可以手动操作，选择指定仓位后，自动完成一次放物料操作。

5）放完一次物料，必须返回“0 号”位置才能继续下一次任务。

扩展知识

我国智能仓储行业的现状

当前，我国智能仓储行业在“互联网 +”的带动下快速发展，与大数据、云计算等新一代互联网技术深度融合，向着运行高效、流通快速的方向迈进。具体表现如下：

（1）仓储行业转型升级取得初步成果

从经营模式来看，仓储企业正在逐步完善相关服务配套设施、转变企业经营模式，努力实现仓库空间利用率最大化，并向各种类型配送中心发展；从发展方向来看，仓储企业通过并购重组、延伸产业服务链条等方式，实现仓储领域向网络化与一体化服务发展。

（2）新兴仓储领域快速发展

在电商、快递仓储方面，电商企业将竞争力放在提高用户体验、提升配送效率上，一方面加快自建物流设施，另一方面“对外开放”仓储资源；同时在快递公司上市潮的资本市场推动下，仓储领域的技术和服务水平得到快速提高。

（3）仓储机械化与信息化水平有所提高

从机械化水平来看，以货架、托盘、叉车为代表的仓储装备和仓储管理信息系统在大中型仓储企业的应用状况良好。从信息化水平来看，我国仓储业的信息化正在向深度（智能仓储）与广度（互联网平台）发展，条形码、智能标签、无线射频识别等自动识别标识技术，可视化及货物跟踪系统、自动或快速分拣技术，在一些大型企业与医药、烟草、电子、电商等专业仓储企业应用比例有所提高。

着眼未来，我国物流仓储大国的地位必将带来丰富的就业机会，这些岗位需要大量自动化、机械、电气等诸多专业的技术人员，就业前景广阔。

任务设备

位置控制监控界面组态任务设备清单见表 7-2。

表 7-2　位置控制监控界面组态任务设备清单

序号	设备	数量
1	装有 MCGS 嵌入版组态软件的计算机	1
2	西门子 TIA Portal V15 编程软件	1
3	S7-PLCSIM Advanced V3.0	1

任务实操

（1）新建项目及窗口组态

1）建立“位置控制监控系统”工程文件，选择 TPC 类型为 TPC 7062 Ti，如

图 7-3 所示。

2）新建“位置控制”窗口，设置“位置控制”窗口为启动窗口，运行时自动加载，如图 7-4 所示。

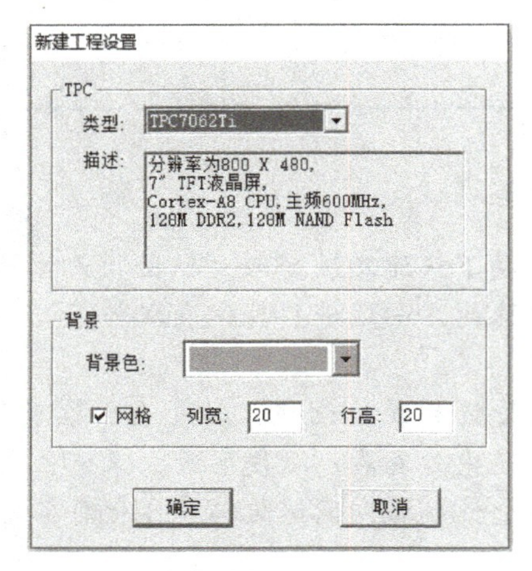

图 7-3 新建工程

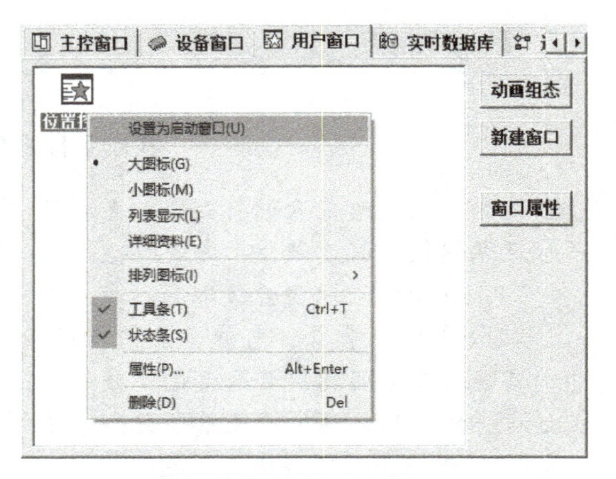

图 7-4 添加位置窗口

（2）组态实时数据库对象

在实时数据库中，根据表 7-3 完成数据对象的组态。

表 7-3 数据对象分配表

对象名称	类型	注释
X 反方向点动	开关型	控制 X 轴反向点动
X 正方向点动	开关型	控制 X 轴正向点动
Y 反方向点动	开关型	控制 Y 轴反向点动
Y 正方向点动	开关型	控制 Y 轴正向点动
叉手物料有无	开关型	控制叉手位置物料的有无
伺服使能	开关型	控制 XY 轴电源
堆垛机叉手伸缩	开关型	模拟叉手伸缩动作
复位	开关型	用于错误报警复位
回原点	开关型	XY 轴回原点位置
绝对位置	开关型	控制 XY 轴移动绝对位置
示教	开关型	示教按钮
手动使能	开关型	手动有效
停止	开关型	XY 轴停止
通信状态	开关型	和 PLC 的通信状态
X 位置控制	数值型	X 轴的位置数据
Y 位置控制	数值型	Y 轴的位置数据

（续）

对象名称	类型	注释
仓位物料数值	数值型	仓位当前数值
绝对位置点位	数值型	绝对位置选择点位
示教点位	数值型	示教选择点位
仓位 1	数值型	仓位 1 货物的有无
仓位 2	数值型	仓位 2 货物的有无
仓位 3	数值型	仓位 3 货物的有无
仓位 4	数值型	仓位 4 货物的有无
仓位 5	数值型	仓位 5 货物的有无
仓位 6	数值型	仓位 6 货物的有无
仓位 7	数值型	仓位 7 货物的有无
仓位 8	数值型	仓位 8 货物的有无
仓位 9	数值型	仓位 9 货物的有无
仓位 10	数值型	仓位 10 货物的有无
仓位 11	数值型	仓位 11 货物的有无
仓位 12	数值型	仓位 12 货物的有无

（3）堆垛机图形绘制

1）编辑界面。打开“用户窗口”，选中“位置控制”窗口图标，单击“动画组态”按钮，或者双击“位置控制”窗口图标，进入动画组态窗口，开始编辑界面。

接下来进行堆垛机的图形制作。

2）堆垛机 X 轴图形制作。单击工具箱中的“常用符号”图标，弹出“常用符号”窗口，单击“竖管道”图标，移动鼠标，此时光标呈十字形，在窗口适当位置按住鼠标左键并拖拽出一个管状矩形。选中添加的管状矩形，单击窗口上方的“填充色”图标，选择橄榄色。

3）堆垛机 Y 轴图形制作。单击工具箱中的“常用符号”图标，弹出“常用符号”窗口，单击“横管道”图标，移动鼠标，此时光标呈十字形，在窗口适当位置按住鼠标左键并拖拽出一个管状矩形。选中添加的管状矩形，单击窗口上方的“填充色”图标，选择红色。

4）堆垛机底座图形制作。复制添加的横管道，调整为合适的大小和位置。单击窗口上方的“填充色”图标，选择青色。

5）仓库货架图形制作。单击工具箱中的“常用符号”图标，弹出“常用符号”窗口，分别单击“横管道”图标、“竖管道”图标，移动鼠标，此时光标呈十字形，按住鼠标左键拖拽出管状矩形至窗口中合适位置，调整大小。复制粘贴绘制 3×4=12 仓位的货架。通过“图层”图标修改货架的显示效果。如图 7-5 所示。

仓储监控系统堆垛机图形绘制 .mp4

6）货物图形制作。单击工具箱中的“矩形”图标▭，移动鼠标，此时光标呈十字形，在窗口适当位置按住鼠标左键并拖拽出正方形。单击窗口上方的“填充色”图标，选择绿色。复制粘贴绘制12个同样的正方形，分别放置到仓位中。如图7-6所示。

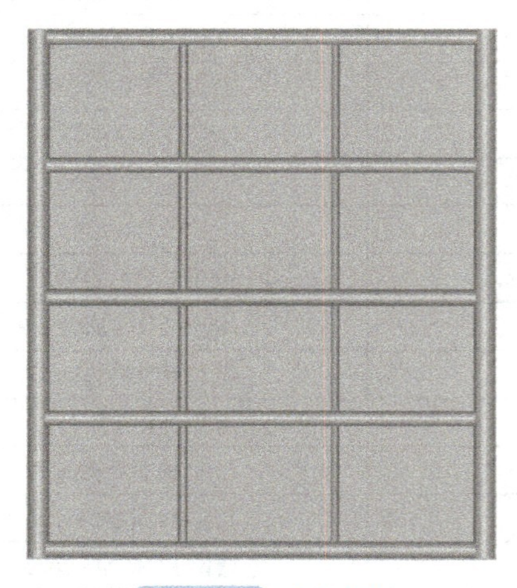

图7-5 仓库货架

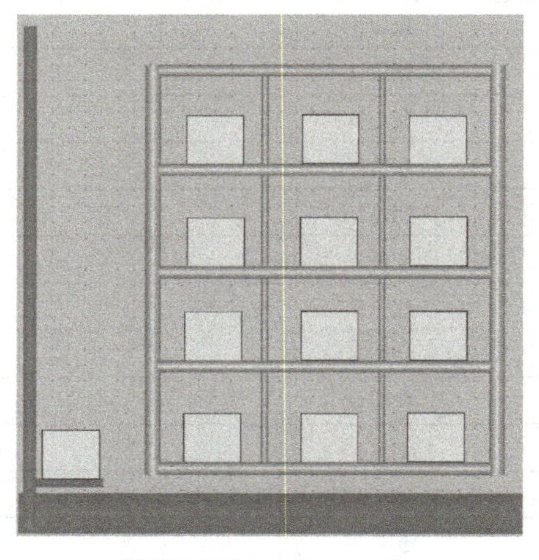

图7-6 货物摆放位置

（4）制作文字框图

1）单击工具箱中的“标签”图标A，鼠标光标呈十字形，在窗口顶端中心位置拖动鼠标，根据需要拖拽出一个一定大小的矩形。在光标闪烁位置输入“基于西门子1500PLC的位置控制”，按Enter键或在单击窗口任意位置，文字输入完毕。选中文字框，单击“填充色”图标，设定文字框的背景颜色为“没有填充”；单击“线色”图标，设置文字框的边线颜色为“没有边线”；单击“字符字体”图标Aa，设置文本字体为“宋体”，字形为“粗体”，字号为“二号”，字符颜色为默认的黑色。

2）用同样的方法添加文本框，分别输入“0号”“1号”～“12号”文本，分别放置在堆垛机叉手位置和各仓位处。

（5）制作按钮和状态指示

1）标准按钮绘制。单击工具箱中的“标准按钮”图标，光标呈十字形，移动光标至界面适当位置，单击并拖拽出一个虚线状矩形框，调整至合适大小，按钮图形即呈现在界面中。双击按钮图形，打开“标准按钮构件属性设置”对话框，在“基本属性”选项卡，文本输入“停止”，单击“确认”按钮退出。然后利用复制粘贴命令绘制4个同样的按钮，修改按钮文本分别为“复位”“原点”“示教”“位置”。

仓储监控系统动画按钮组态方法.mp4

2）上下左右方向按钮绘制。单击工具箱中的“插入元件”图标，弹出“对象元件库管理”对话框，如图7-7所示。

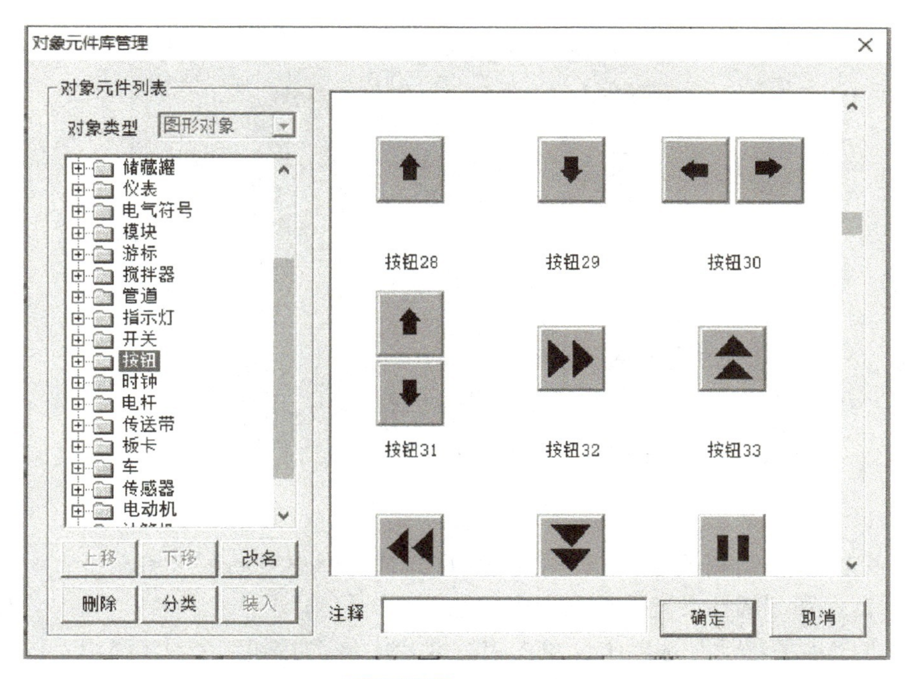

图 7-7　插入按钮

3）在按钮类中选择“按钮 28”，放置在窗口中。然后再复制 3 个同样的按钮，通过“左旋”图标、“右旋”图标，形成上下左右按钮组合。

4）标签按钮绘制（用于显示按钮动作状态）。选择工具箱中的“标签”图标，鼠标光标呈十字形时，移动光标至合适位置，并拖动，根据需要拖拽出一个一定大小的矩形框。双击该矩形框，弹出“标签动画组态属性设置”对话框，在“属性设置”选项卡中勾选“填充颜色”“按钮动作”。在“扩展属性”选项卡中文本输入“使能”，单击“确认”按钮退出。再复制一个标签，文本输入“手动”。

5）通信状态指示绘制。选择工具箱中的“椭圆”图标，鼠标光标呈十字形时，在窗口合适位置单击并拖动鼠标，根据需要拖拽出一个一定大小的圆形。双击添加的圆形，在弹出的“动画组态属性”对话框中选择“属性设置”选项卡，勾选“填充颜色”。使用工具箱中的“标签”图标，注释为“通信状态”。

6）输入框绘制。选择工具箱中的“输入框”图标，鼠标光标呈十字形时，在窗口合适位置单击并拖动鼠标，根据需要拖拽出一定大小的输入框。添加两个输入框分别放置在“示教”“位置”按钮旁边。

7）选择“文件”→“保存窗口”命令，保存界面。最后生成的界面如图 7-8 所示。

（6）堆垛机 XY 轴、堆垛机叉手伸缩、各仓位货物显示动画连接

本任务需要制作动画效果的部分包括堆垛机 XY 轴的位置、堆垛机叉手的伸缩动画、各个仓位有无货物显示、按钮动作控制对象的变化。

堆垛机的位置变化通过连接变量数值的改变来实现。

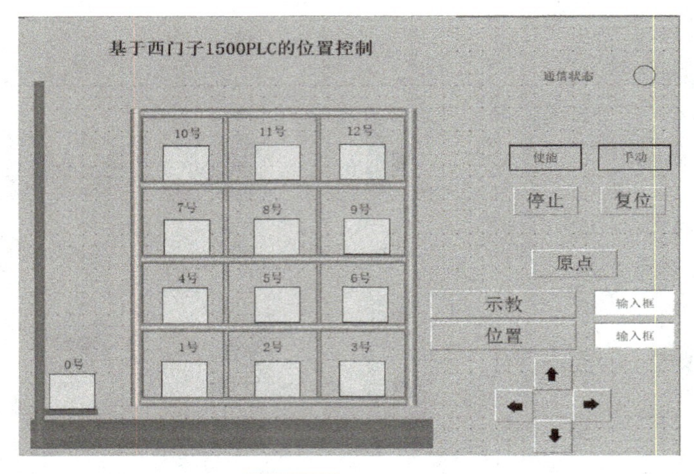

图 7-8 生成界面

1）堆垛机 X 轴动画连接。双击界面中的 X 轴，弹出“动画组态属性设置”对话框，在“属性设置”选项卡中勾选“水平移动”。

2）单击“水平移动”选项卡，单击表达式栏右侧的按钮 ? ，弹出“变量选择”对话框，选择双击“X 位置控制”变量即可添加，设置最小移动偏移量为“0”，表达式的值为“0”，最大移动偏移量为“1000”，表达式的值为“1000”，如图 7-9 所示。

3）堆垛机 Y 轴动画连接。因为 Y 轴要随着 X 轴移动而移动，所以水平方向的设置同 X 轴一致。双击界面中的 Y 轴，弹出“动画组态属性设置”对话框，在“属性设置”选项卡中勾选“水平移动”“垂直移动”“大小变化”，如图 7-10 所示。

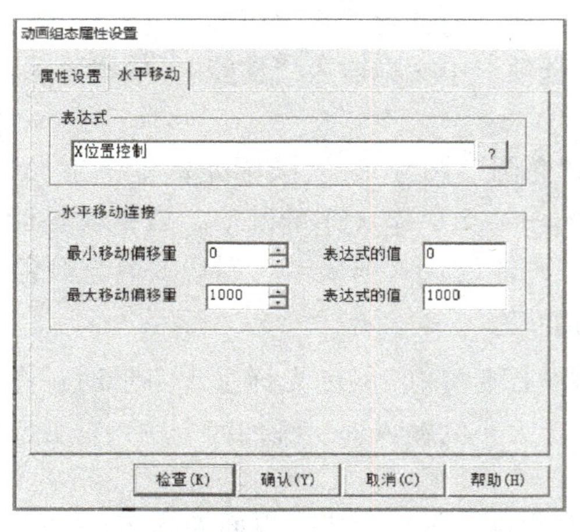

图 7-9 X 轴水平移动连接

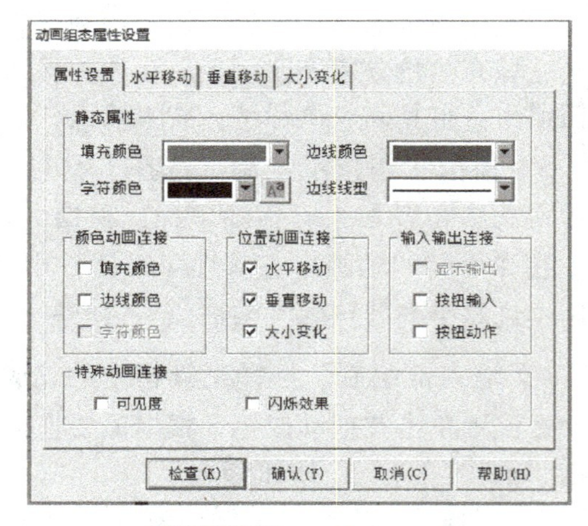

图 7-10 Y 轴动画连接

4）选择“垂直移动”选项卡，单击表达式栏右侧的按钮 ? ，弹出“变量选择”对话框，选择“Y 位置控制”变量双击即可添加，设置最小移动偏移量为“0”，表达式的值为“0”，最大移动偏移量为“-1000”，表达式的值为“1000”，如图 7-11 所示。

5）选择“大小变化”选项卡，单击表达式栏右侧的按钮 ? ，弹出“变量选择”对话框，选择“堆垛机叉手伸缩”变量双击即可添加，设置最小变化百分比为“90”，表达式的值为“0”，最大变化百分比为“100”，表达式的值为“1”，变化方向选择向右，变化方式选择“剪切”，如图 7-12 所示。

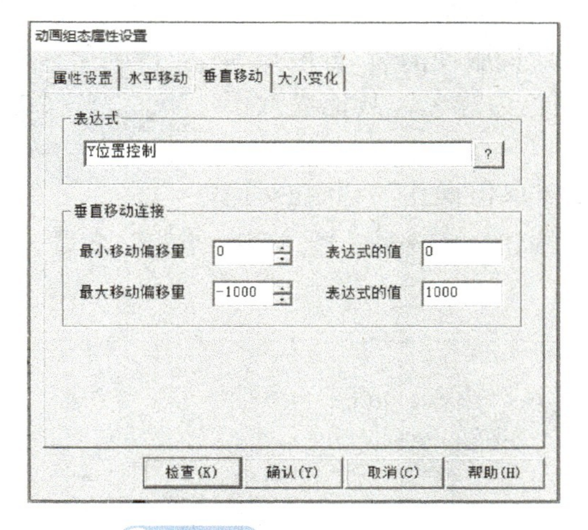

图 7-11　Y 轴垂直移动连接

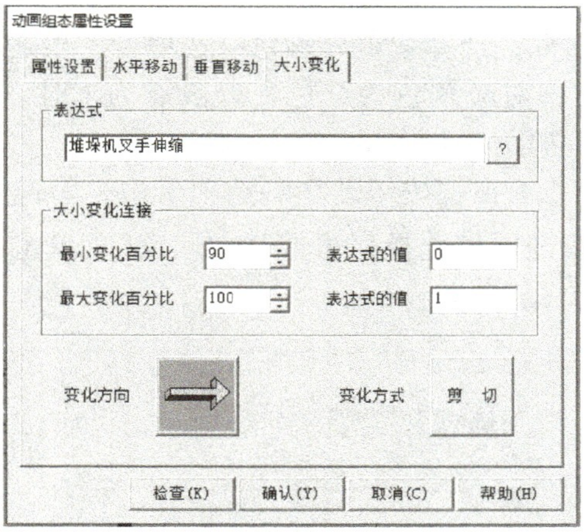

图 7-12　Y 轴大小变化连接

接下来实现堆垛机叉手上货物的显示和货架上货物的显示。

6）双击“0 号”（叉手）位置的矩形框，弹出“动画组态属性设置”对话框，在“属性设置”选项卡中勾选“水平移动”“垂直移动”“可见度”，如图 7-13 所示。

7）叉手上货物的移动和 Y 轴的移动一致，货物的“水平移动”“垂直移动”设置参考 Y 轴设置。

8）选择“可见度”选项卡，单击表达式栏右侧的按钮 ? ，弹出“变量选择”对话框，选择“叉手物料有无”变量双击即可添加，勾选“对应图符可见”，单击“确认”按钮退出，如图 7-14 所示。

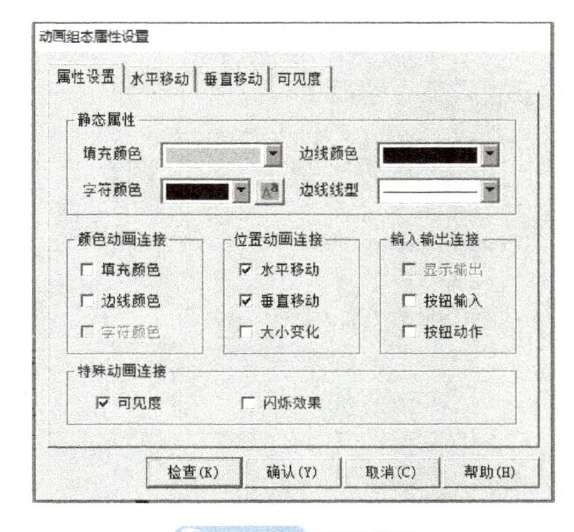

图 7-13　属性设置

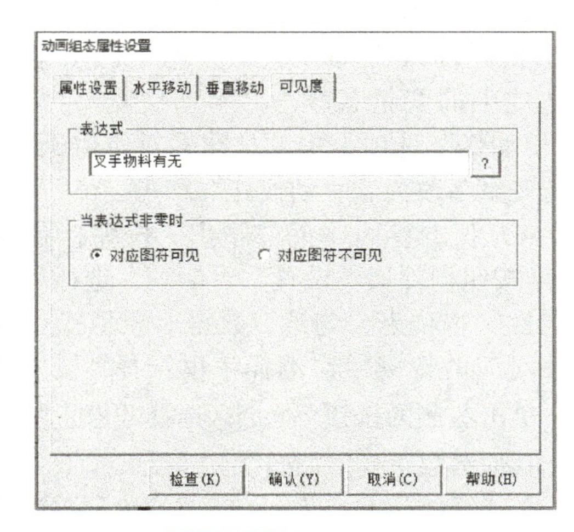

图 7-14　可见度设置

9）货架上的货物因为不需要移动，只需显示与隐藏，因此添加“可见度”属性即可。设置方法和叉手上的货物“可见度”相同，只需将“可见度”选项卡中表达式输入的相应变量名改为“仓位 1”～“仓位 12”即可。

（7）控制按钮、输入框、状态指示动画连接

仓储监控系统按钮机状态指示设计.mp4

1）双击界面中的“使能”按钮，弹出“标签动画组态属性设置”对话框，选择“填充颜色”选项卡，表达式输入“伺服使能”，分段点为 0 时，对应颜色为红色，分段点为 1 时，对应颜色为绿色，其他参数不变。如图 7-15 所示。

2）在“按钮动作”选项卡中，勾选“数据对象值操作”，并在对应的按键操作选择栏里选择“取反”，单击右侧的按钮 ？ ，选择“伺服使能”变量，如图 7-16 所示。

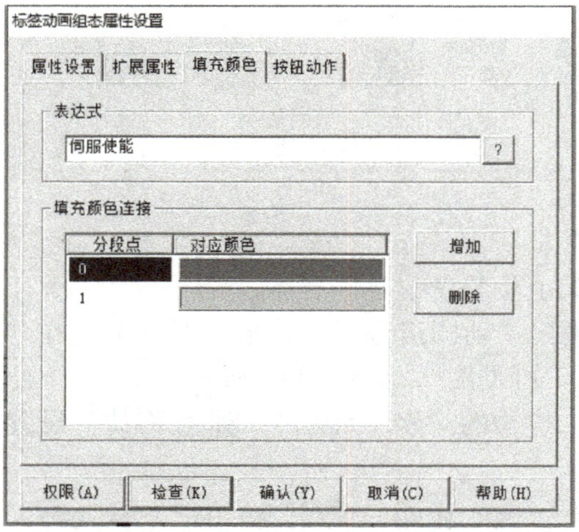

图 7-15 填充颜色设置

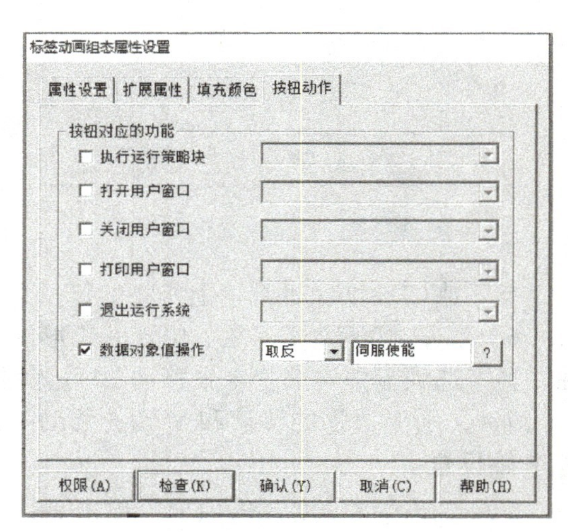

图 7-16 按钮动作设置

3）“手动”按钮的动画连接与“使能”按钮相同，只需将“填充颜色”选项卡中表达式中的变量名改为“手动使能”，并将“按钮动作”选项卡中的“数据对象值操作”中的变量名改为“手动使能”即可。

4）双击界面中的“停止”按钮，弹出“标准按钮构件属性设置”对话框，选择“操作属性”选项卡，勾选“数据对象值操作”，并在对应的按键操作选择栏里选择“按 1 松 0”，单击右侧的按钮 ？ ，选择“停止”变量，其他参数不变，如图 7-17 所示。

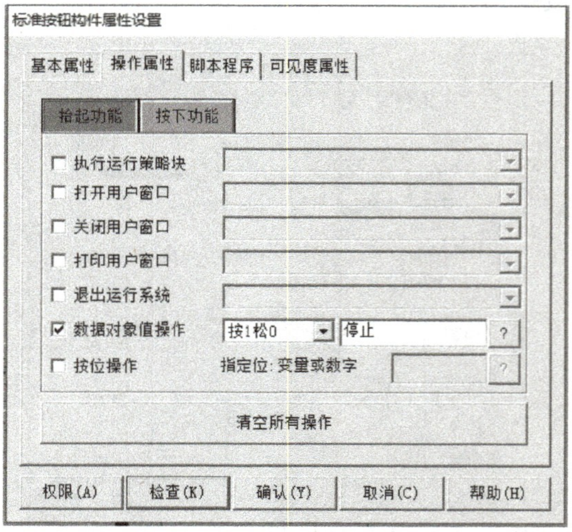

5）“复位”“原点”“示教”“位置”按钮的动画连接与此相同，只需将“操作属性”选

图 7-17 操作属性设置

项卡中数据对象值操作中的相应变量名改为“复位”“回原点”“示教”“绝对位置”即可。

6）双击界面中的图标，弹出“单元属性设置”对话框，选择“动画连接”选项卡中的“标准按钮”，右侧出现图标 >，如图 7-18 所示。单击图标 >，进入“标准按钮构件属性设置”对话框，选择“操作属性”选项卡，勾选“数据对象值操作”，并在对应的按键操作选择栏里选择“按 1 松 0”，单击右侧的按钮 ?，选择“Y 正方向点动”变量，其他参数不变，如图 7-19 所示。

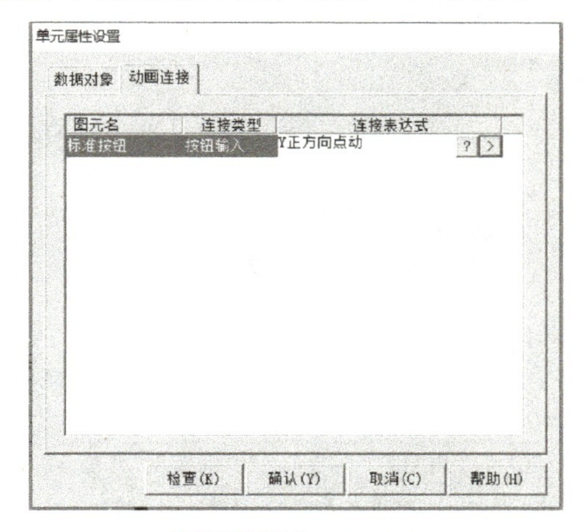

图 7-18　动画连接

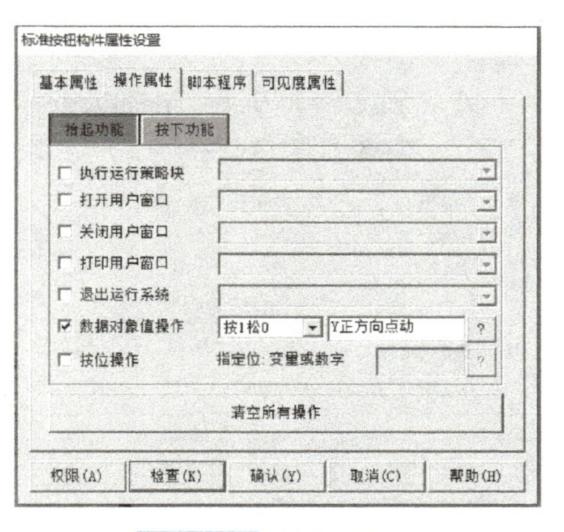

图 7-19　操作属性设置

7）其他三个方向的按钮设置与此相同，只需将“操作属性”选项卡中数据对象值操作中的变量名改为“Y 反方向点动”“X 正方向点动”“X 反方向点动”。

接下来需要组态一个输入框，以选择目标仓位。

8）双击窗口中的输入框，弹出“输入框构件属性设置”对话框，在“操作属性”选项卡中，单击对应数据对象的名称栏右侧的按钮 ?，连接变量“示教点位”，最小值为“0”最大值为“12”（因为仓位只有 0 ～ 12 点位），如图 7-20 所示。另一输入框的设置与此相同，只需修改连接变量为“绝对位置点位”，如图 7-21 所示。

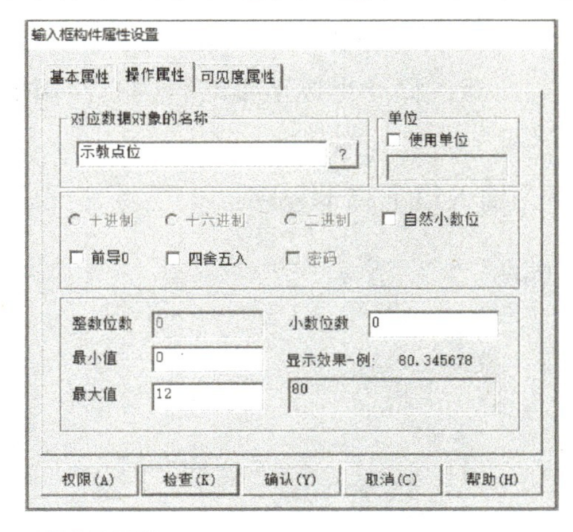

图 7-20　“示教点位”变量输入框属性设置

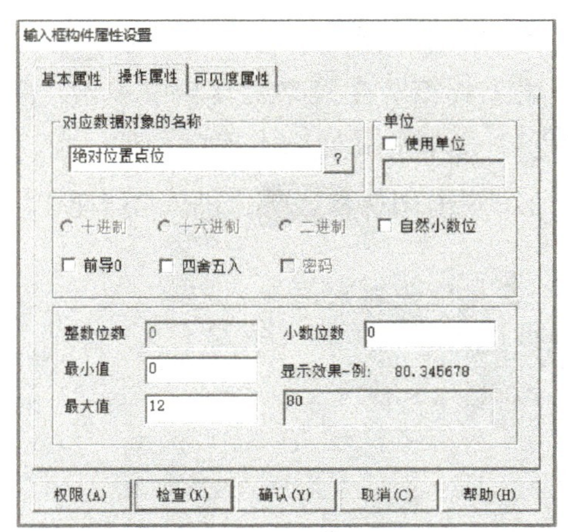

图 7-21　“绝对位置点位”变量输入框属性设置

本任务还需要在用户窗口中实时显示与 PLC 的通信状态。

9）双击界面中“通信状态”旁的圆形，在弹出的“动画组态属性设置”对话框中勾选“填充颜色”，如图 7-22 所示。选择“填充颜色”选项卡，表达式输入“通信状态”，分段点为 0 时对应颜色为绿色，分段点为 1 时对应颜色为红色，其他参数不变，如图 7-23 所示。

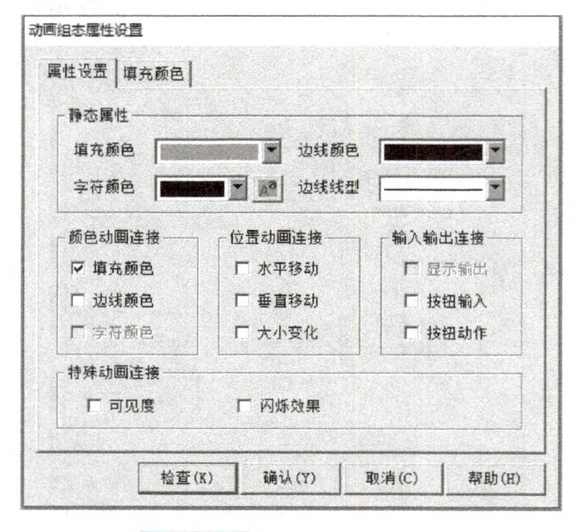

图 7-22 通信状态属性设置

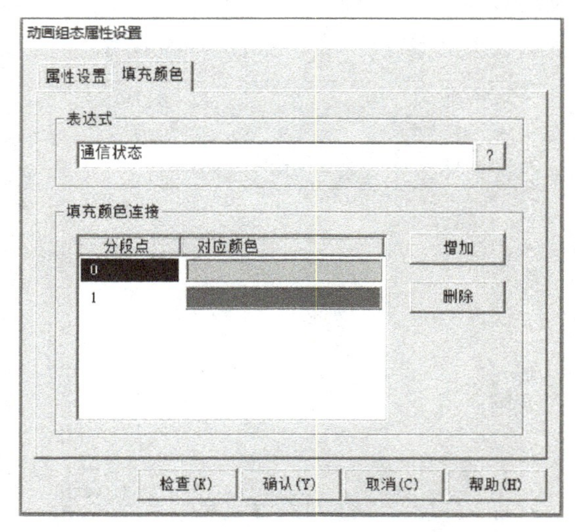

图 7-23 通信状态填充颜色设置

（8）编写脚本程序

仓库货架有无货物是通过控制其可见度的变化来实现的。为了减少 PLC 的编程难度，这里使用脚本程序控制货架货物的显示。

1）单击工具栏中的“工作台”图标，弹出“工作台”窗口，单击“运行策略”标签，打开“运行策略”选项卡，选中“循环策略”，双击打开循环策略组态窗口。双击“按照设定的时间循环运行”图标，打开“策略属性设置”对话框，将“定时循环执行，循环时间（ms）”改为“200”，其他参数不变。

2）单击“新增策略行”图标，增加新的策略行。单击“工具箱”图标，弹出策略工具箱。在策略工具箱中单击“脚本程序”图标，移动光标至策略行的右侧矩形框中，单击添加脚本程序构件。

3）双击图标，进入脚本程序编辑环境，输入以下脚本程序：

```
if 仓位物料数值 =1 then
仓位 1=1
endif
if 仓位物料数值 =2 then
仓位 2=1
endif
```

```
if 仓位物料数值 =3  then
仓位 3=1
endif
if 仓位物料数值 =4  then
仓位 4=1
endif
if 仓位物料数值 =5  then
仓位 5=1
endif
if 仓位物料数值 =6  then
仓位 6=1
endif
if 仓位物料数值 =7  then
仓位 7=1
endif
if 仓位物料数值 =8  then
仓位 8=1
endif
if 仓位物料数值 =9  then
仓位 9=1
endif
if 仓位物料数值 =10  then
仓位 10=1
endif
if 仓位物料数值 =11  then
仓位 11=1
endif
if 仓位物料数值 =12  then
仓位 12=1
endif
if  复位 =1  then
    仓位 1=0
    仓位 1=0
    仓位 2=0
    仓位 3=0
    仓位 4=0
    仓位 5=0
    仓位 6=0
    仓位 7=0
```

```
        仓位 8=0
        仓位 9=0
        仓位 10=0
        仓位 11=0
        仓位 12=0
        仓位物料数值 =0
    endif
```

（9）设备窗口组态

本任务首次使用 PLCSIM Advanced 高级仿真器进行仿真联调。PLCSIM Advanced 是西门子推出的一款性能强大的 PLC 仿真器，可以实现工艺、通信等 PLCSIM 无法实现的仿真功能。本任务中用到的运动控制功能就只能利用高级仿真器进行模拟。

高级仿真器的组态联调操作方法与之前的操作流程有所区别，下面详细介绍具体的操作方法。

1）在“工作台”窗口中双击“设备窗口”图标。单击工具栏中的“工具箱”按钮，打开“设备工具箱”。单击“设备工具箱”中的“设备管理”按钮，弹出图 7-24 所示的“设备管理”对话框。在可选设备列表中，双击“PLC”→“西门子”→“Siemens_1200 以太网”，界面下方出现相应 PLC 设备的图标，双击该图标，即可将“Siemens_1200”设备添加到右侧列表中，如图 7-25 所示。选中选定设备列表中的“Siemens_1200”，单击“确认”按钮，即将添加到“设备工具箱”中。

仓储监控系统设备窗口组态.mp4

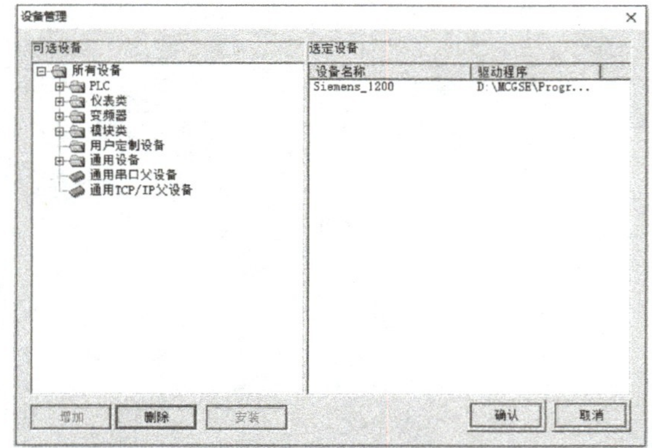

图 7-24 “设备管理”对话框

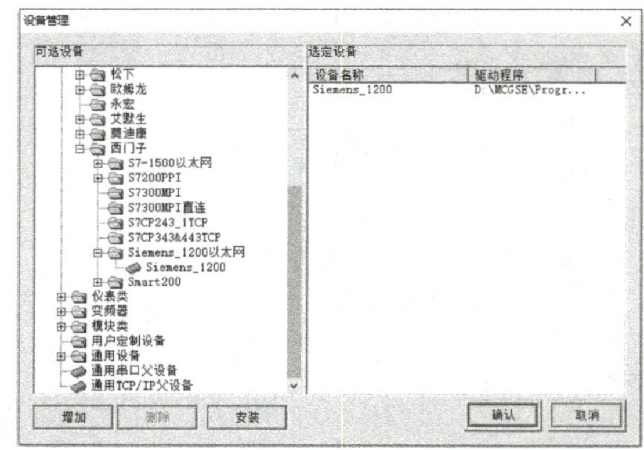

图 7-25 添加设备

由于 1500 系列 PLC 与 1200 系列 PLC 都是利用 S7 通信的方式实现与组态系统的通信，因此这里选择 Siemens_1200。

2）双击“设备工具箱”中的“Siemens_1200”，Siemens_1200 被添加到“设备组态”窗口中。双击“Siemens_1200”，进入“设备编辑窗口”，如图 7-26 所示。

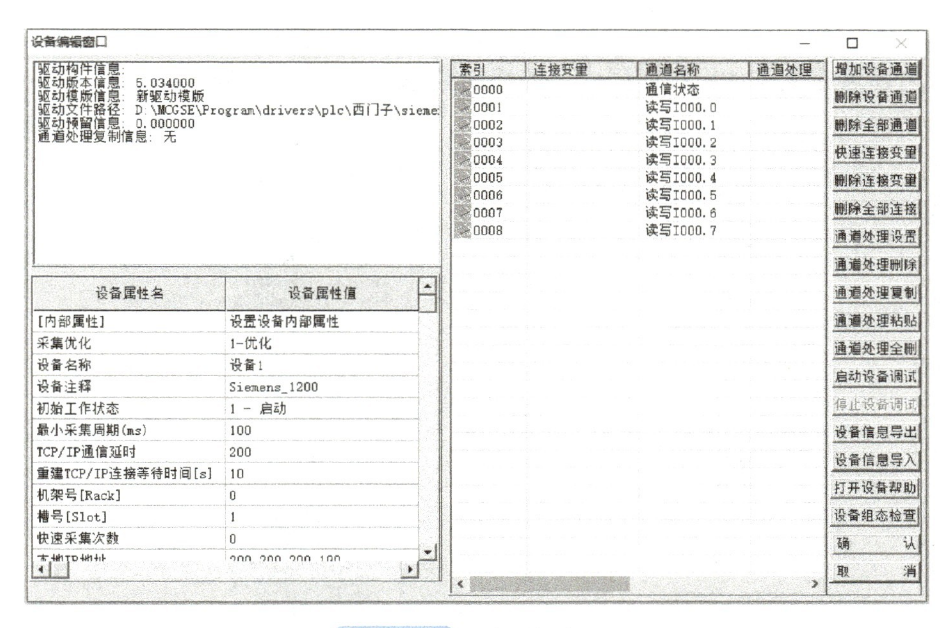

图 7-26　设备编辑窗口

3）在“设备编辑窗口”修改连接参数，本地 IP 地址为“192.168.0.1”，远端 IP 地址为“192.168.0.99”，其他参数保持默认即可，如图 7-27 所示。注意：本地 IP 地址为 MCGS 的地址（可以是任意的，但必须和连接的设备在同一网段）；远端 IP 地址为要连接设备的地址，也就是 PLC 的 IP 地址（可以是任意的，但必须和 MCGS 在同一网段）。

4）在“设备编辑窗口”中单击“删除全部通道”按钮，删除表内已列出的所有默认通道。再单击“增加设备通道”按钮，进入“添加设备通道”对话框。通道类型选择“Q 输出继电器”，数据类型选择“32 位浮点数”通道地址为“200”，通道个数为“2”，单击“确认”按钮添加，如图 7-28 所示（这里以控制 XY 轴位置所需变量建立，通道地址可以是任意的，保持和 PLC 程序中的变量一致即可）。

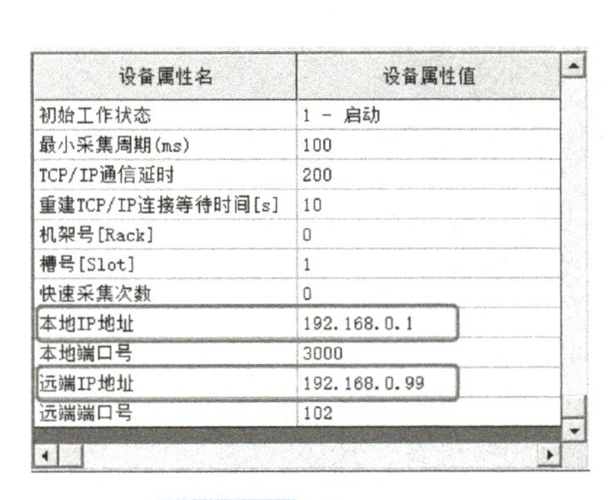

图 7-27　修改 IP 地址

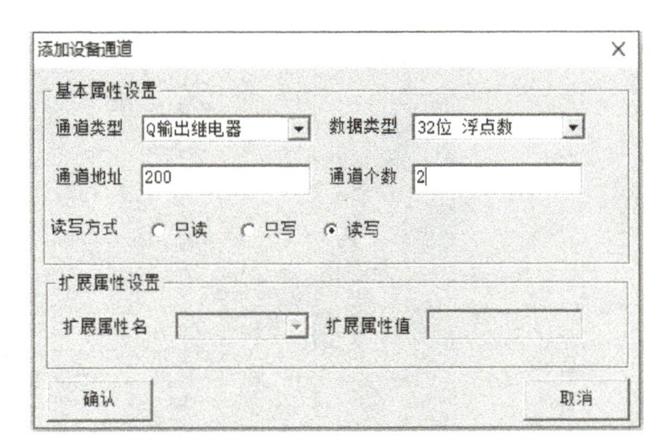

图 7-28　添加设备通道

5）剩余变量的添加方法在前面项目中已经介绍过，这里不再说明，最后添加完成的变量如图 7-29 所示（添加的变量并不是唯一的，保持和 PLC 程序中的变量一致即可）。

6）双击“0000”通道，弹出“变量选择”对话框，选中“通信状态”单击“确认”按钮或双击即可完成添加，按照同样步骤添加其他变量，添加完成后单击“确认”按钮，如图 7-30 所示。

索引	连接变量	通道名称	通道处理
0000		通信状态	
0001		读写QDF200	
0002		读写QDF204	
0003		读写M000.4	
0004		读写M000.5	
0005		读写M001.5	
0006		读写M001.6	
0007		读写M010.0	
0008		读写M010.1	
0009		读写M020.0	
0010		读写M020.1	
0011		读写M020.2	
0012		读写M020.3	
0013		读写M020.4	
0014		读写M020.5	
0015		读写M050.0	
0016		读写MWUB500	
0017		读写MWUB502	
0018		读写MWUB504	

图 7-29 设备通道

索引	连接变量	通道名称	通道处理
0000	通信状态	通信状态	
0001	X位置控制	读写QDF200	
0002	Y位置控制	读写QDF204	
0003	X正方向点动	读写M000.4	
0004	X反方向点动	读写M000.5	
0005	Y正方向点动	读写M001.5	
0006	Y反方向点动	读写M001.6	
0007	叉手物料有无	读写M010.0	
0008	堆垛机叉手伸缩	读写M010.1	
0009	伺服使能	读写M020.0	
0010	回原点	读写M020.1	
0011	复位	读写M020.2	
0012	停止	读写M020.3	
0013	手动使能	读写M020.4	
0014	绝对位置	读写M020.5	
0015	示教	读写M050.0	
0016	示教点位	读写MWUB500	
0017	绝对位置点位	读写MWUB502	
0018	仓位物料数值	读写MWUB504	

图 7-30 连接变量

（10）模拟通信测试

1）打开博途软件新建一个项目，在“添加新设备”对话框中选择“CPU 1513-1 PN”的 PLC，如图 7-31 所示。

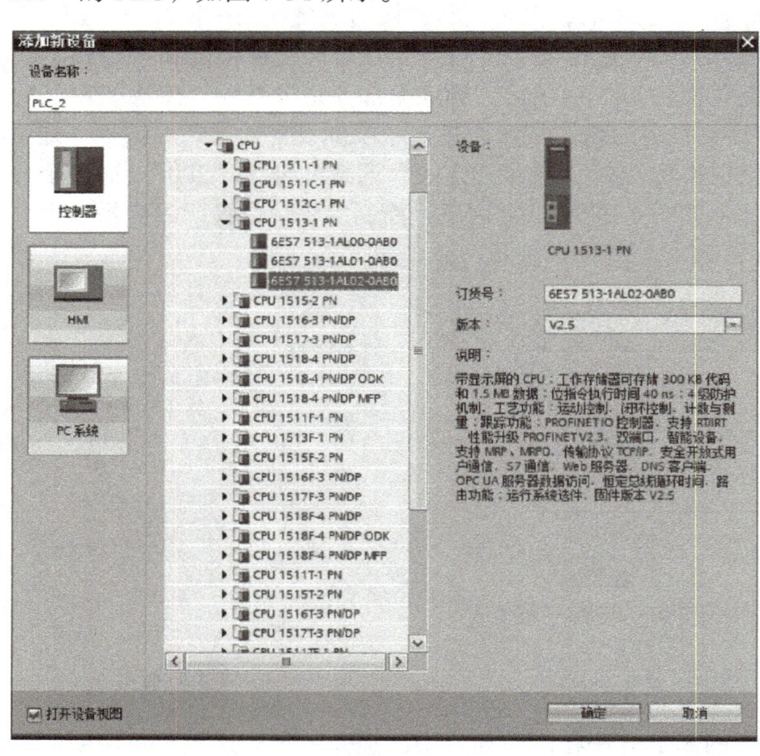

图 7-31 添加 CPU

注意：S7-PLCSIM Advanced V3.0 仿真器只支持 1500 系列 PLC，但能完全模拟真实的 PLC。这里使用 1500 系列 PLC 编写程序，在使用上和 1200 系列 PLC 区别不大。

2）在博途软件项目视图中，从项目树中选择新建项目，单击鼠标右键，在下拉菜单中单击“属性”，在弹出的对话框中勾选“块编译时支持仿真。”，单击“确定”按钮即可，如图 7-32 所示。

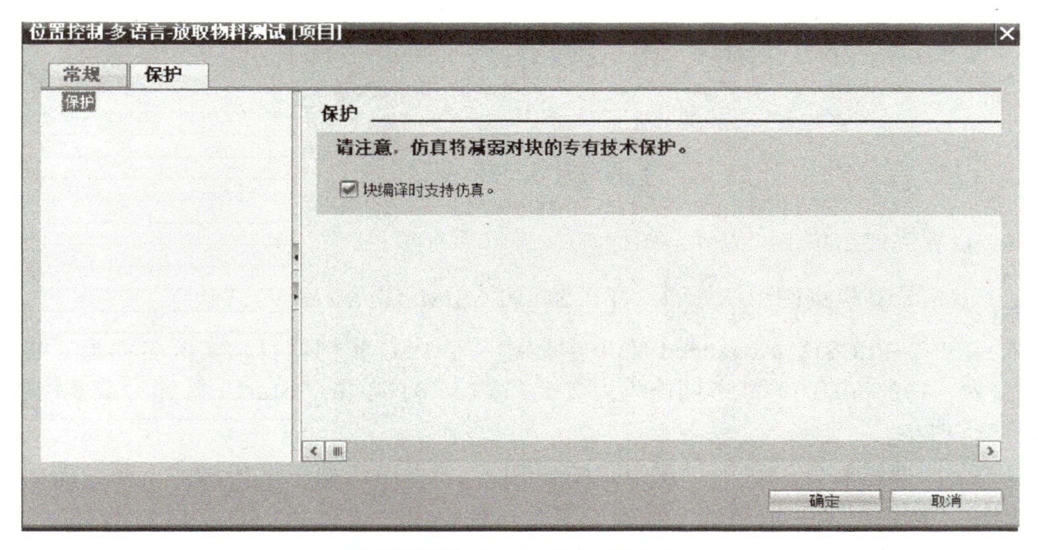

图 7-32　勾选块编译支持仿真

3）双击项目树中的“设备组态”进入属性设置，修改 IP 地址为“192.168.0.99”，如图 7-33 所示。在项目树中单击“防护与安全”→“连接机制”，勾选“允许来自远程对象的 PUT/GET 通信访问”，如图 7-34 所示。

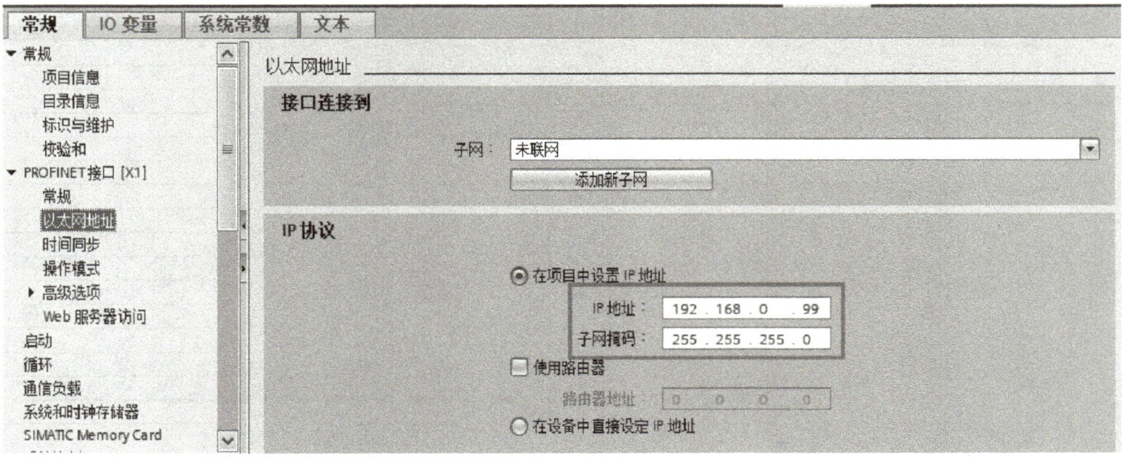

图 7-33　修改 CPU 地址

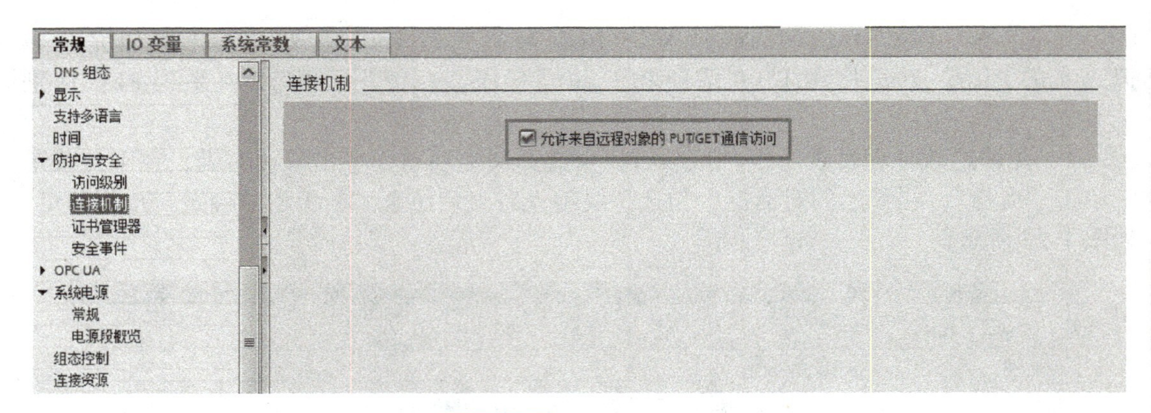

图 7-34 连接机制设置

4）设置完成后单击“编译”图标，编译保存项目。

5）双击计算机桌面图标，打开 S7–PLCSIM Advanced V3.0 软件。

6）在 S7–PLCSIM Advanced V3.0 中创建一个 PLC 实例项目，实例名称为“9999”，IP 地址为“192.168.0.99”，子网掩码为 255.255.255.0，单击“Start”按钮完成实例创建，如图 7-35 所示。

7）返回博途软件，在项目树中选中“PLC_1”，单击菜单栏中的“下载”图标，下载程序，在弹出的“扩展的下载到设备”对话框中，选择 PG/PC 接口的类型为“PN/IE”，PG/PC 接口为“Siemens PLCSIM Virtual Ethernet Adapter”，如图 7-36 所示。

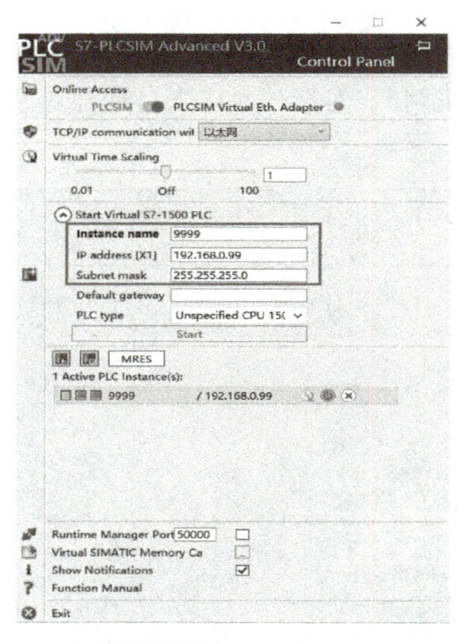

图 7-35 连接参数设置

图 7-36 下载程序

8）单击“开始搜索（S)”按钮，搜索到已创建的虚拟 PLC，选中后单击“下载”按钮，下载程序到 PLC 中。

9）下载后 PLC 默认是停止状态，如图 7-37 所示。单击“启动”图标，PLC 进入运行状态。

图 7-37　启动 CPU

10）返回 MCGS 软件，双击“设备窗口”中的“设备 0–Siemens_1200”，在设备编辑窗口单击“启动设备调试”按钮，可以看到通道 0 通信状态的调试数据为“0”，表示通信成功，如图 7-38 所示。

索引	连接变量	通道名称	通道处理	调试数据	采集周期
0000	通信状态	通信状态		0	1
0001	X位置控制	读写QDF200		0.0	1
0002	Y位置控制	读写QDF204		0.0	1
0003	X正方向点动	读写M000.4		0	1
0004	X反方向点动	读写M000.5		0	1
0005	Y正方向点动	读写M001.5		0	1
0006	Y反方向点动	读写M001.6		0	1
0007	叉手物料有无	读写M010.0		0	1
0008	堆垛机叉手伸缩	读写M010.1		0	1
0009	伺服使能	读写M020.0		0	1

图 7-38　查看通信状态

11）在项目树中选择“工艺对象”，单击“新增对象”，如图 7-39 所示。选择“运动控制”，添加定位轴，单击“确定”按钮，如图 7-40 所示。

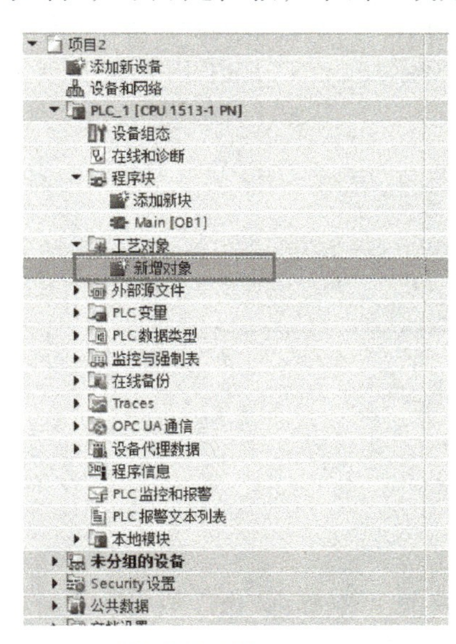

图 7-39　新增对象

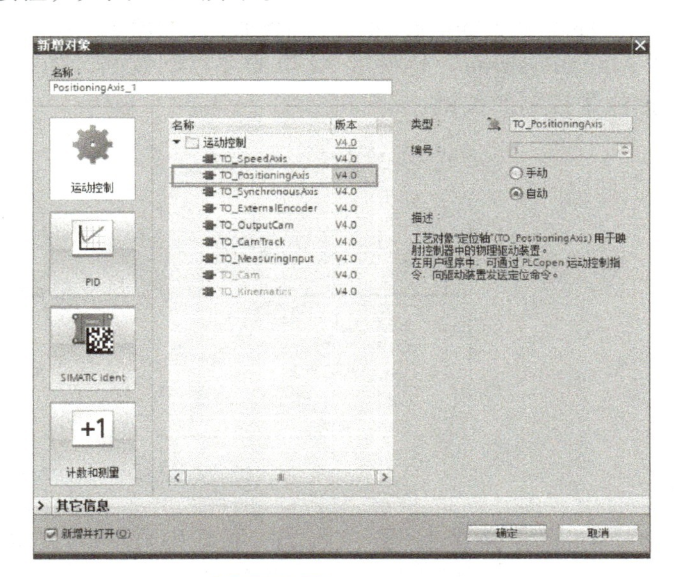

图 7-40　添加定位轴

12）双击项目树“工艺对象”→“组态”，如图 7-41 所示，弹出工艺轴的基本参数设置窗口，勾选“激活仿真”，其他参数保持默认。如图 7-42 所示。

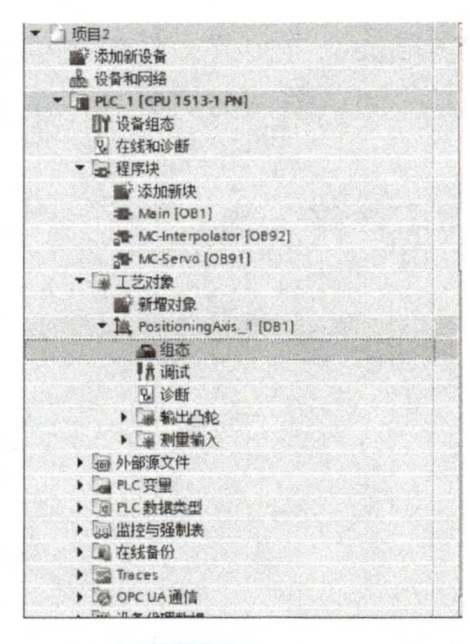

图 7-41 选择组态

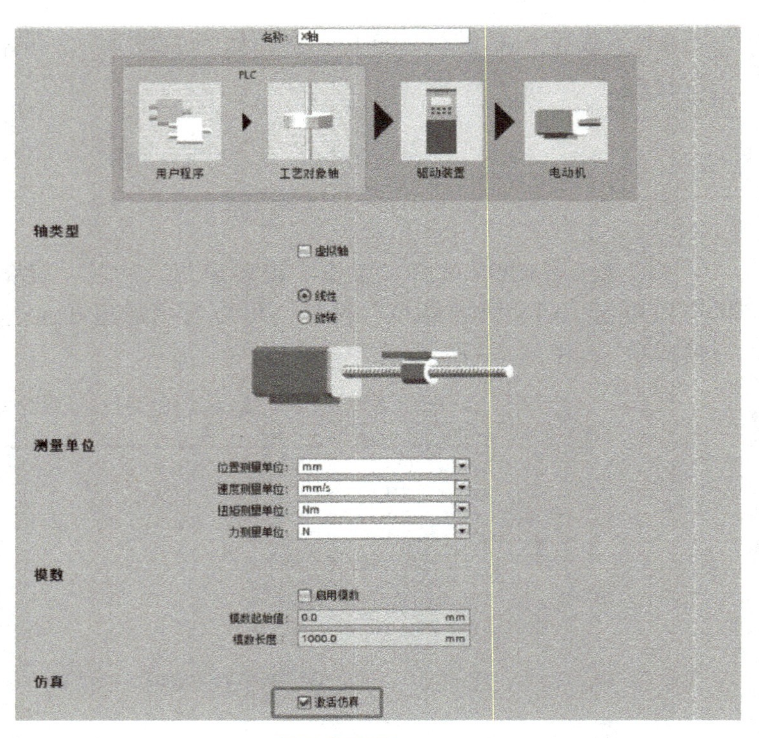

图 7-42 组态工艺轴

13）在 Main 主程序中添加转换值指令 CONVERT，将工艺轴的实际位置值“ActualPosition”转换成 32 位的浮点型数据，如图 7-43 所示。CONVERT 指令是实现模拟位置控制的关键。

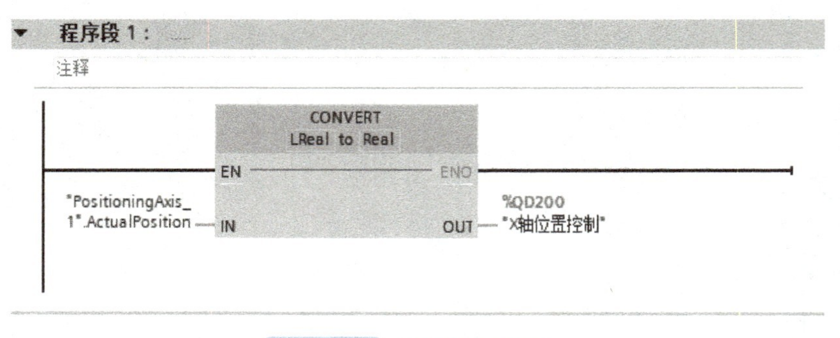

图 7-43 CONVERT 指令

14）转换值指令 CONVERT 可以在基本指令树下的“转换操作”中找到，如图 7-44 所示。在项目树“工艺对象”下选择刚才添加的工艺轴，单击鼠标右键选择“打开 DB 编辑器”，单击即可打开查看工艺轴的实际位置值“ActualPosition”，如图 7-45 所示。

15）用同样的方法再添加一个工艺轴，控制 XY 两个方向的位置。保存编写的程序，下载到 S7–PLCSIM Advanced V3.0 仿真器中，单击“启动”图标使 PLC 运行。

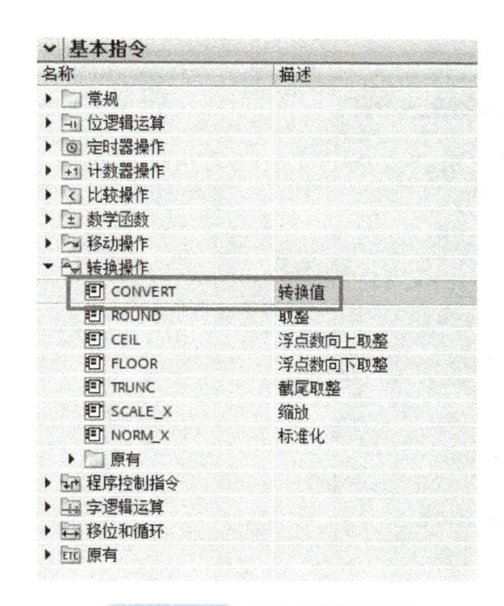

图 7-44　添加转换值指令

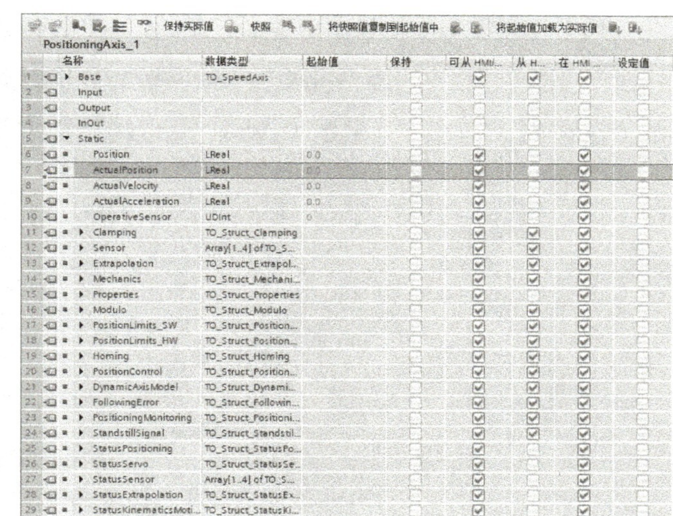

图 7-45　DB 编辑器

16）打开完成 MCGS 组态的工程，按 F5 键或单击工具栏中的图标 ，进入运行环境。双击博途软件中项目树“工艺对象”下的“调试”按钮，如图 7-46 所示。打开“轴控制面板”，双击“捕捉”按钮，如图 7-47 所示。

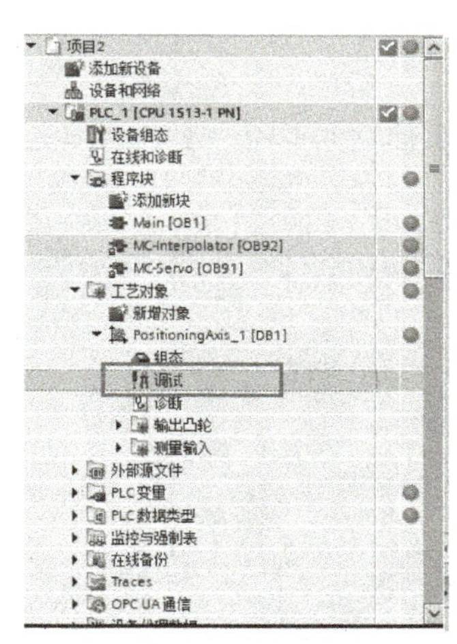

图 7-46　选择调试

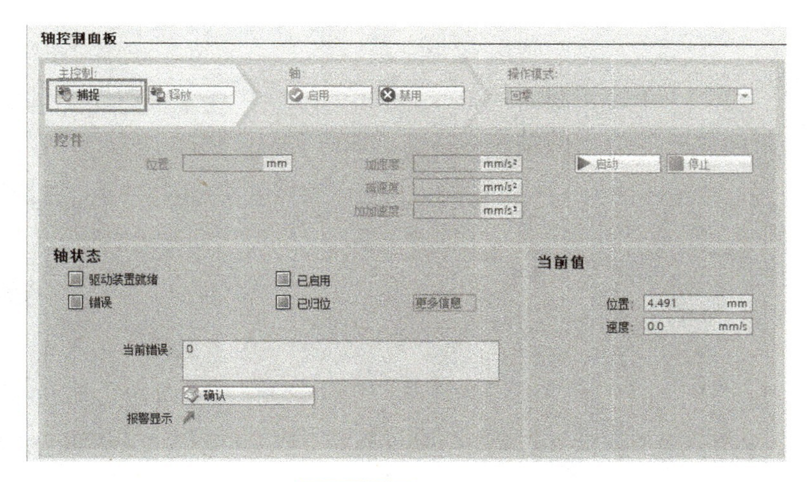

图 7-47　轴控制面板

17）在弹出的激活仿真提示中单击“是”，如图 7-48 所示。

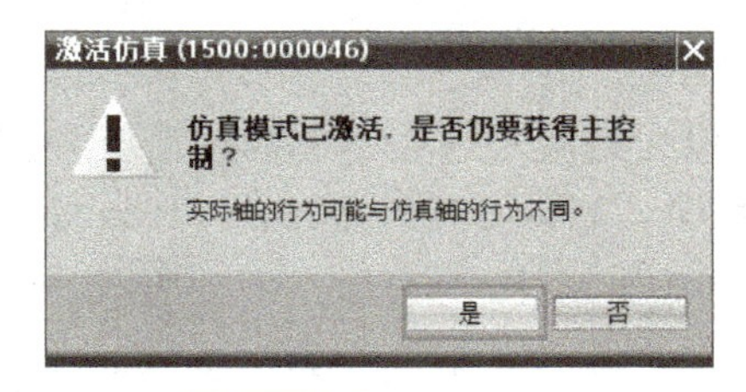

图 7-48　激活仿真

18）在弹出的激活提示中单击“是”，如图 7-49 所示。

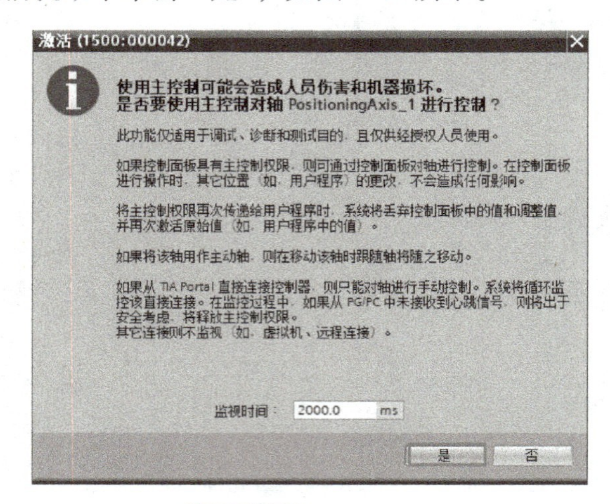

图 7-49 选择“是”

19）单击“启用”按钮，操作模式选择“点动”，如图 7-50 所示。

图 7-50 启用轴

20）单击控制面板中的 反向 正向 按钮，可以看到 MCGS 运行画面中 X 方向的轴左右移动，如图 7-51 所示。

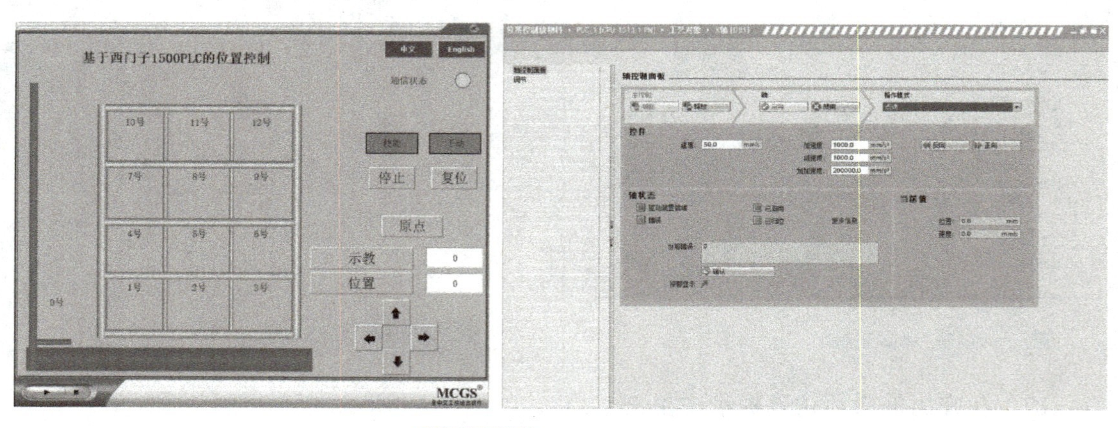

图 7-51 调试运行效果

21）下载程序。用户可以自行编写或在本书的配套资源网站中下载例程。

22）打开下载的 PLC 程序，启动 S7-PLCSIM Advanced V3.0 仿真器，设置好连接参数，将 PLC 程序装载到 CPU 中，单击“启动”图标使 PLC 运行。

23）在 MCGS 软件中打开 MCGS 工程文件，按 F5 键或单击工具栏中的图标，

进入运行环境。

24）可以看到运行界面中状态指示灯为绿色，单击“使能”按钮，“使能”按钮由红色变为绿色，XY 轴此时处于上电状态。

25）单击“手动”按钮，“手动”按钮由红色变为绿色，单击上下左右方向按钮，移动堆垛机 XY 轴到“8 号”位置，如图 7-52 所示。

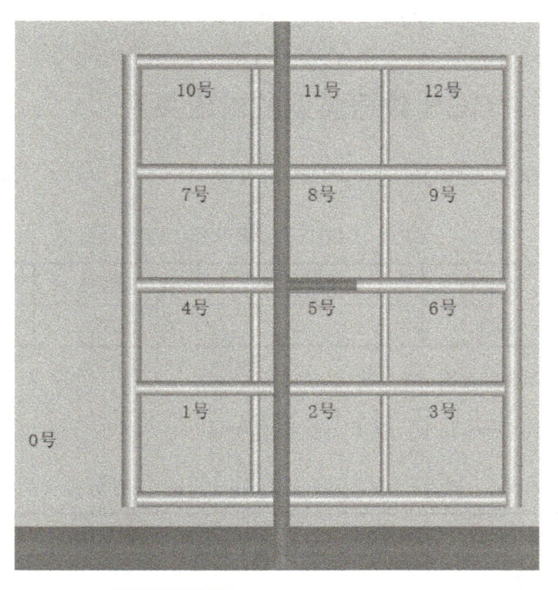

图 7-52　移动堆垛机 XY 轴

26）单击“原点”按钮，堆垛机 XY 轴回到原点位置，此时在“位置”按钮右边的“输入框”输入 1 ～ 12 其中任意数值，单击“位置”按钮，堆垛机会把 0 号位置的货物放置到对应仓位中，然后回到 0 号位置。依次输入 1 ～ 12 数值，放满全部仓位。如图 7-53 所示。

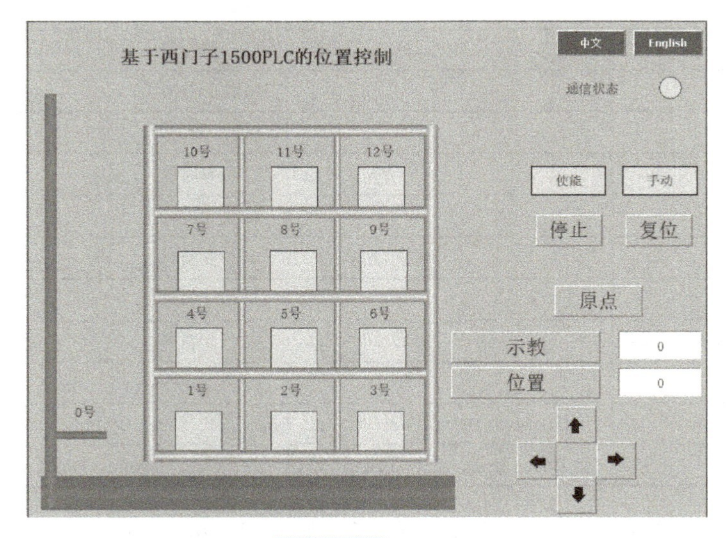

图 7-53　仓位

各按钮功能如下：

“停止”按钮：用于系统停止。按下“停止”按钮，当前运动轴停止运动。

“复位”按钮：用于系统复位。当系统发出错误时，用于复位报警信息；另一功能是清空仓位中的货物。

“示教”按钮：当手动移动各个轴，在输入框输入对应数值后，按下“示教”按钮，当前位置会保存到当前点位中。

仓储监控系统设备驱动通道数据类型对应.mp4

 PLC 数据类型与 MCGS 数据类型的对应关系

CPU 1511-1 PN 寄存器参考地址范围见表 7-4。

表 7-4 CPU 1511-1 PN 寄存器参考地址范围

CPU 型号	I 输入寄存器	Q 输出寄存器	M 位寄存器	V 数据寄存器
1511-1 PN	0 ~ 1023	0 ~ 1023	0 ~ 16383	V(0 ~ 59999).(0 ~ 65533)

注：具体不同型号的 PLC，其地址范围请参考对应用户手册。

MCGS 嵌入版组态软件支持的 PLC 数据类型见表 7-5。

表 7-5 MCGS 嵌入版组态软件支持的 PLC 数据类型

PLC 支持的数据类型	对应类型
Bool	位
Byte	8 位无符号
Char	8 位有符号
SInt	8 位有符号
USInt	8 位无符号
Int	16 位有符号
UInt	16 位无符号
Date	16 位无符号
Word	16 位无符号
DInt	32 位有符号
UDInt	32 位无符号
DWord	16 位有符号
Time	32 位无符号
Time_Of_Day	32 位无符号
Real	32 位浮点数
Array	Bool，Byte，SInt，USInt，Word，Int，UInt，DWord，DInt，Real，UDInt
Struct	Bool，Byte，SInt，USInt，Word，Int，UInt，DWord，DInt，Real，UDInt，Array

MCGS 嵌入版组态软件不支持 PLC 中的 LTime、LWord、LReal、LInt、ULInt、LTime_Of_Day 等数据类型，以及其他数据类型，如 AOM_IDENT、CONN_ANY、CONN_OUC、

CONN_PRG、DB_ANY、DB_WWW、EVENT_ANYEVENT_ATT、EVENT_HWINT、HW_ANY、HW_DEVICE 等。

任务 7.2　多语言设置组态

任务目标

在工程运行界面中增设一个中文、英文切换按钮，用于工程界面中语言的切换。运行界面如图 7-54、图 7-55 所示。

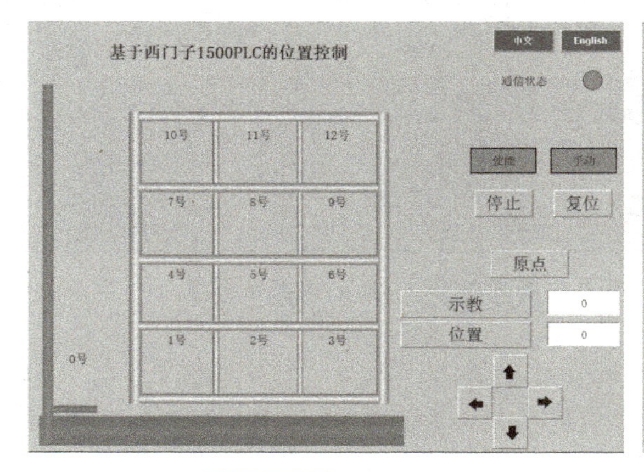

图 7-54　中文界面

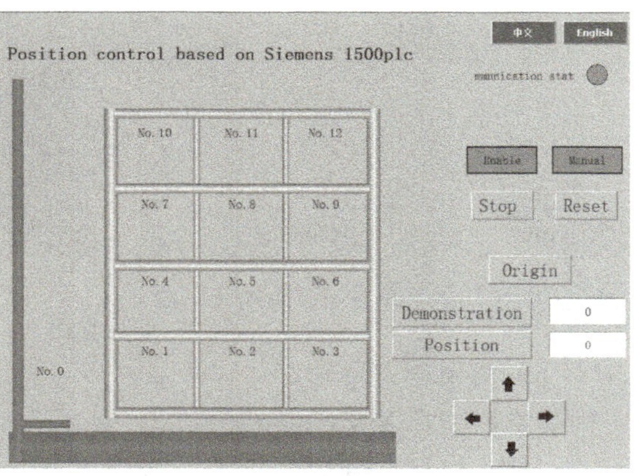

图 7-55　英文界面

控制要求：按下“中文”按钮，界面切换为中文；按下“ English”按钮，界面切换为英文。

任务分析

日常生活中，计算机、手机大都可以进行多语言切换，以便适用不同国家的用户需要。但 MCGS 嵌入版系统中，多语言的切换并不是软件操作界面上的切换，而是组态环境和运行环境下语言的切换。

术语说明：

工程语言：在组态环境和运行环境下可以使用的语言。在多语言配置中可以选择并更改。

工程默认语言：在多语言配置窗口中选择，默认为中文，可以更改。其选择内容只能为工程已经选择过的语言。模拟运行或下载时，工程默认语言可作为工程的初始运行语言。以前没有多语言版本的工程，都默认为中文。

目前 MCGS 嵌入版系统支持的语言有中文和英文。

多语言版本组态窗口工具栏中增加了“多语言配置”快捷图标和“组态环境语言选择”下拉框，此下拉框只是用来切换组态语言环境，并不能进行语言设置。

“组态环境语言选择”下拉框如图 7-56 所示。没有进行工程语言选择时，只出现工程默认语言；进行工程语言选择后，出现所有的工程语言；更改工程语言后下拉框中的内容也跟着改变。

在组态窗口中，选择“工具”→“多语言配置”命令或者单击工具栏中的“多语言配置”快捷按钮，即可进入“多语言配置”窗口，如图 7-57 所示。

图 7-56 “组态环境语言选择”下拉框

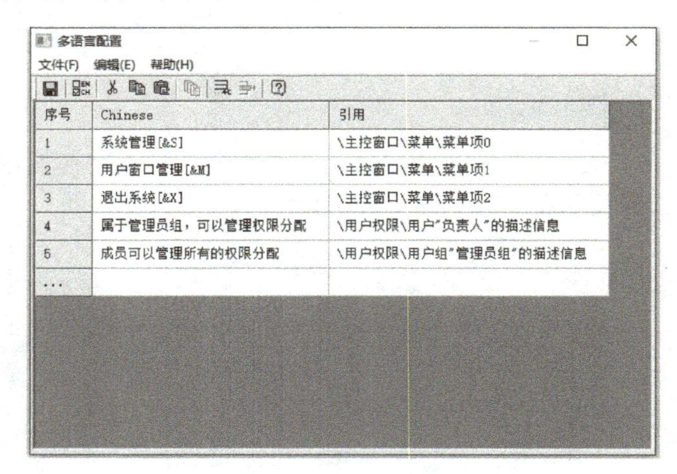

图 7-57 “多语言配置”窗口

（1）菜单栏

菜单栏中命令包括：

文件：保存，导出，导入，选择语言，退出。

编辑：剪切，复制，粘贴，复制相同项，显示 / 隐藏空行，查找，替换，添加一行，删除一行。

帮助：帮助。

（2）工具栏

工具栏命令包括保存、语言选择、剪切、复制、粘贴、复制相同项、添加一行、删除一行、帮助。

（3）文本表

文本表中显示所有支持用户编辑的多语言内容，“引用”列内容为使用多语言的组态位置。

对表格的内容，应当注意以下几点：

1）工程中支持多语言的地方使用的内容会实时地显示在该表格中，内容保持一致；添加新语言时，语言列自动添加到文本表中，且新加列内容为空。

2）去掉某种语言后该语言对应的文本内容全部清空，再次选择该语言时对应的该语言内容全部为空。

3）单击列标题时自动按该列内容顺序排列，再单击，逆序排列。

4）对于没有多语言功能的版本做的工程，打开工程后，只要是支持多语言的构件使用到的内容都自动加入到表格中，并在“Chinese”列显示。

5）编辑时按 Alt+Enter 键可换行，表格支持多行输入。

任务设备

多语言设置任务设备清单见表 7-6。

表 7-6　多语言设置任务设备清单

序号	设备	数量
1	装有 MCGS 嵌入版组态软件的计算机	1

任务实操

（1）设置工程语言及工程默认语言

1）选择“文件”→“选择语言”菜单命令如图 7-58 所示。

2）在弹出的“运行时语言选择”对话框中勾选语言类型“ English”，单击“确定”按钮，如图 7-59 所示。

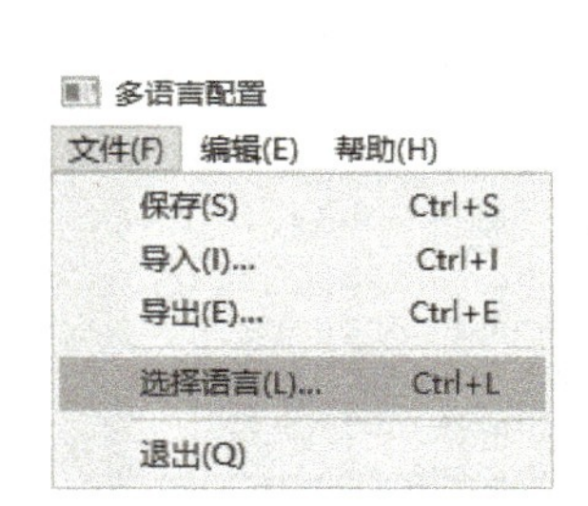

图 7-58　选择语言

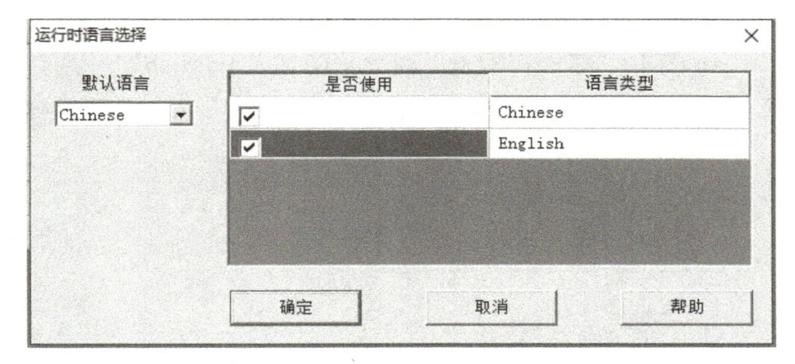

图 7-59　“运行时语言选择”对话框

3）可以看到在文本表中多出一列“English”，如图 7-60 所示。

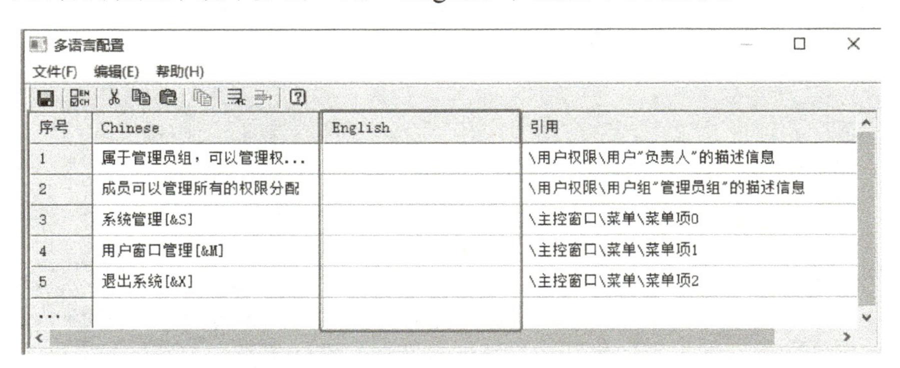

图 7-60　文本表

组态创建支持多语言的构件内容，然后分别设置多语言的中英文内容，当进入运行环境时，构件会根据环境变化切换成不同语言显示。

多语言内容编辑可以有两种方式，一种是在组态下，利用“组态环境语言选择”下拉框来编辑；另一种是打开“多语言配置”对话框，对文本表中的多语言内容进行编辑，编辑时，组态下的内容也随之改变。下面以标签的标题的多语言内容为例进行说明。

① 组态编辑方式。选择中英文且默认语言为中文后，回到组态界面，下拉框选择 Chinese ，新建标签，输入标题内容为“标签多语言”，退出编辑后保存，“组态环境语言选择”下拉框选择 English ，标签标题部分变为空，打开标签属性，输入内容为“label”，退出编辑后保存，利用函数设置运行环境切换语言，模拟运行并下载，可以看到在中文环境时，标签显示“标签多语言”，英文环境时，标签显示“label”。

② 多语言文本表编辑方式。选择中英文且默认语言为中文后，回到组态界面，下拉框选择 Chinese ，新建标签，输入中文内容为“标签多语言”，退出编辑后保存，打开“多语言配置”对话框，从多语言文本表中可以找到新建标签的多语言内容，其中“Chinese”为“标签多语言”，“English”为空，单击对应英文内容单元格，可输入内容“label”，退出编辑后保存，返回组态窗口，“组态环境语言选择”下拉框选择 English ，可以看到标签显示“label”。

为了方便，这里选择第二种方式来编辑。

4）打开“多语言配置”对话框，在“English”一列空白处分别输入对应的英文，如图 7-61 所示。输入完成后单击“多语言配置”窗口工具栏按钮保存修改的数据。

序号	Chinese	English	引用
1	基于西门子1500PLC的位置控制	Position control based on Siemens 1500plc	\用户窗口\位置控制\标签\控件0\标题
2	使能	Enable	\用户窗口\位置控制\标签\控件10\标题
3	手动	Manual	\用户窗口\位置控制\标签\控件16\标题
4	0号	No.0	\用户窗口\位置控制\标签\控件3\标题
5	1号	No.1	\用户窗口\位置控制\标签\控件50\标题
6	4号	No.4	\用户窗口\位置控制\标签\控件51\标题
7	6号	No.6	\用户窗口\位置控制\标签\控件52\标题
8	5号	No.5	\用户窗口\位置控制\标签\控件53\标题
9	2号	No.2	\用户窗口\位置控制\标签\控件54\标题
10	3号	No.3	\用户窗口\位置控制\标签\控件55\标题
11	9号	No.9	\用户窗口\位置控制\标签\控件56\标题
12	8号	No.8	\用户窗口\位置控制\标签\控件57\标题
13	7号	No.7	\用户窗口\位置控制\标签\控件58\标题
14	11号	No.11	\用户窗口\位置控制\标签\控件59\标题
15	12号	No.12	\用户窗口\位置控制\标签\控件60\标题
16	10号	No.10	\用户窗口\位置控制\标签\控件61\标题
17	通信状态	Communication status	\用户窗口\位置控制\标签\控件9\标题
18	原点	Origin	\用户窗口\位置控制\标准按钮\控件11\按下
19	原点	Origin	\用户窗口\位置控制\标准按钮\控件11\抬起
20	复位	Reset	\用户窗口\位置控制\标准按钮\控件13\按下
21	复位	Reset	\用户窗口\位置控制\标准按钮\控件13\抬起
22	位置	Position	\用户窗口\位置控制\标准按钮\控件14\按下
23	位置	Position	\用户窗口\位置控制\标准按钮\控件14\抬起
24	示教	Demonstration	\用户窗口\位置控制\标准按钮\控件15\按下
25	示教	Demonstration	\用户窗口\位置控制\标准按钮\控件15\抬起
26	停止	Stop	\用户窗口\位置控制\标准按钮\控件5\按下
27	停止	Stop	\用户窗口\位置控制\标准按钮\控件5\抬起
28	中文	中文	\用户窗口\位置控制\标准按钮\控件6\按下
29	中文	中文	\用户窗口\位置控制\标准按钮\控件6\抬起
30	English	English	\用户窗口\位置控制\标准按钮\控件7\按下
31	English	English	\用户窗口\位置控制\标准按钮\控件7\抬起

图 7-61 多语言文本表

5）保存完数据后回到组态窗口，在下拉框 English 处单击“下拉”图标切换语言，查看切换后的效果，如图 7-62 所示。

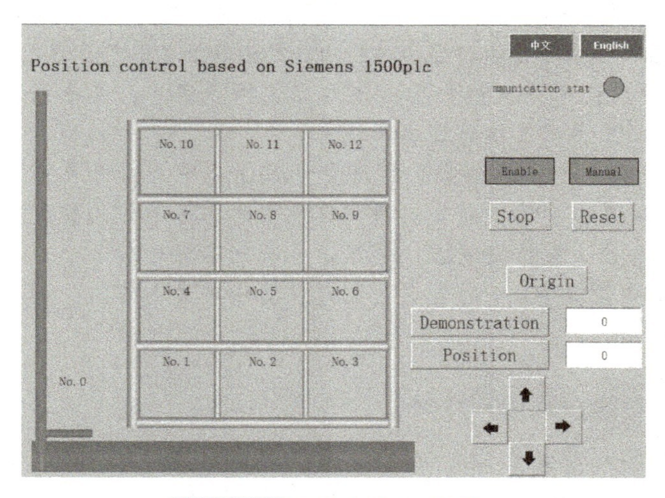

图 7-62　语言切换显示效果

支持多语言的功能

在 MCGS 嵌入版组态软件中，并不是所有的功能都支持多语言组态，还有一部分功能暂时不支持多语言组态。

（1）支持多语言的内容

多语言内容包括支持多语言的组态构件的内容、用户自定义多语言文本的内容以及系统多语言资源三部分。多语言文本表中显示多语言组态构件和用户自定义多语言文本两部分内容，用户可打开文本表进行编辑，但不可删除，组态设置和文本表构件部分内容一一对应。系统资源对应的多语言内容在系统资源文件中，下载工程时自动下载并调用。

1）内置动画构件支持多语言的部分如下：

标签：标题，显示输出格式信息，按钮输入中输入格式信息。

按钮：抬起 / 按下状态按钮标题内容。

动画构件：动画按钮及动画显示的各段点的各文本内容。

存盘数据浏览：各列标题内容。

报警显示：构件内置资源在运行时自动切换，无用户自定义多语言内容。

自由表格：未连接变量的各单元格内容。

组合框：各选项内容。

历史表格：未连接变量的各单元格内容。

显示输出：各支持显示输出的构件中开关量输出的提示信息，如标签。

按钮输入：各支持按钮输入的构件中的提示信息及开关信息，如标签、图符。

2）外挂动画构件：报警浏览、报警条、构件资源均在资源文件中。

3）报警信息显示、存储和导出：在运行环境下，无论是在哪种语言下产生的报警，在当前语言显示时都要显示出来，并把报警内容显示成当前语言的内容；导出时将报警信息文本转换为和当前语言环境下的语言相同。

4）菜单显示：支持多语言，用户无论在哪种语言下设置的菜单项都显示在多语言配置中；由用户自己编辑后在多语言下切换时显示对应的自定义多语言内容。运行环境也支持多语言。

5）用户权限管理：用户及用户组描述内容支持多语言，其他内容不支持多语言，但组态环境下，负责人和管理员组为可编辑状态。

6）脚本：如果脚本中出现给某个字符变量赋值为中文，并在窗口中显示出来，那么在一种语言环境中赋值后，切换到其他语言环境中时，如果该内容定义有对应的多语言并且使用了脚本切换语言函数转换语言，则显示，否则不显示。

① 在组态文本中设置 ID=1 的自定义文本及其中英文内容。

② 在脚本中调用时：

```
Str=! GetLocalLanguageStr (1)
```

将返回值赋给字符型变量 Str，在组态中设置显示变量 Str 时，在中英文环境下，会显示相应的内容。

（2）不支持多语言的内容。

配方：不支持多语言，如果想实现多语言，可以建立其他语言的配方。

输入框中的内容输入值：如果在中文状态下输入并显示为中文，后来又切换为其他语言，则这些内容在切换后输入内容仍然显示为中文，不做改变。

（2）添加按钮用于运行环境下的语言切换

1）单击工具箱中的图标，选择“标准按钮”图标，添加两个按钮到窗口中，双击添加的按钮，在弹出的“标准按钮构件属性设置”对话框中，选择“基本属性”选项卡，分别输入文本“中文”“ English”，文本颜色设置为白色，背景色设置为紫色，如图 7-63、图 7-64 所示。

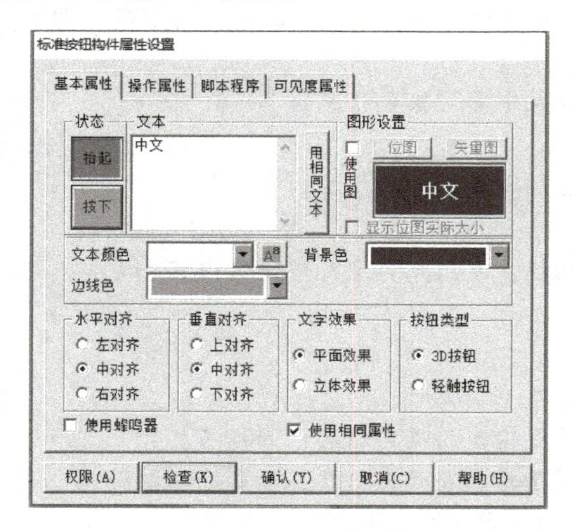

图 7-63 “中文”按钮基本属性

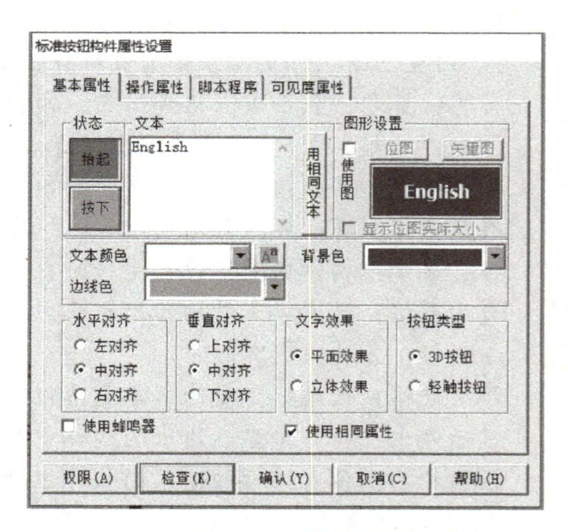

图 7-64 “English”按钮基本属性

2）单击“脚本程序”选项卡，如图 7-65、图 7-66 所示，在“抬起脚本”选项下分别输入以下脚本：

```
!SetCurrentLanguageIndex(0)
!SetCurrentLanguageIndex(1)
```

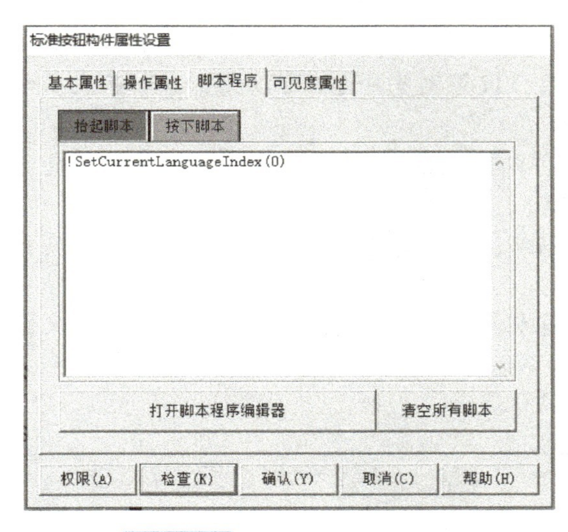

图 7-65 “中文”按钮脚本程序

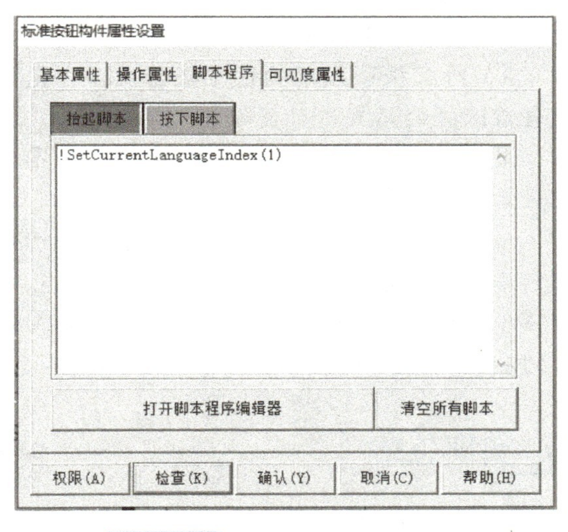

图 7-66 “English”按钮脚本程序

（3）模拟运行测试

保存组态的工程项目，单击图标进行模拟运行。英文运行界面如图 7-67 所示。

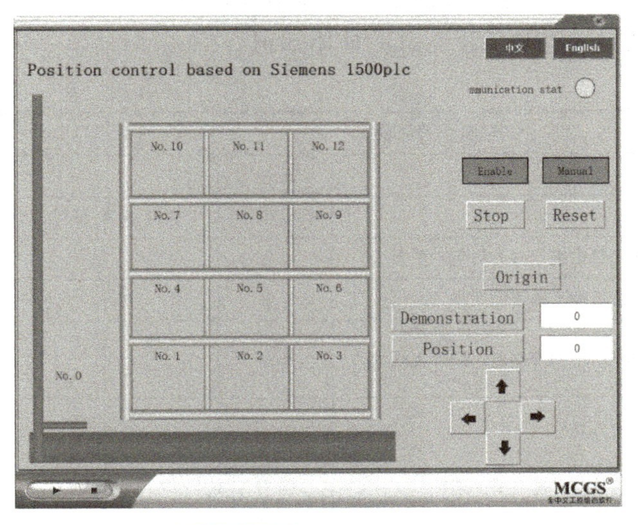

图 7-67 英文运行界面

仓储监控系统多语言脚本编写及仿真模拟运行 .mp4

 多语言运行，运行时显示说明

1）通过在组态环境下的用户窗口中添加按钮，按钮属性的脚本程序调用SetCurrentLanguageIndex()函数实现语言的设置；最新设置的语言能够断电保存，下次TPC断电重启后仍然有效。

2）历史报警数据的CSV文件导出：所有报警信息文本都会以当前语言进行导出。

3）所有报警显示构件（报警显示，走马灯，报警浏览）的报警注释信息和子显示都以当前选择的语言进行显示。

4）切换语言后所有的系统对话框和界面、菜单上显示的字符串都会切换为相应的语言显示。

5）当前窗口中配置了支持多语言的动画构件，在当前语言发生变化后，都要切换为相应语言字符串进行显示。

6）弹出的输入键盘符合各种语言输入的要求，可根据不同语言选择使用不同输入键盘的功能。

实训总结

（1）历程回顾

本项目结合基于位置控制的仓储监控系统工程实例，对MCGS嵌入版组态软件的组态过程、操作方法和实现功能等环节进行了介绍，在此基础上实现了复杂动画效果的组态，此外还介绍了MCGS嵌入版组态软件与1500系列PLC的通信连接，运用1500系列PLC强大的工艺模块——位置控制实现在线调试，加强了读者对MCGS嵌入版组态软件组建工程的一般过程、组态结果检查和工程测试的整体知识。

（2）实践评价

项目7评价表

姓名		班级			
评分内容	项目	评分标准	自评	同学评分	教师评分
多语言组态	1）能正确在项目中进行多语言组态配置	5分			
	2）能实现运行环境下语言的切换	5分			
用户窗口组态	1）完成用户窗口中构件摆放，设计美观大方	5分			
	2）正确设置构件属性	10分			
	3）完成图形构件与数据对象的连接	10分			
	4）正确编写脚本程序	10分			
实时数据库组态	正确完成所需实时数据的建立与连接	5分			

（续）

<table>
<tr><th>评分内容</th><th>项目</th><th>评分标准</th><th>自评</th><th>同学评分</th><th>教师评分</th></tr>
<tr><td rowspan="2">模拟运行调试</td><td>1）正确组态工程，并进入模拟运行</td><td>10 分</td><td></td><td></td><td></td></tr>
<tr><td>2）操作验证系统，完成既定功能</td><td>15 分</td><td></td><td></td><td></td></tr>
<tr><td>职业素养与安全意识</td><td>工具器材使用符合职业标准，保持工位整洁</td><td>5 分</td><td></td><td></td><td></td></tr>
<tr><td rowspan="2">拓展与提升</td><td>本项目中我通过帮助文件了解到：</td><td>20 分</td><td></td><td></td><td></td></tr>
<tr><td colspan="5"></td></tr>
<tr><td>学生签名</td><td colspan="2"></td><td colspan="3" rowspan="2">总分</td></tr>
<tr><td>教师签名</td><td colspan="2"></td></tr>
</table>

参 考 文 献

[1] 林盛昌 . 组态技术与综合实践 [M]. 西安：西安电子科技大学出版社，2016.

[2] 刘长国，黄俊强 . MCGS 嵌入版组态应用技术 [M]. 2 版 . 北京：机械工业出版社，2021.

[3] 李江全，李丹阳，王玉巍，等 . 组态控制技术实训教程：MCGS[M]. 2 版 . 北京：机械工业出版社，2020.

[4] 楼蔚松，金浙良，陈华凌，等 . MCGS 组态技术应用 [M]. 西安：西安电子科技大学出版社，2020.